全国高等职业教育机电类“十二五”规划教材

数字电子技术

（第2版）

主　编　杨成利　董蕴华

副主编　王建玲　王素霞　王风燕

主　审　张亚华

黄河水利出版社

·郑州·

内容提要

本书内容包括数制与代码、逻辑代数基础、逻辑门电路、组合逻辑电路、触发器、时序逻辑电路、脉冲波形的产生与整形、数／模和模／数转换器、半导体存储器与可编程逻辑器件，共 9 章，每章均有例题和习题。全书综合有关专业的大纲要求，尽力编写出适应面较宽的教材。本教材适用于高等工科院校有关专业本科生、高职高专学生，也可供相关工程技术人员参考。

图书在版编目(CIP)数据

数字电子技术／杨成利，董蕴华主编. —2 版.—郑州：黄河水利出版社, 2011.9

全国高等职业教育机电类“十二五”规划教材

ISBN 978－7－5509－0027－1

Ⅰ. ①数…　Ⅱ. ①杨…②董…　Ⅲ. ①数字电路–电子技术–高等职业教育–教材　Ⅳ. ①TN79

中国版本图书馆 CIP 数据核字(2011)第 183655 号

出 版 社：黄河水利出版社

地址：河南省郑州市顺河路黄委会综合楼14层　邮政编码：450003

发行单位：黄河水利出版社

发行部电话：0371－66026940、66020550、66028024、66022620（传真）

E-mail: hhslcbs@126.com

承印单位：河南地质彩色印刷厂

开本：787 mm×1092 mm　1/16

印张：11

字数：254 千字　印数：1—4 000

版次：2005 年 6 月第 1 版　印次：2011 年 9 月第 2 次印刷

2011 年 9 月第 2 版

定价：25.00 元

前 言

在当今中国的教育、科研、国防和经济领域里，电子技术的应用日益广泛，数字电路更是以系统集成化、设计自动化、用户专业化和测试智能化的趋势出现。数字电子技术作为电子类专业的一门重要的技术基础课，它不仅有自身的理论体系，而且又有很强的实践性，为此，我们在本书编写过程中采取以下一些做法。

在讲授基础理论内容时，以必需和够用为尺度，删掉了与器件应用无直接联系的内容，同时又保持了课程体系的完整性。

在讲述集成电路时，重点介绍外部特性和正确的使用方法，对电路的内部结构仅作简单的定性介绍。

在处理传统内容和新技术的关系时，大幅度地削减了已经过时的内容，同时增加了新型器件及其应用的内容。

本书可作为高等工科院校本科、高职高专机电类专业使用，也可供其他专业及相关工程技术人员参考。

本书由河南机电高等专科学校杨成利、董蕴华任主编，王建玲、王素霞、王风燕任副主编。具体编写分工如下：第一、二、三章由王建玲编写；第四、九章由董蕴华编写；第六、七章由杨成利编写；第五章及附录一、二、三由濮阳职业技术学院王素霞编写；第八章及附录四由河南工业职业技术学院王风燕编写。全书由河南机电高等专科学校张亚华教授主审。

在本书的编写过程中，郑州大学的牛虹副教授和河南科技学院的王爱荣教授参加了大纲的讨论。河南机电高等专科学校的陈学锋、马俊龙、李婧老师分别为本书提供了一些习题，张新成教授和董作霖副教授也十分关心本书的编写，提出了中肯、详细的修改意见。在此一并感谢。

由于编者水平有限，书中难免出现不妥和错误之处，敬请读者批评指正。

编 者

2011 年 6 月

目　录

第一章　数制与代码

应知、应会要求

1. 理解“权”的概念，从而能写出任意进制数的按权展开式。
2. 掌握十进制、二进制、八进制、十六进制之间的转换方法。
3. 熟悉 8421BCD 码、2421BCD 码、5421BCD 码、余 3BCD 码和 Gray 码的编码方法以及它们之间的转换方法。

在日常生活中，我们习惯用十进制数，而在数字系统中进行数字的运算和处理，采用的是二进制数、八进制数、十六进制数。为了更好地实现人机对话，我们应当掌握各种数制、代码的特点及其相互之间的转换规律。本章讲述常用数制、常用代码及其相互之间的转换方法。

第一节　进位计数制及数制转换

一、数制

数制即指计数的方法，日常生活中经常使用的有十进制、二十四进制等。数字电路经常使用二进制、八进制及十六进制。

（一）十进制

在日常生活中，人们通常采用十进制数来计算，每个数位规定使用的数码符号为 0、1、2、3、4、5、6、7、8、9，共十个数码，故计数的基数是 10。

十进制数的计算规律是由低位向高位进位，“逢十进一”，也就是说每位累计不能超过 9，计满 10 就应向高位进 1。

任意一个十进制数 D 可展开为

$$D=\sum_{i=-\infty}^{\infty}a_i 10^i$$

式中：a_i 是第 i 位的数码，它属于 0 ~ 9 十个数码中的任何一个；10^i 称为第 i 位的权。

例如：

$$632.45=6\times10^2+3\times10^1+2\times10^0+4\times10^{-1}+5\times10^{-2}$$

通常，对十进制数的表示，可以在数字的右下角标注 10 或 D。例如：$(25.7)_{10}$ 或 $(25.7)_D$。

（二）二进制

在数字电路中广泛采用的是二进制数。在二进制中，每个数位规定使用的数码为 0、1，共两个数码，其进位基数为 2，计数规则是“逢二进一”，故称为二进制。

任意一个二进制数 D 可展开为

$$D=\sum_{i=-\infty}^{\infty}a_i 2^i$$

式中：a_i 是 i 位的数码，它属于 0、1 两个数码之一；2^i 称为第 i 位的权。

通常，对二进制数的表示，可以在数字右下角标注 2 或 B。例如：

$$(1011.01)_2=1\times 2^3+0\times 2^2+1\times 2^1+1\times 2^0+0\times 2^{-1}+1\times 2^{-2}$$

（三）八进制

在八进制数中，每个数位规定使用的数码为 0、1、2、3、4、5、6、7，共 8 个数码，故其进位基数为 8，计数规则是“逢八进一”，故称为八进制。

任意一个八进制数 D 可展开为

$$D=\sum_{i=-\infty}^{\infty}a_i 8^i$$

式中：a_i 是第 i 位的数码，它属于 0 ~ 7 八个数码中的任何一个；8^i 称为第 i 位的权。

通常，对八进制数的表示，可以在数字右下角标注 8 或 O，例如：

$$(752.34)_8=7\times 8^2+5\times 8^1+2\times 8^0+3\times 8^{-1}+4\times 8^{-2}$$

（四）十六进制

在十六进制数中，每个数位规定使用的数码为 0、1、2、3、4、5、6、7、8、9、A(10)、B(11)、C(12)、D(13)、E(14)、F(15)，共十六个数码，故其进位基数为 16，计数规则是“逢十六进一”，故称为十六进制。

任意一个十六进制数 D 可展开为

$$D=\sum_{i=-\infty}^{\infty}a_i 16^i$$

式中：a_i 是第 i 位的数码，它属于 0 ~ F 共十六个数码中的任何一个；16^i 称为第 i 位的权。

通常，对十六进制数的表示，可以在数字右下角标注 16 或 H。例如：

$$(BD2.3C)_H=11\times 16^2+13\times 16^1+2\times 16^0+3\times 16^{-1}+12\times 16^{-2}$$

二、数制转换

（一）非十进制数转换成十进制数

把非十进制数转换成等值的十进制数，可采用按权展开，再把各项的数值相加的方法。

【例 1】 将 $(1101.11)_2$、$(165.2)_8$、$(2B.8)_{16}$ 分别转换成十进制数。

解：

$$(1101.11)_2=1\times 2^3+1\times 2^2+0\times 2^1+1\times 2^0+1\times 2^{-1}+1\times 2^{-2}$$
$$=8+4+0+1+0.5+0.25$$
$$=(13.75)_{10}$$

$$(165.2)_8=1\times 8^2+6\times 8^1+5\times 8^0+2\times 8^{-1}$$
$$=64+48+5+0.25$$
$$=(117.25)_{10}$$

$$
\begin{aligned}
(2B.8)_{16} &= 2\times16^{1}+11\times16^{0}+8\times16^{-1}\\
&=32+11+0.5\\
&=(43.5)_{10}
\end{aligned}
$$

（二）十进制数转换成其他进制数

对于既有整数部分又有小数部分的十进制数转换为其他进制数，需先把整数部分和纯小数部分分别转换，再把两者的转换结果相加。

整数部分转换方法采用“除 N 取余”法，N 为进位基数。即先将十进制整数除以 N，取出余数（余数 $<N$）并记下，然后将所得商再除以 N，并再取余数，重复进行上述过程，直到商为 0 时为止，并按照和运算过程相反的顺序把各个余数排列起来，即为所求 N 进制数的整数部分。

【例 2】　将 $(27)_{10}$ 转换成十六进制数。

解：

除数	被除数／商	余数
16	27	
16	1	……… 11
	0	……… 1

即 $(27)_{10}=(1B)_{16}$

【例 3】　将 $(137)_{10}$ 转换成八进制数。

解：

除数	被除数／商	余数
8	137	
8	17	……… 1
8	2	……… 1
	0	……… 2

即 $(137)_{10}=(211)_{8}$

【例 4】　将 $(28)_{10}$ 转换成二进制数。

解：

除数	被除数／商	余数
2	28	
2	14	……… 0
2	7	……… 0
2	3	……… 1
2	1	……… 1
	0	……… 1

即 $(28)_{10}=(11100)_{2}$

纯小数部分转换方法采用“乘 N 取整”法，N 为进位基数。即先将十进制小数乘以 N，取其整数并记下，然后将积的小数部分再乘以 N，并再取整数，重复进行上述过程，直到小数部分为 0 或达到所要求的精度时为止，并按照和运算过程相同的顺序把各个整数排列起来，即为所求 N 进制数的纯小数部分。

【例 5】　将 $(0.75)_{10}$ 转换成二进制数。

解：

整数

$0.75\times2=1.5\cdots\cdots\ 1$

$0.5\times2=1\ \cdots\cdots\cdots\ 1$

即 $(0.75)_{10}=(0.11)_2$

【例 6】 将 $(0.85)_{10}$ 转换成八进制数，精确到小数点后 3 位。

解：

整数

$0.85\times8=6.8\cdots\cdots6$

$0.8\times8=6.4\cdots\cdots\ 6$

$0.4\times8=3.2\cdots\cdots\ 3$

$0.2\times8=1.6\cdots\cdots\ 1$

即 $(0.85)_{10}=(0.663)_8$

【例 7】 将 $(28.75)_{10}$ 转换为二进制数。

解：由例 4 知 $(28)_{10}=(11100)_2$，由例 5 知 $(0.75)_{10}=(0.11)_2$，故 $(28.75)_{10}=(11100.11)_2$。

（三）二进制数转换成八进制数或十六进制数

八进制数的基数为 8（$8=2^3$），十六进制数的基数为 16（$16=2^4$）。二进制数、八进制数和十六进制数之间具有 2 的整指数倍的关系，因而可直接进行转换。

将二进制数转换成八进制数（或十六进制数）时，其整数部分和小数部分可以同时进行转换，其方法为：从小数点开始，分别向左、向右，每 3 位（或 4 位）分一组。最后不满 3 位（或 4 位）的，则需加 0，使其足位。然后把每一组二进制数转换成八进制数（或十六进制数），并保持原排序，即为等值的八进制数（或十六进制数）。

【例 8】 将 $(10111011.01111)_2$ 转换成八进制数和十六进制数。

解：

八进制	2	7	3	.	3	6
二进制	010	111	011	.	011	110
二进制	0101	1011		.	0111	1000
十六进制	B	B		.	7	8

即 $(10111011.01111)_2=(273.36)_8=(BB.78)_{16}$

（四）八进制数或十六进制数转换成二进制数

八进制数（或十六进制数）转换成二进制数时，从小数点开始，分别向左、向右把八进制数（或十六进制数）的每一位数码分别转换成 3 位（或 4 位）的二进制数，并保持原排序。即为等值的二进制数。整数最高位一组左边的 0 及小数最低位一组右边的 0 可以省略。

【例 9】 将 $(26.35)_8$ 转换成二进制数。

解：

2	6	·	3	5
↓	↓		↓	↓
010	110		011	101

即 $(26.35)_8=(10110.011101)_2$

第二节 数码的代码表示

一、十进制数的二进制编码

十进制数的二进制编码简称二—十进制码或 BCD 码(Binary Coded Decimal)。所谓 BCD 码是指用若干位二进制数来表示一位十进制数。这里的“二进制”并无“进位”的含义，只是强调采用的是二进制数的符号而已。

表示一位十进制数 0～9 十个数码，需用四位二进制数，而四位二进制数共 16 种组合，从中取出 10 种组合来表示“0～9”的编码方案约有 2.9×10^{10} 种，表 1-1 列举了目前常用的几种编码方案。

表 1-1 几种常用的 BCD 码

十进制数	8421 码	2421 码	5421 码	余 3 码	Gray 码
0	0000	0000	0000	0011	0000
1	0001	0001	0001	0100	0001
2	0010	0010	0010	0101	0011
3	0011	0011	0011	0110	0010
4	0100	0100	0100	0111	0110
5	0101	1011	1000	1000	0111
6	0110	1100	1001	1001	0101
7	0111	1101	1010	1010	0100
8	1000	1110	1011	1011	1100
9	1001	1111	1100	1100	1000

(一) 8421BCD 码

8421BCD 码是有固定权的码，各位的权值分别为 8、4、2、1。8421BCD 码是最基本最简单的一种编码方案，应用十分广泛。

(二) 2421BCD 码

2421BCD 码是有固定权码，各位的权值分别为 2、4、2、1。

(三) 5421BCD 码

5421BCD 码是有固定权的码，各位的权值分别为 5、4、2、1。

(四) 余 3BCD 码

余 3BCD 码是 8421BCD 码的每个码组加 0011 形成，余 3BCD 码的各位无固定的权，称余 3BCD 码是无权码。余 3BCD 码也是一种对 9 的自补代码，其中 0 和 9、1 和 8、2 和 7、3 和 6、4 和 5 的余 3BCD 码互为自补代码。

用 BCD 码表示十进制数时，只要把十进制数的每一位数码分别用 BCD 码取代即可。反之，若要知道 BCD 码代表的十进制数，只要把 BCD 码以小数点为起点向左、向右每四位分一组，再写出每一组代码代表的十进制数，并保持原排序即可。例如：

$$(85.34)_{10}=(10000101.00110100)_{8421BCD}$$
$$=(10111000.01100111)_{余3BCD}$$

二、可靠性代码

代码在形成和传送过程中，都可能发生错误，为减少错误的发生，或者在发生错误时能迅速地发现或纠正，产生了几种可靠性代码。最常用的可靠性代码有格雷码和奇偶校验码。

（一）格雷码（Gray 码）

格雷码有多种编码形式，但它们有一个共同的特点，就是任何相邻的两个代码之间（包括首、尾两个代码）只有一位不同，其余各位均相同。因而格雷码也叫循环码。格雷码属于无权码。

格雷码所具有的特点可以降低其产生错误的概率。例如按自然数规律计数，为完成十进制数 5 加 1 的运算，其相应的四位二进制代码从 0101 变为 0110，代码 0101 的最低两位都要改变。若两位的变化不是同时发生的（在实际电路中，没有绝对的同时改变），那么，在计算过程中就可能短暂地出现其他代码（0111 或 0100），尽管这种误码出现时间是短暂的，但有时却是不允许的，这会造成数字系统的逻辑错误，而采用格雷码，其相应的代码从 0111 变为 0101，只有一位发生变化，就不会出现这种错误。

（二）奇偶校验码

奇偶校验码是一种可以检测奇数位错误的代码。它由信息位和校验位两部分组成。信息位可以是任何一种二进制代码，它代表要传送的信息本身；校验位仅有一位，它可以放在信息位的前面或后面。其编码方式有以下两种。

(1)使每一个码组中信息位和校验位的“1”的个数之和为奇数，称为奇校验。

(2)使每一个码组中信息位和校验位的“1”的个数之和为偶数，称为偶校验。

接收方对接收到的奇偶校验码进行检测，看每个码组中“1”的个数是否与发送方约定的相符，若不相符，则出现错码。

需要说明的是，奇偶校验码只能发现代码的一位（或奇数位）出错，而不能发现两位（或偶数位）出错。由于多位同时出错的概率要比一位出错的概率小得多，并且奇偶校验码容易实现，因而该码被广泛采用。

此外，在数字电路中，还有一些专门处理字母、标点符号、运算符号的二进制代码，如 ASCII 码、ISO 码等，读者可参阅有关书籍。

本章小结

数字系统中广泛使用二进制数，二进制数每位的权是基数 2 的整数幂。

通过对十进制数和二进制数的讨论，揭示了任意 N 进制数 D 按权展开式的一般表示式为

$$D=\sum_{i=-\infty}^{\infty}a_iN^i$$

式中：a_i 是第 i 位的数码；N 为进位基数。

除十进制、二进制数以外，还讨论了八进制数和十六进制数，以及这几种数制之间相互转换的方法，特别是十进制数转换为二进制数的方法应牢固地掌握。

数字系统中最常用的编码有8421BCD码、2421BCD码、5421BCD码、余3BCD码等。8421BCD码便于进行十进制数的运算，所以使用最为广泛。Gray码是循环码，在计算机中使用较多。

奇偶校验码是一种简单的检错码，它只能检测出奇数位同时发生的错误，而不能纠错。

习　题

一、填空题

1. 数制是指________的方法，数字电路中经常使用________进制、________进制及________进制。其中，广泛采用的是________进制。

2. 十进制数的二进制编码简称________码。余3BCD码是8421BCD码的每个码组加________形成。

3. 常用的两种可靠性代码为________码和________码。

4. $(1011001)_2=(\qquad)_8=(\qquad)_{16}=(\qquad)_{10}$

5. $(154.25)_{10}=(\qquad)_8=(\qquad)_{16}=(\qquad)_2$

6. $(154.23)_{10}=(\qquad)_{8421BCD}=(\qquad)_{余3BCD}$

二、选择题

1. 下列BCD码(　　)是无权码。

A. 8421码　　B. 余3码　　C. 2421码　　D. 5421码

2. $(A6C)_{16}$对应的二进制数为(　　)。

A. $(A6C)_2$　　B. $(1D612)_2$　　C. $(101001101100)_2$　　D. $(100110110)_2$

3. $(15.5)_{10}$对应的8421BCD码为(　　)。

A. 1101.1010　　B. 00010101.0101　　C. 1111.1000　　D. 1111.1010

4. $(15.5)_{10}$对应的二进制数为(　　)。

A. $(1101.101)_2$　　B. $(10101.0101)_2$　　C. $(1111.1)_2$　　D. $(1111.101)_2$

三、判断题

1. 格雷码和余3码都是无权码。

2. $(1B.3)_{16}=(11011.011)_2$

3. $(100001110101.10010011)_{余3BCD}=(541.60)_{10}$

4. 二进制代码1010101的奇校验位为0。

5. $(0101.10001000)_{8421BCD}=(5.11)_{10}$

四、计算题

1. 将下列几组数中的最大数和最小数用二进制数分别表示出来。

(1) $(39)_{10}$，$(101101)_2$，$(2E)_{16}$，$(47)_8$

(2) $(246)_{10}$，$(E9)_{16}$，$(401)_8$，$(100100100)_2$

(3) $(AF)_{16}$，$(000101111000)_{8421BCD}$，$(254)_8$

2. 把下列各进制数按权展开。

①$(4517.239)_{10}$ ②$(10110.0101)_2$ ③$(105.744)_8$ ④$(785.4AF)_{16}$

3. 将下列二进制数转换成十进制、八进制和十六进制数。

①101101 ②10110.011

4. 求下列 BCD 码代表的十进制数。

①$(100010010110.00011001)_{8421BCD}$ ②$(100010011010.01011001)_{余3BCD}$

5. 将下列 8421BCD 码转换成二进制数和十六进制数。

①00110111.01110101 ②00111000

第二章　逻辑代数基础

应知、应会要求

1. 掌握逻辑代数的基本定律、规则。

2. 掌握逻辑函数的描述方法以及各方法之间的相互转换。

3. 掌握逻辑函数对偶式、反函数的求法以及利用代数法求函数最简与或式的方法。

4. 理解最小项、相邻项的概念，掌握四变量以内函数的卡诺图化简法。

1849 年，英国数学家乔治·布尔(G.Boole)提出了用数学分析方法表示命题陈述的逻辑关系，并将形式逻辑归结为一种代数演算，这种数学方法就是有名的“布尔代数”。因为布尔代数被广泛地应用于解决开关电路及数字电路的分析设计上，故又把布尔代数称为开关代数或逻辑代数。

目前，逻辑代数已成为研究数字系统逻辑设计的基础理论。无论何种形式的数字系统，都是由一些基本的逻辑电路所组成的。为了解决数字系统分析和设计中的各种具体问题，必须掌握逻辑代数这一重要的数学工具。

本章从实用的角度介绍逻辑代数的基本运算、基本概念、基本定理和规则，并着重讨论逻辑函数的常用表示方法和逻辑函数的化简方法。

第一节　逻辑变量及基本运算

逻辑代数和普通代数一样，也用字母来表示变量，这种变量叫逻辑变量。所不同的是普通代数中的变量根据实际情况可以取多个值，而逻辑变量则不同，它的取值只有 0 或 1，而且这时 0 和 1 不再表示数量大小，只表示两种不同的逻辑状态。在数字系统中，开关的接通和断开、电压的高和低、晶体管的导通和截止等两种状态均可用 1 和 0 来表征。

在逻辑代数中，基本的逻辑运算有三种，即与运算、或运算、非运算。

一、逻辑代数的基本运算

下面举一例子对逻辑代数的基本运算进行说明。如图 2-1 所示为三种开关电路。

从图 2-1 中可以看出，若把开关的闭合作为条件，把灯泡的亮作为结果，那么三个电路图代表的逻辑关系如下：

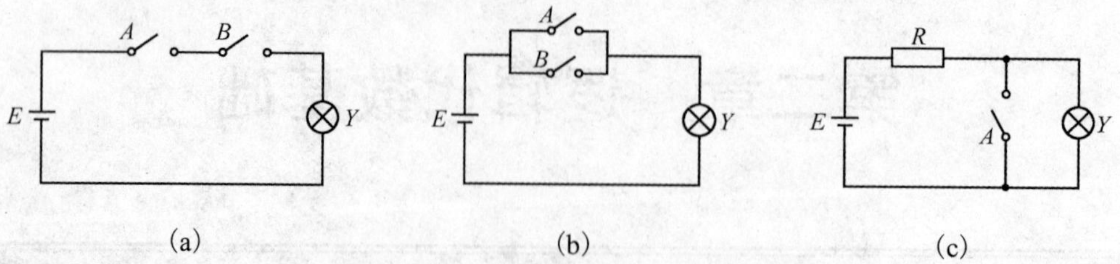

图 2-1　与、或、非三种逻辑开关电路

图 2-1(a)表示只有决定事件结果的全部条件均具备时结果才发生，这种逻辑关系叫与逻辑或逻辑乘。

图 2-1(b)表示决定事件结果的条件至少有一个满足，结果就能发生，这种逻辑关系叫或逻辑或逻辑加。

图 2-1(c)表示决定事件结果的条件不满足时，结果会发生；而当条件满足时，结果反而不会发生，这种逻辑关系叫非逻辑或逻辑反。

若以 A、B 来表示逻辑自变量，Y 表示逻辑因变量。开关断开状态用 0 表示，开关闭合状态用 1 表示；灯亮用 1 表示，灯灭用 0 表示，则可列出因变量和自变量间因果关系的表格，这种表格叫真值表。与逻辑、或逻辑、非逻辑的真值表见表 2-1、表 2-2、表 2-3。

表 2-1　与逻辑真值表

A	B	Y
0	0	0
0	1	0
1	0	0
1	1	1

表 2-2　或逻辑真值表

A	B	Y
0	0	0
0	1	1
1	0	1
1	1	1

表 2-3　非逻辑真值表

A	Y
0	1
1	0

上述三种逻辑运算用式子表示出来叫逻辑表达式(也叫逻辑函数式)，即

与逻辑表达式为

$$Y=A\cdot B$$

或逻辑表达式为

$$Y=A+B$$

非逻辑表达式为

$$Y=\overline{A}$$

上述三种逻辑运算用图形符号来表示叫逻辑符号，如图 2-2 所示。图 2-2(a)为与逻辑符号，图 2-2(b)为或逻辑符号，图 2-2(c)为非逻辑符号。

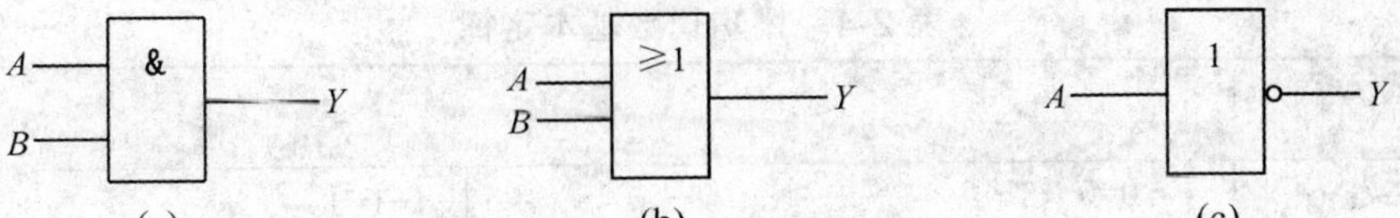

图 2-2　与逻辑、或逻辑、非逻辑的逻辑符号

把实现与逻辑、或逻辑、非逻辑的逻辑运算的电路分别叫做与门、或门、非门。

二、常用复合逻辑运算

由三种基本逻辑运算的简单组合叫复合逻辑运算。通常复合逻辑运算包含与非、或非、异或、与或非等，相应的逻辑函数式及逻辑符号如图 2-3 所示。

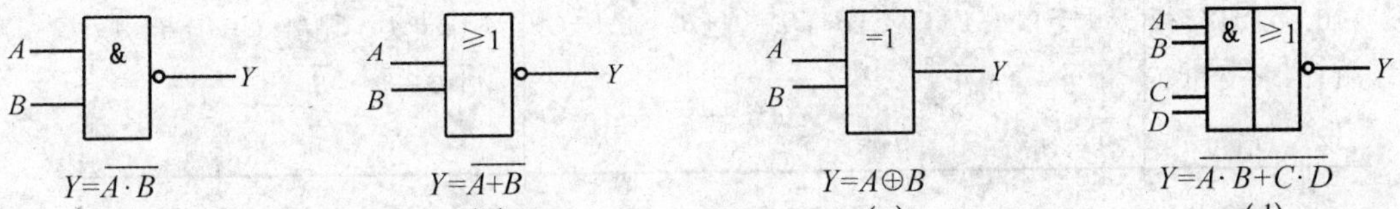

图 2-3　复合逻辑函数的逻辑表达式和逻辑符号

图 2-3(a)为与非运算。它是与运算和非运算的组合，图形符号中小圈圈表示非运算。

图 2-3(b)为或非运算。它是或运算和非运算的组合。

图 2-3(c)为异或运算。它的运算规律是：当 A、B 取值不同时，输出 Y 为 1；当 A、B 取值相同时，输出 Y 为 0。异或运算可用与、或、非的组合表示，即

$$Y=A\oplus B=A\cdot\overline{B}+\overline{A}\cdot B$$

图 2-3(d)为与或非运算。它是与、或、非运算的组合。

以后，为了书写方便，常将与运算符号“·”省略，即将 $A\cdot B$ 简写成 AB。

第二节　逻辑代数的基本定律和规则

一、基本定律

基本定律反映了逻辑运算的一些基本规律，只有掌握了这些基本定律才能正确地分析和设计出逻辑电路。逻辑代数基本定律见表 2-4。

表 2-4 中每个定律(除否否律外)都是成对出现的，前 4 个定律和否否律可以直接代入“0”、“1”取值即可验证。5、6、7 和求反律 4 组定律可采用真值表加以验证。若将变量的所有取值代入等式两边，两边结果相等，则等式成立。

【例 1】　试用真值表验证 $\overline{A\cdot B}=\overline{A}+\overline{B}$。

解：将等式右边和左边看成两个逻辑式，将 A 和 B 所有取值代入，求出结果如表 2-5 所示。

表 2-4　逻辑代数基本定律

定律名称	定　律	
1. 0—1 律	$A \cdot 0=0$	$A+1=1$
2. 自等律	$A \cdot 1=A$	$A+0=A$
3. 等幂律	$A \cdot A=A$	$A+A=A$
4. 互补律	$A \cdot \overline{A}=0$	$A+\overline{A}=1$
5. 交换律	$A \cdot B=B \cdot A$	$A+B=B+A$
6. 结合律	$A \cdot (B \cdot C)=(A \cdot B) \cdot C$	$A+(B+C)=(A+B)+C$
7. 分配律	$A \cdot (B+C)=A \cdot B+A \cdot C$	$A+B \cdot C=(A+B) \cdot (A+C)$
8. 吸收律 1	$(A+B) \cdot (A+\overline{B})=A$	$A \cdot B+A \cdot \overline{B}=A$
9. 吸收律 2	$A \cdot (\overline{A}+B)=A \cdot B$	$A+\overline{A} \cdot B=A+B$
10. 多余项定律	$(A+B) \cdot (\overline{A}+C) \cdot (B+C)=(A+B) \cdot (\overline{A}+C)$	$A \cdot B+\overline{A} \cdot C+B \cdot C=A \cdot B+\overline{A} \cdot C$
11. 求反律	$\overline{A \cdot B}=\overline{A}+\overline{B}$	$\overline{A+B}=\overline{A} \cdot \overline{B}$
12. 否否律	$\overline{\overline{A}}=A$	

表 2-5　$\overline{A \cdot B}$ 与 $\overline{A}+\overline{B}$ 的真值表

A　B	$\overline{A}$　$\overline{B}$	$\overline{A \cdot B}$	$\overline{A}+\overline{B}$
0　0	1　1	1	1
0　1	1　0	1	1
1　0	0　1	1	1
1　1	0　0	0	0

由表 2-5 可知等式成立。

其他定律证明如下。

(1) $(A+B)(A+\overline{B})=A$

证明： $(A+B)(A+\overline{B})=AA+A\overline{B}+AB+B\overline{B}=A+A\overline{B}+AB+0=A(1+\overline{B}+B)=A \cdot 1=A$

(2) $AB+A\overline{B}=A$

证明： $AB+A\overline{B}=A(B+\overline{B})=A \cdot 1=A$

(3) $A(\overline{A}+B)=AB$

证明： $A(\overline{A}+B)=A\overline{A}+AB=AB$

(4) $A+\overline{A}B=A+B$

证明： $A+\overline{A}B=(A+\overline{A})(A+B)=1 \cdot (A+B)=A+B$

(5) $(A+B)(\overline{A}+C)(B+C)=(A+B)(\overline{A}+C)$

证明： 因为

$$(A+B)(\overline{A}+C)(B+C)=(\overline{A}+C)(B+AC)=\overline{A}B+AC+BC$$

而

$$(A+B)(\overline{A}+C)=\overline{A}A+AC+\overline{A}B+BC=\overline{A}B+AC+BC$$

故等式成立。

(6) $AB+\overline{A}C+BC=AB+\overline{A}C$

证明： $AB+\overline{A}C+BC=AB+\overline{A}C+(A+\overline{A})BC$

$$=AB+\overline{A}C+ABC+\overline{A}BC$$

$$=AB(1+C)+\overline{A}C(1+B)$$

$$=AB+\overline{A}C$$

(7) $A+BC=(A+B)(A+C)$

证明： $(A+B)(A+C)=AA+AB+AC+BC$

$$=A+AB+AC+BC$$

$$=A(1+B+C)+BC$$

$$=A+BC$$

二、基本规则

逻辑代数有三个重要规则，即代入规则、反演规则和对偶规则。掌握这些规则后，可以将原有的公式加以扩展或推出一些新的运算公式。这些规则在逻辑运算中十分有用，需要熟练地掌握。

(1)代入规则。将等式两边的同一个逻辑变量均以同一个逻辑函数取代之，则等式仍然成立，这一规则称为代入规则。

例如，给定等式 $A+\overline{A}B=A+B$，若式中 A 都用 $A+C$ 来代替，则等式仍成立，即

$$(A+C)+\overline{A+C}B=(A+C)+B$$

利用代入规则，对逻辑函数化简非常有用。

(2)反演规则。如果将逻辑函数表达式 Y 中所有的“·”换成“+”，“+”换成“·”，“0”换成“1”，“1”换成“0”，原变量换成反变量，反变量换成原变量，得到的逻辑函数式用 $\overline{Y}$ 表示，这一规则称为反演规则。其中函数式 $\overline{Y}$ 是原函数式 Y 的反函数。

例如，已知函数 $Y=AB+\overline{A}C$，则其反函数为

$$\overline{Y}=(\overline{A}+\overline{B})(A+\overline{C})$$

显然，利用反演规则很容易求出一个函数的反函数。使用反演规则时，应注意正确使用括号来保持原来的运算顺序，否则就会发生错误。另外，不属于单个变量上的非号应保留不变，这点应特别注意。

【例 2】　若 $Y=(\overline{A}+BC)(\overline{\overline{C}D})$，求 $\overline{Y}$。

解： 根据反演规则可知

$$\overline{Y}=A\cdot(\overline{B}+\overline{C})+\overline{C+\overline{D}}$$

$$=A\overline{B}+A\overline{C}+\overline{C}D$$

(3)对偶规则。如果将逻辑函数表达式 Y 中所有“·”换成“+”，“+”换成“·”，“0”换成“1”，“1”换成“0”，得到的逻辑函数式用 Y' 表示，这一规则称为对偶规则。函数式 Y' 是原函数式 Y 的对偶式，Y 也是 Y' 的对偶式。

【例 3】 求例 2 中逻辑函数 Y 的对偶函数 Y'。

解：$Y'=\overline{A}\cdot(B+C)+\overline{\overline{C}+D}$

$=\overline{A}B+\overline{A}C+C\overline{D}$

第三节　逻辑函数的表示方法及其相互转换

一、逻辑函数的表示方法

在处理逻辑问题时，常用的逻辑函数表示法有真值表、逻辑表达式、逻辑图和卡诺图(卡诺图留到后面讲解)，这几种表示方法是可以互相转换的。在实际应用中，可根据各自的需要而选择表示法。

（一）真值表

所谓真值表，是指输入逻辑变量的各种可能取值和相应的输出逻辑函数值之间对应关系的表格。每一个变量有 0、1 两个取值。对于一个逻辑电路，若有 n 个输入变量，则 n 个变量各种可能取值的组合有 2^n 种，其对应逻辑函数输出就有 2^n 个。将它们一一对应地排列起来，就得到了逻辑函数的真值表。真值表可直观地反映出输出与输入的因果关系。

（二）逻辑表达式

所谓逻辑表达式，是指用与、或、非等运算的组合形式所表示的输入与输出逻辑变量之间关系的逻辑代数式。逻辑表达式表示方法简捷，也便于利用代数法对其进行化简。

（三）逻辑图

所谓逻辑图是指将逻辑表达式中的与、或、非等逻辑关系用对应的逻辑符号表示得到的图形。逻辑图便于连成逻辑电路。

二、各种表示方法间的相互转换

（一）由真值表到逻辑表达式

由真值表到逻辑表达式的转换方法步骤为：在真值表中，首先挑出 Y=1 的输入变量组合；其次写出每一个使 Y=1 的输入变量组合组成的乘积项，取 1 的写成原变量，取 0 的写成反变量；最后把这些乘积项相加，得到的即为逻辑表达式。

【例 4】 试写出表 2-6 给出的真值表对应的逻辑表达式。

表 2-6　真值表

A	B	C	Y
0	0	0	0
0	0	1	1
0	1	0	0
0	1	1	1
1	0	0	0
1	0	1	0
1	1	0	0
1	1	1	1

解：从表 2-6 中可知，第二、四、八行是 Y=1 的项，它们分别对应的乘积项为 $\overline{A}\,\overline{B}C$、$\overline{A}BC$、$ABC$。故 Y 的逻辑表达式为上述三个乘积项之和，即

$$Y=\overline{A}\,\overline{B}C+\overline{A}BC+ABC$$

（二）由逻辑表达式到真值表

由逻辑表达式到真值表的转换方法步骤为：按照逻辑表达式的规律，将输入变量的各种可能取值代入表达式进行运算，求出相应的函数值，再将输入变量的各种可能取值和运算所得的函数值一一对应列成表格，就得到该逻辑函数的真值表。

【例 5】　列出逻辑表达式 $Y=\overline{A}B+\overline{A}\,\overline{B}C$ 的真值表。

解：观察表达式中有 A、B、C 三个输入变量，因此它们的各种可能取值有 2^3=8 组，将每组取值一一代入表达式，求出对应 Y 值，列成表格，即得其真值表(见表 2-7)。

表 2-7　真值表

A	B	C	Y
0	0	0	0
0	0	1	1
0	1	0	1
0	1	1	1
1	0	0	0
1	0	1	0
1	1	0	0
1	1	1	0

（三）由逻辑表达式画出逻辑图

用所学过的逻辑符号逐一代替表达式中的运算符号，即可得逻辑图。

【例 6】　试画出 $Y=A\overline{B}+\overline{A}C$ 的逻辑图。

解：$\overline{A}$、$\overline{B}$ 用非门实现，A 和 $\overline{B}$、$\overline{A}$ 和 C 用与门实现，最后“+”用或门实现，即得逻辑图，如图 2-4 所示。

（四）由逻辑图到逻辑表达式

从输入到输出逐级写出输出端的逻辑表达式，即得逻辑图对应的逻辑表达式。

【例 7】　试写出图 2-5 所示逻辑图的逻辑表达式。

解：由图 2-5 知

$$Y_1=\overline{A}\ ,\ Y_2=\overline{\overline{A}\cdot B}$$

故

$$Y_3=C+Y_2=C+\overline{\overline{A}\cdot B}$$

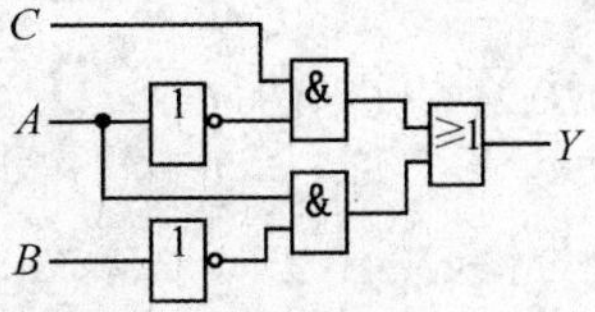

图 2-4　逻辑图

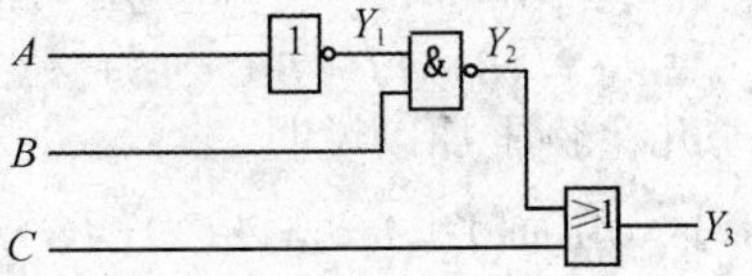

图 2-5　逻辑图

第四节　逻辑函数的代数法化简

逻辑表达式有各种不同的表示形式，即使同一类型的表达式也可能有繁有简。对于某一个逻辑函数来说，虽然它所实现的逻辑功能是确定的，但逻辑表达式可以是多个的。一般来说，表达式越简单，设计出来的相应逻辑电路也就越简单。因此，为了降低系统成本、减小复杂程度、提高电路可靠性，必须对逻辑表达式进行化简。

常用的化简方法有代数化简法和卡诺图化简法。本节只讲述代数化简法，卡诺图化简法留下节叙述。

一、逻辑表达式的一般形式

逻辑表达式的一般形式，最常见的有五种，即与或式、或与式、与非—与非式、或非—或非式、与或非式。例如：逻辑函数式 $Y=AB+\overline{A}C$，可表示成：

$$
\begin{aligned}
Y&=AB+\overline{A}C && \text{(与或式)}\\
&=(\overline{A}+B)(A+C) && \text{(或与式)}\\
&=\overline{\overline{AB}\cdot\overline{\overline{A}C}} && \text{(与非—与非式)}\\
&=\overline{\overline{\overline{A}+B}+\overline{A+C}} && \text{(或非—或非式)}\\
&=\overline{A\overline{B}+\overline{A}\,\overline{C}} && \text{(与或非式)}
\end{aligned}
$$

上式说明，同一功能的逻辑函数，其表达式有不同的表示形式。

二、逻辑函数的代数法化简

代数法化简逻辑函数，就是运用基本定律进行化简的方法。由于逻辑表达式是多种多样的，代数化简并无一套完整办法，关键在于掌握基本定律、运用基本定律的熟练程度。这里主要讲述与或式的化简方法。其他形式都很容易由与或式转换而得到。所谓最简与或式是指函数式的乘积项最少，且每个乘积项中的因子个数也最少。

(1) 并项法。利用 $A+\overline{A}=1$ 消去一个变量。例如：

$$A\overline{B}C+\overline{A}\,\overline{B}C=\overline{B}C(A+\overline{A})=\overline{B}C$$

(2) 消去法。利用 $A+\overline{A}B=A+B$ 消去多余因子。例如：

$$AB+\overline{AB}C=AB+C$$

(3) 添项法。利用 $AB+\overline{A}C=AB+\overline{A}C+BC$ 使添上的 BC 与其他项合并消去更多的项。例如：

$$AB+\overline{A}C+\overline{B}C=AB+\overline{A}C+BC+\overline{B}C=AB+\overline{A}C+C=AB+C$$

下面举几个例子加以说明。

【例 8】　化简 $Y=\overline{A}\,\overline{B}+\overline{A}CD+AC+B\overline{C}+AB$。

解： $Y=\overline{A}\,\overline{B}+\overline{A}CD+AC+B\overline{C}$　　（利用 $AC+B\overline{C}+AB=AC+B\overline{C}$）

$=\overline{A}\,\overline{B}+C(A+\overline{A}D)+B\overline{C}$

$=\overline{A}\ \overline{B}+C(A+D)+B\overline{C}$　　(利用 $A+\overline{A}B=A+B$)

$=\overline{A}\ \overline{B}+AC+CD+B\overline{C}$

【例 9】　化简 $Y=A\overline{D}+\overline{A}\ \overline{B}+\overline{C}D+\overline{A}\ \overline{C}+\overline{B}D$。

解：$Y=A\overline{D}+\overline{A}\ \overline{B}+\overline{B}\ \overline{D}+\overline{C}D+\overline{A}\ \overline{C}+\overline{B}D$　　(利用 $A\overline{D}+\overline{A}\ \overline{B}=A\overline{D}+\overline{A}\ \overline{B}+\overline{B}\ \overline{D}$)

$=A\overline{D}+\overline{A}\ \overline{B}+\overline{B}(\overline{D}+D)+\overline{C}D+\overline{A}\ \overline{C}$

$=A\overline{D}+\overline{A}\ \overline{B}+\overline{B}+\overline{C}D+\overline{A}\ \overline{C}$

$=A\overline{D}+\overline{B}+\overline{C}D+\overline{A}\ \overline{C}$　　(利用 $\overline{A}\ \overline{B}+\overline{B}=\overline{B}$)

$=A\overline{D}+\overline{A}\ \overline{C}+\overline{C}\ \overline{D}+\overline{B}+\overline{C}D$　　(利用 $A\overline{D}+\overline{A}\ \overline{C}=A\overline{D}+\overline{A}\ \overline{C}+\overline{C}\ \overline{D}$)

$=A\overline{D}+\overline{C}(\overline{A}+\overline{D}+D)+\overline{B}$

$=A\overline{D}+\overline{C}+\overline{B}$

【例 10】　化简 $Y=AD+A\overline{D}+AB+\overline{A}C+ACEF$。

解：$Y=A(D+\overline{D}+B+CEF)+\overline{A}C$

$=A(1+B+CEF)+\overline{A}C$

$=A+\overline{A}C$

$=A+C$

【例 11】　化简 $Y=A\overline{B}+\overline{A}B+ABCD+\overline{A}\ \overline{B}CD$。

解：$Y=\overline{B}(A+\overline{A}CD)+B(\overline{A}+ACD)$

$=\overline{B}(A+CD)+B(\overline{A}+CD)$　　(利用 $A+\overline{A}CD=A+CD$)

$=A\overline{B}+\overline{B}CD+\overline{A}B+BCD$

$=A\overline{B}+\overline{A}B+CD(\overline{B}+B)$

$=A\overline{B}+\overline{A}B+CD$

又解：$Y=A\oplus B+CD\overline{A\oplus B}$　　(利用 $A\oplus B=A\overline{B}+\overline{A}B$)

$=A\oplus B+CD$

$=\overline{A}B+A\overline{B}+CD$

由上述例题可以看出，代数法化简没有一个统一的规范步骤可循，主要看对公式的熟练程度和运用技巧，而且化简结果难以判断是否是最简形式。

第五节　逻辑函数的卡诺图法化简

由于代数法化简逻辑函数没有规范的步骤可循，而且对化简结果是否为最简形式难以判断，为此，下面介绍卡诺图化简法，它是既简便又直观的逻辑函数化简法。

一、逻辑函数的最小项表达式

（一）最小项及编号

所谓最小项就是一些乘积项，这些乘积项中每个乘积项包含了 n 个变量的所有变量，且均以原变量或反变量形式出现一次。例如，$A\overline{B}C$ 是三变量 A、B、C 的一个最小项，A、B、C 三变量可构成的最小项个数为 $2^3=8$ 个，n 变量可构成最小项为 2^n 个，2^n 个最小项之和恒为 1。

最小项除了用变量字母的乘积表示外，为了方便起见，常用 m_i 的形式表示最小项，

m 表示最小项，i 表示最小项编号，i 是 n 变量取值组合(若变量以原变量形式出现视为 1，以反变量形式出现视为 0)排成二进制所对应的十进制数。例如，$\overline{A}BC$ 对应的二进制数为 011，011 对应的十进制数为 3，即 i=3，所以 $\overline{A}BC$ 记为 m_3。

（二）最小项表达式

逻辑函数与或表达式中每个乘积项均是最小项，这样的表达式就称最小项表达式。例如：

$Y=AB+BC+\overline{B}\ \overline{A}$ （一般与或表达式）

$=AB(C+\overline{C})+(A+\overline{A})BC+\overline{A}\ \overline{B}(C+\overline{C})$

$=\overline{A}\ \overline{B}\ \overline{C}+\overline{A}\ \overline{B}C+\overline{A}BC+AB\overline{C}+ABC$ （最小项表达式）

$=m_0+m_1+m_3+m_6+m_7$ （最小项表达式）

$=\Sigma m(0，1，3，6，7)$ （最小项表达式）

二、卡诺图的构成

所谓卡诺图就是将 n 变量的 2^n 个最小项用 2^n 个小方格表示出来的图形。n 个变量卡诺图的结构须保证逻辑函数的逻辑相邻关系，即图上的逻辑相邻关系。为保证逻辑相邻关系，每相邻方格的最小项之间只允许一个变量取值不同，其余变量取值均相同。图 2-6 为二、三、四变量卡诺图。

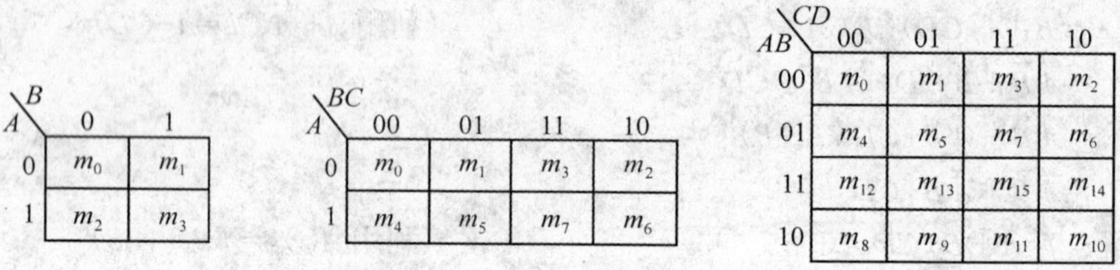

(a) (b) (c)

图 2-6 二、三、四变量卡诺图

由图 2-6 可以看出，随着输入逻辑变量个数的增加，卡诺图图形变得十分复杂。但是，对变量数少于五个的逻辑函数，利用卡诺图法化简就显得相当方便。

卡诺图两侧的 0、1 表示两侧逻辑变量取值，例如图 2-6 四变量卡诺图中，m_5 最小项 A 取 0、B 取 1、C 取 0、D 取 1。为了保证逻辑相邻特性，二个变量组合一侧标注的数码顺序为 00，01，11，10 而不是 00，01，10，11。另外需要说明的是，由于卡诺图是平面图，除了几何位置相邻的最小项有逻辑相邻的特性外，图中第一行和最末一行是逻辑相邻行，同样第一列和最末一列是逻辑相邻列，即卡诺图可看成上下、左右闭合的图形。

三、逻辑函数的卡诺图表示法

（一）由真值表画卡诺图

根据真值表中每组输入逻辑变量取值，在卡诺图中找到对应取值的方格，并在方格内填上相应的函数值，即得卡诺图。

【例 12】 画出表 2-8 真值表对应的卡诺图。

表 2-8　真值表

A	B	C	Y	A	B	C	Y
0	0	0	0	1	0	0	1
0	0	1	1	1	0	1	1
0	1	0	1	1	1	0	0
0	1	1	0	1	1	1	0

解： 观察表 2-8 是三变量真值表，因此卡诺图应是三变量卡诺图。图 2-7 即是表 2-8 对应的卡诺图。

A \ BC	00	01	11	10
0	0	1	0	1
1	1	1	0	0

图 2-7　卡诺图

（二）由最小项逻辑表达式画卡诺图

首先画出相应变量的卡诺图，然后在卡诺图上找出表达式中出现的最小项对应的小方格，并标以 1，剩余小方格标以 0，就得该函数的卡诺图。

【例 13】　画出 $Y=A\overline{B}C\overline{D}+\overline{A}\,\overline{B}CD+ABC\overline{D}+AB\overline{C}\,\overline{D}$ 的卡诺图。

解： $A\overline{B}C\overline{D}$：在 A=1、B=0、C=1、D=0 对应的小方格填 1。

$\overline{A}\,\overline{B}CD$：在 A=0、B=0、C=1、D=1 对应的小方格填 1。

$ABC\overline{D}$：在 A=1、B=1、C=1、D=0 对应的小方格填 1。

$AB\overline{C}\,\overline{D}$：在 A=1、B=1、C=0、D=0 对应的小方格填 1。

其余小方格填 0，即得卡诺图（见图 2-8）。

【例 14】　画出 $Y(A, B, C)=\Sigma m(0, 1, 4, 6, 7)$ 的卡诺图。

解： 本例题的表达式由 m_0、m_1、m_4、m_6、m_7 五个最小项之和组成。

m_0：在 A=0、B=0、C=0 对应的小方格填 1。

m_1：在 A=0、B=0、C=1 对应的小方格填 1。

其余类推，在没有出现的最小项 m_2、m_3、m_5 方格上填 0，即得卡诺图（见图 2-9）。

AB \ CD	00	01	11	10
00	0	0	1	0
01	0	0	0	0
11	1	0	0	1
10	0	0	0	1

图 2-8　卡诺图

A \ BC	00	01	11	10
0	1	1	0	0
1	1	0	1	1

图 2-9　卡诺图

（三）由一般与或表达式画卡诺图

将每个与项包含的最小项都填上 1，其余的填 0，就可以得到逻辑表达式的卡诺图。

【例 15】　画出 $Y=\overline{A}C+BC+A\overline{B}C$ 的卡诺图。

解： $\overline{A}C$：在 A=0、C=1 对应的小方格上填上 1（不管 B 取值为 0 或 1）。

BC：在 B=1、C=1 对应的小方格上填上 1（不管 A 取值为 0 或 1）。

$A\overline{B}C$：在 A=1、B=0、C=1 对应的小方格上填上 1，其余格上填 0，即得卡诺图(见图 2-10)。

A \ BC	00	01	11	10
0	0	1	1	0
1	0	1	1	0

图 2-10　卡诺图

四、用卡诺图化简逻辑函数

(一)卡诺图化简法的依据

根据定律 $A+\overline{A}=1$，两个相邻最小项可以合并为一项并消去一个变量。例如，相邻项 $\overline{A}B\overline{C}D+\overline{A}BCD=\overline{A}BD(\overline{C}+C)=\overline{A}BD$，四个相邻项可以合并为一项并消去两个变量。

(二)相邻最小项合并规律

合并最小项就是将卡诺图中相邻方格中的“1”加包围圈(又称卡诺圈)。归纳起来，n 个变量卡诺图中最小项的合并规律如下：

(1)包围圈所圈住的相邻为 1 的方格的个数应为 2^i(i=0，1，2，…)。包围圈越大，化简的结果越简单。

(2)包围圈的个数越少越好。因个数越少，乘积项就越少，结果就越简单。

(3)同一个 1 可多次被圈，但每个圈中至少有一个未被圈过的 1，否则为多余圈。

图 2-11 给出了 2 个、4 个、8 个相邻最小项合并为一项的例子。

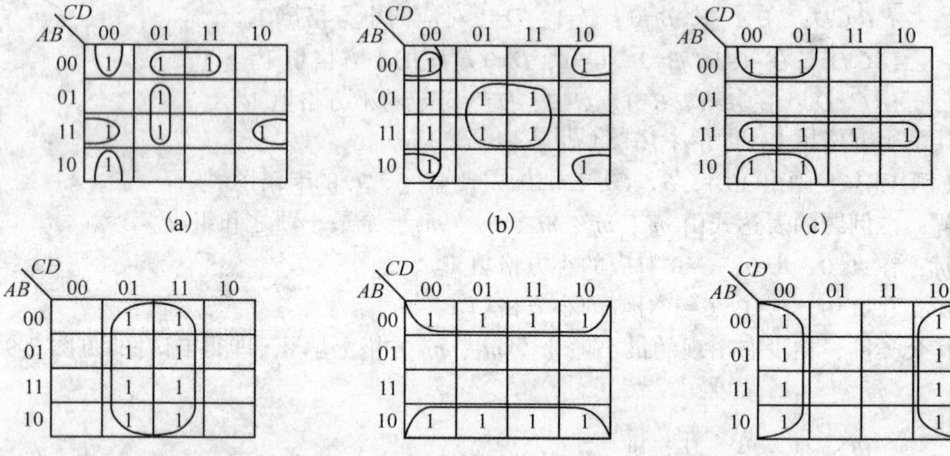

图 2-11　各种相邻最小项合并规律

(三)用卡诺图化简逻辑函数

用卡诺图化简逻辑函数步骤如下：

(1)将逻辑函数用卡诺图表示。

(2)根据最小项合并规律进行合理圈组。

(3)每个包围圈对应写出一个乘积项。圈中各最小项中，变量取值相同的保留，不同的变量将被消去。取值相同为 1 时，写成原变量；取值相同为 0 时，写成反变量。

(4)将所有乘积项求和即得化简后的新函数。

【例 16】　利用卡诺图化简 $Y=\overline{B}CD+B\overline{C}+\overline{A}\,\overline{C}D+A\overline{B}C$。

解：

第一步：用卡诺图表示该逻辑函数。

$\overline{B}CD$：在 $B=0$、$C=1$、$D=1$ 的格上填 1。对应最小项 m_3、m_{11}。

$B\overline{C}$：在对应最小项 m_4、m_5、m_{12}、m_{13} 的格上填 1。

$\overline{A}\,\overline{C}D$：在对应最小项 m_1、m_5 的格上填 1。

$A\overline{B}C$：在对应最小项 m_{10}、m_{11} 的格上填 1。

为使图面清晰，0 可以不填入。所得卡诺图如图 2-12 所示。

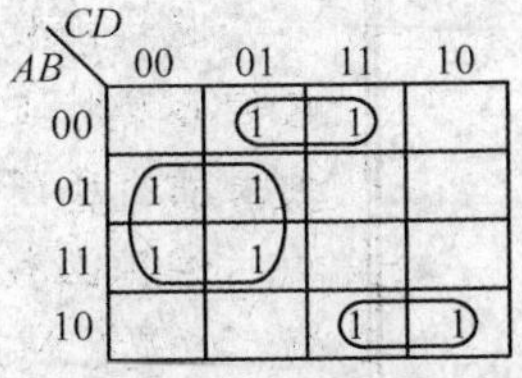

图 2-12　卡诺图

第二步：圈组。如图 2-12 所示。

第三步：组成新函数。

第一行两个 1 的圈对应的乘积项为 $\overline{A}\,\overline{B}D$。因为两个 1 的 A 取值均为 0，B 取值均为 0，C 取值不同，D 取值为 1，故为 $\overline{A}\,\overline{B}D$。同理可得第四行两个 1 的圈对应的乘积项为 $A\overline{B}C$，中间四个 1 的圈的最简结果为 $B\overline{C}$。将三个乘积项求和即得结果，即

$$Y=\overline{A}\,\overline{B}D+A\overline{B}C+B\overline{C}$$

【例 17】　化简 $Y(A，B，C，D)=\Sigma m(0，2，5，6，7，8，9，10，11，14，15)$。

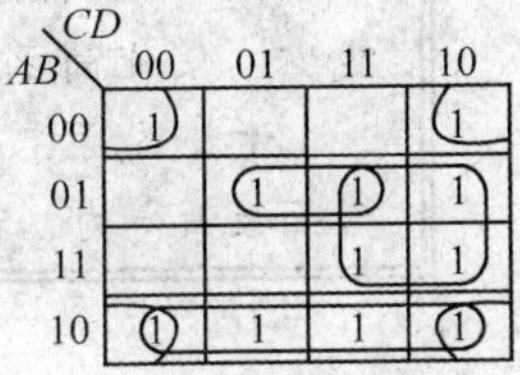

图 2-13　卡诺图

解： 化简过程如图 2-13。化简后的最简函数为

$$Y=A\overline{B}+BC+\overline{B}\,\overline{D}+\overline{A}BD$$

五、包含无关项的逻辑函数的化简

前面讨论的逻辑函数对于输入变量的任何一种取值组合都有确定的函数值与之对应。但是，在某些实际问题中，常常由于输入变量之间存在的某种相互制约或问题的某种特殊限制等，使得输入变量的某些取值组合根本不会出现，或者不允许出现。另一种情况则是输入变量某些取值下的函数值是 0 还是 1，对电路逻辑功能无影响。把这些最小项统称为无关项。

对无关项一般采用全体无关项的和恒为零的形式表示，即 $\Sigma\phi_i=0$。例如 $\Sigma\phi(1，3，5)=0$。根据无关项的情况，化简时对无关项对应的格上填 ϕ，ϕ 既可取 0，也可取 1。

【例 18】　化简 $Y(A，B，C，D)=\Sigma m(3，4，5，10，11，12)+\Sigma\phi(0，1，2，13，14，15)$。

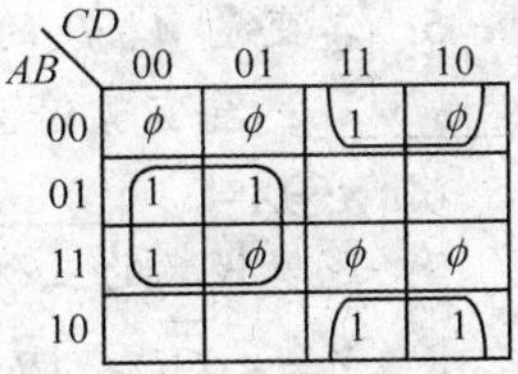

图 2-14　卡诺图

解： 将最小项和无关项填入卡诺图中，得图 2-14。

取无关项 ϕ_2、ϕ_{12} 为 1，其余无关项取 0，得最简表达式为

$$\begin{cases} Y=B\overline{C}+\overline{B}C \\ \overline{ABC}+\overline{AB}D+ABD+ABC=0 \end{cases}$$

本章小结

逻辑代数是本章的重点内容之一，讨论了它的基本定律、三个重要的规则、逻辑函数的五种一般表达式。

在逻辑代数的每一个基本定律中，都给出了两种表达式，它们互为对偶式。

逻辑函数可用真值表、逻辑表达式、逻辑图和卡诺图四种方式来描述，它们各具特点、相互关联，可相互变换，使用时可视具体情况选择某一方式来描述所研究的逻辑问题。

逻辑函数的化简是本章的重点，代数法化简的优点是变量数不受限制，但是化简方法缺乏规律性，化简过程中不仅需要熟练地运用基本定律和公式，而且需要有一定的运算技巧和经验。

卡诺图是逻辑函数最小项的方块图表示法，利用卡诺图中最小项在几何位置上的相邻性来合并最小项，就可得到函数的最简表达式。

卡诺图中相邻“1”的个数必须是 2^i 个(i=0，1，2，…)，在此条件下，卡诺圈的范围应尽可能地扩大，以消去更多的变量，图中的卡诺圈应尽可能少，使化简函数中的乘积项最少，以获得最简与—或表达式。

卡诺图法化简逻辑函数简单直观，有规律可循。它是化简五变量以内逻辑函数最得力、最有用的工具，应牢固地掌握它的化简方法。

习　题

一、填空题

1. ______年______国数学家乔治·布尔提出了布尔代数。布尔代数又称______代数或______代数。

2. 逻辑代数中最基本的逻辑运算有______、______、______三种。

3. 决定事件结果的条件全具备时，结果才发生，这种逻辑关系叫______或______。

4. 三个输入变量的与逻辑表达式为______，逻辑符号为______；或逻辑的表达式为______，逻辑符号为______。

5. 二变量 A、B 的异或表达式为______，要实现 $Y=\overline{A}$ 的功能，异或门的 B 端应接______；要实现 $Y=A$ 的功能，B 端应接______。

6. $A \oplus A=$______，$A \oplus \overline{A}=$______，$\overline{A}+AB=$______。

7. 逻辑代数的三个重要规则为______规则、______规则、______规则。

8. $Y=A\cdot\overline{\overline{C}D}+A\overline{B}$ 的反函数为 $\overline{Y}=$______，Y 函数的对偶式 $Y'=$______。

9. $A \oplus 0=$______，$A \oplus 1=$______。

10. 逻辑函数有______、______、______、______四种表示方法。

11. 三变量 ABC 的各种可能取值组合有______种。

12. 逻辑函数的化简方法有______和______两种。

13. 卡诺图化简法的依据为______。

二、选择题

1. 若逻辑表达式 $Y=\overline{A+B}$，则下列表达式中与 Y 具有相同逻辑功能的是(　　)。

A. $Y=\overline{A}\ \overline{B}$　　B. $Y=\overline{AB}$　　C. $Y=\overline{A}+\overline{B}$　　D. 1

2. 若一个逻辑函数由三个变量组成，则最小项共有(　　)个。

A. 3　　B. 4　　C. 8　　D. 16

3. 已知函数 $Y=\overline{A}B+\overline{B}C$，则它的“与非—与非”表达式为(　　)。

A. $\overline{\overline{A}B+\overline{B}C}$　　B. $\overline{\overline{\overline{A}B}\ \overline{\overline{B}C}}$　　C. $\overline{\overline{A}B}\ \overline{\overline{B}C}$　　D. $\overline{A}B\overline{B}C$

4. 如图 2-15 是三变量的卡诺图，则最简“与或”表达式为 $Y=$(　　)。

A. $AB+AC+BC$　　B. $A\overline{B}+\overline{B}C+AC$

C. $AB+B\overline{C}+A\overline{C}$　　D. $\overline{A}B+B\overline{C}+\overline{A}C$

A \ BC	00	01	11	10
0			1	
1		1	1	1

图 2-15　卡诺图

5. 下列各式中哪个是三变量 A、B、C 的最小项(　　)。

A. $A\overline{B}$　　B. $A+B+C$　　C. ABC　　D. AB

6. 多余端应接 1 的门电路为(　　)。

A. 或门　　B. 或非门　　C. 与非门　　D. 与门

7. 多余端应接 0 的门电路为(　　)。

A. 或门　　B. 或非门　　C. 与非门　　D. 与门

三、判断题

1. 如果已知 $A+B=A+C$，则 $B=C$。
2. 如果已知 $AB=AC$，则 $B=C$。
3. 如果已知 $A+B=A+C$，则 $AB=AC$。
4. 如果已知 $A+B=AB$，则 $A=B$。
5. $A\oplus\overline{B}=A\oplus B\oplus 1$
6. $A\oplus 1=\overline{A}$

四、计算题

1. 决定事件结果的条件有三个，当条件均不满足时，结果会发生；而当条件至少有一个满足时，结果反而不会发生，试写出实现的逻辑关系。

2. 对应图 2-16(a)的波形，画出图 2-16(b)中各电路的输出波形。

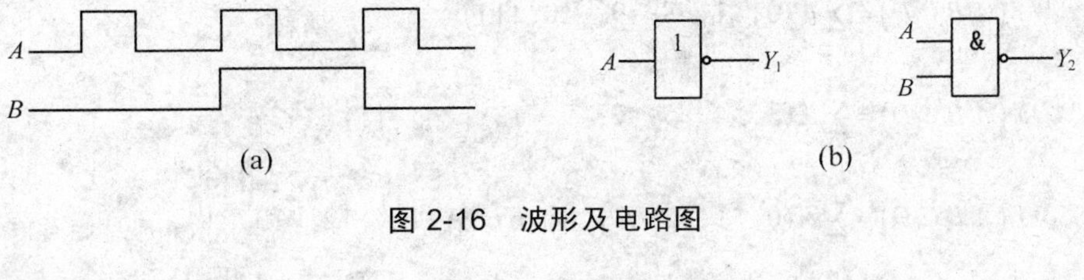

图 2-16　波形及电路图

3. 分析如图 2-17 所示波形，写出对应逻辑函数表达式 Y。

4. 电路如图 2-18 所示。若开关闭合为 1，打开为 0，灯亮为 1，灯灭为 0，试列出 Y 和 A、B、C 关系的真值表，写出 Y 的表达式。

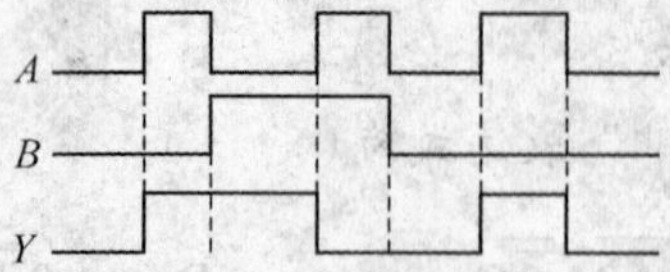

图 2-17　波形图

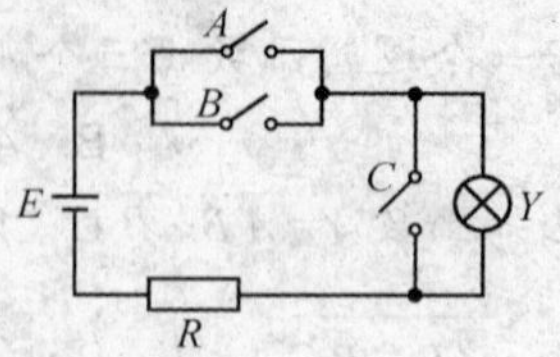

图 2-18　电路图

5. 下列逻辑式中，变量 A、B、C 为哪些取值时，Y 值为 1。

①$Y=(A+B)+AB$　　②$Y=(A\overline{B}+\overline{A}B)C$

6. 写出下列函数的反函数和对偶式。

①$Y=A\overline{BC}+(\overline{A}+\overline{B}\,\overline{C})(A+C)$　　②$Y=\overline{A}\,\overline{B}+CD$

③$Y=\overline{A+B+\overline{\overline{D+E}}}$　　④$Y=\overline{AB+\overline{A}\,\overline{B}}$

7. 证明下列等式成立。

①$\overline{AB+\overline{A}C}=A\overline{B}+\overline{A}\,\overline{C}$　　②$AB+A\overline{B}+\overline{A}B+\overline{A}\,\overline{B}=1$

③$A\overline{ABC}=A\overline{BC}+A\overline{B}C+AB\overline{C}$　　④$ABC+\overline{A}\,\overline{B}\,\overline{C}=\overline{A\overline{B}+B\overline{C}+\overline{A}C}$

8. 用公式法化简下列函数。

①$Y=A\overline{B}\overline{C}+A\overline{B}C+AB\overline{C}+ABC$　　②$Y=\overline{A}\,\overline{B}C+\overline{A}BC+ABC+AB\overline{C}$

③$Y=A+\overline{A}BCD+A\overline{BC}+BC+\overline{B}C$　　④$Y=\overline{A}\,\overline{B}\,\overline{C}+AC+B+C$

9. 用卡诺图化简下列函数，并将所得到的最简“与或”式转换成“与非—与非”表达式。

①$Y=(A\oplus B)C+ABC+\overline{A}\,\overline{B}\,C+\overline{B}D$　　②$Y=\overline{A}+\overline{B}\,\overline{C}+AC$

③$Y=\overline{A}BC+\overline{A}\,\overline{B}C+ABC$

10. 用卡诺图化简下列逻辑函数。

①$Y(A,B,C,D)=\sum m(0,1,8,9,10,11)$

②$Y(A,B,C,D)=\sum m(3,4,5,7,9,13,14,15)$

③$Y(A,B,C,D)=\sum m(0,1,2,3,4,6,8,10,12,13,14,15)$

④$Y(A,B,C,D)=\sum m(1,2,3,4,5,7,9,15)$

11. 用卡诺图化简下列具有无关项的逻辑函数。

①$Y(A,B,C,D)=\sum m(3, 5, 6, 7, 10)+\sum \phi(0, 1, 2, 4, 8)$

②$Y(A,B,C,D)=\sum m(0, 2, 6, 8, 10, 14)+\sum \phi(4, 7, 12, 15)$

③$Y=\overline{A}\,\overline{C}+\overline{A}B$，约束条件为 $AB+AC=0$。

④$Y=\overline{A}\,\overline{C}D+\overline{A}BCD+\overline{A}\,\overline{B}D$，约束条件为 $AB+AD=0$。

第三章　逻辑门电路

应知、应会要求

1. 了解 TTL 集成逻辑门电路的结构，熟悉它的工作原理和外特性。
2. 熟悉集电极开路与非门和三态输出与非门的工作原理及有关的逻辑概念。
3. 掌握 CMOS 反相器的电路结构及工作特性。

门电路是最基本的逻辑电路，因此也是数字电路的基本单元。随着集成电路技术的飞速发展，集成门电路已在数字电路中占主导地位。数字集成电路，按照其组成的有源器件的不同可分为两大类：一类是双极型晶体管逻辑门(TTL 门)；另一类是单极型绝缘栅场效应管逻辑门(MOS 门)。掌握门电路的逻辑功能及电气特性，是正确使用数字集成电路的基础。本章从分立元件门电路入手，再逐步引入集成门电路，讨论了 TTL 与 CMOS 集成逻辑门的电路结构、工作原理及使用问题。

第一节　分立元件门电路

虽然目前数字电路已基本集成化，分立元件的门电路已极少使用，但它是集成电路的构成基础，为此，这里简单介绍几种分立元件的门电路。

一、二极管门电路

图 3-1 所示为二极管与门电路，图 3-2 所示为二极管或门电路。

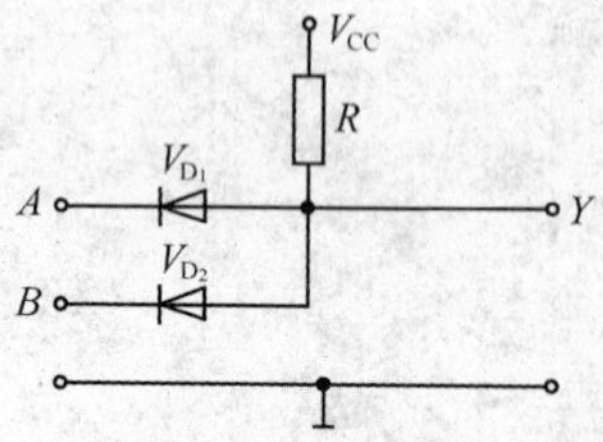

图 3-1　二极管与门电路

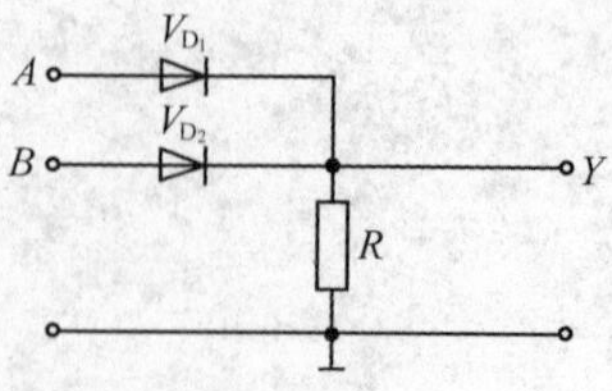

图 3-2　二极管或门电路

由图 3-1 可以看出，当 A、B 中只要有一个输入为低电平时，对应的二极管导通，输出为低电平；只有当 A、B 同时输入高电平时，输出才为高电平，所以实现了逻辑与的关系。

由图 3-2 可以看出，当 A、B 中只要有一个输入为高电平时，对应的二极管导通，输出为高电平，只有 A、B 同时输入低电平时，输出才为低电平，所以实现了逻辑或的关系。

二极管门电路的优点是线路简单、元件少、概念直观。但由于二极管导通电压（V_D 为 0.7 V）和输出端杂散电容的存在，在实际使用时就存在一些问题。一是多级串联时引起信号电平的偏移；二是带负载能力较差，开关速度也较低。

二、三极管非门电路

在数字电路中的三极管工作在饱和、截止两个状态，三极管的饱和状态等效为开关的接通状态，三极管的截止状态等效为开关的断开状态。图 3-3 为三极管非门电路。

由图 3-3 可知：当 A 端输入高电平时，三极管饱和，输出低电平；当输入低电平时，三极管截止，输出高电平，实现了逻辑非的关系。所以，三极管非门又称反相器。

为了保证输入低电平时三极管可靠截止，常采用在三极管基极经另一电阻接至负电源上，使输入低电平时，三极管基极为负电位而可靠截止。

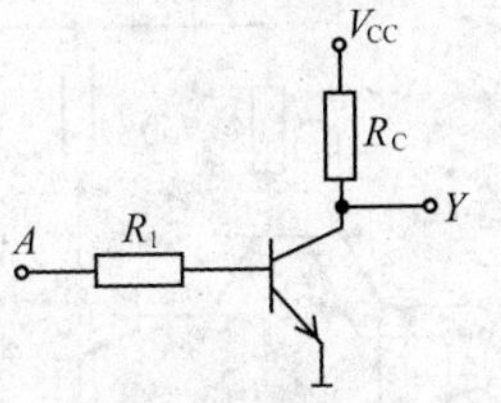

图 3-3　三极管非门电路

第二节　正逻辑和负逻辑

数字逻辑系统中一般用电平的高、低来实现信号的控制和传送。电平的高、低可用 1 和 0 表示：把高电平用 1、低电平用 0 表示的方法称为正逻辑；反之，把高电平用 0、低电平用 1 表示的方法称为负逻辑。在分析具体逻辑电路时，首先要知道该电路采用正逻辑还是负逻辑，否则就无法正确分析其逻辑功能。本书不特别指明时，都是指正逻辑。

事实上，同一逻辑函数的正逻辑和负逻辑所表示的函数式是一对对偶式。

【例 1】　试分别用正逻辑和负逻辑写出图 3-1 所示电路的逻辑表达式。

解：按正逻辑分析，其逻辑真值表如表 3-1 所示，逻辑表达式为 $Y=AB$。按负逻辑分析，其逻辑真值表如表 3-2 所示，逻辑表达式为 $Y=A+B$。

表 3-1　正逻辑真值表

A	B	Y
0	0	0
0	1	0
1	0	0
1	1	1

表 3-2　负逻辑真值表

A	B	Y
1	1	1
1	0	1
0	1	1
0	0	0

由负逻辑真值表写出的表达式为 $Y=A+B$ 和由正逻辑真值表写出的表达式 $Y=AB$ 是一对偶式。

第三节　TTL 集成门电路

双极型晶体管逻辑电路中应用最广泛的是 TTL 电路(Transistor-transistor Logic)，此种电路的显著特点是工作速度高、带负载能力强。

一、TTL 与非门

典型的 TTL 与非门的电路图如图 3-4 所示。

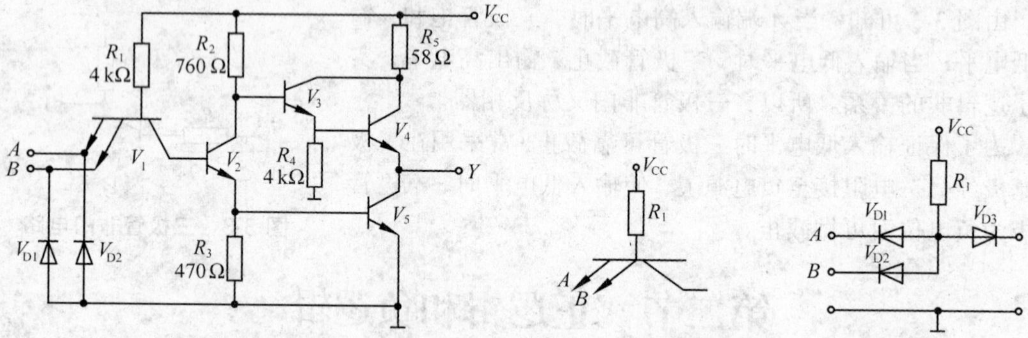

(a)电路原理图　　(b)多射极晶体管的等效电路

图 3-4　典型的 TTL 与非门电路

(一)电路结构

图中 V_1、R_1、V_{D1}、V_{D2} 构成输入级，其功能是对输入变量 A、B 实现“与运算”，如图 3-4(b)所示。晶体管 V_2 和电阻 R_2、R_3 构成中间级，实现倒相功能，其集电极和发射极各输出一个极性相反的电压，分别用来控制 V_4 和 V_5 的工作状态。同时 V_2 能为 V_5 提供较大的基极电流，提高了带负载能力，也加快了 V_5 的饱和。V_3、V_4、V_5 和两个电阻 R_4、R_5 构成输出级，V_3、V_4 组成的复合管作为 V_5 的集电极负载。通常这种形式的电路称为推拉式电路。V_4、V_5 之一导通，另一截止，从而降低了输出级的静态功耗并提高了带负载的能力。

(二)电路功能分析

当输入端 A、B 有低电平 V_{IL}(0.3 V)时，则 V_1 的基极电位 $V_{b1}=V_{IL}+V_{be1}=0.3+0.7=1.0$(V)，它无法打开三个 PN 结——V_1 的集电结、V_2 和 V_5 的发射结，因此 V_2、V_5 截止。V_2 集电极电位 $V_{C2}\approx V_{CC}$，该电压使 V_3 和 V_4 的发射结处于正向导通状态，此时输出电压 $V_{OH}=V_{C2}-V_{be3}-V_{be4}\approx 5-0.7-0.7=3.6$(V)，输出为高电平。

当输入端 A、B 均为高电平 V_{IH}(3.6 V)时，由于 V_1 的基极电位升高，V_1 集电结、V_2 和 V_5 的发射结三个 PN 结得到正向偏置电压而导通，V_{b1} 被钳位到 2.1 V，此时 V_1 发射结全部反偏而截止，集电结正偏，V_1 的基极电流全部灌入 V_2 管基极，使 V_2 和 V_5 进入饱和状态，则 V_2 的集电极电位 $V_{C2}=V_{be5}+V_{ces2}=0.7+0.3=1.0$(V)，所以 V_3 微导通，V_4 截止，此时输出端输出低电平 0.3 V。

由上述分析可知，当输入有低电平时则输出为高电平，输入全为高电平时则输出为低电平。所以，该电路具有与非门的逻辑功能。

二、TTL 电路的电气特性和主要技术指标

（一）电压传输特性

如图 3-5 给出了 TTL 与非门电压传输特性曲线，即输出电压随输入电压变化的关系曲线。这条曲线可以分四段：

AB 段，$u_I<0.6$ V，V_2 和 V_5 截止，V_4 导通，输出高电平 3.6 V，该段称为截止区。

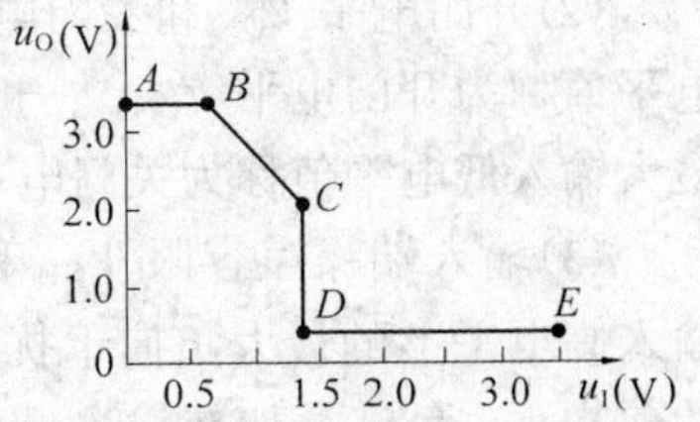

图 3-5　TTL 与非门电压传输特性

BC 段，$0.6\text{ V}<u_I<1.3$ V，V_2 开始导通，并工作在放大区，V_2 集电极电压 u_{C2} 及 u_O 随 u_I 的上升而线性下降，该段称线性区。

CD 段，$u_I>1.3$ V，V_2 开始导通，只要 u_I 稍有增加，u_O 迅速降至 0.3 V，该段称转折区。

DE 段，$u_I>1.4$ V，V_5 饱和，u_O 为低电平 0.3 V，该段称为饱和区。

（二）输入负载特性

由于输入电流的存在，输入端串接有电阻，则会影响输入电压。我们把输入端所接电阻 R_E 值和输入电压 u_R 的关系称为输入负载特性。

图 3-6 给出了 TTL 与非门的输入电路和输入负载特性。一个输入端通过电阻 R_E 接地，其他输入端接高电平。

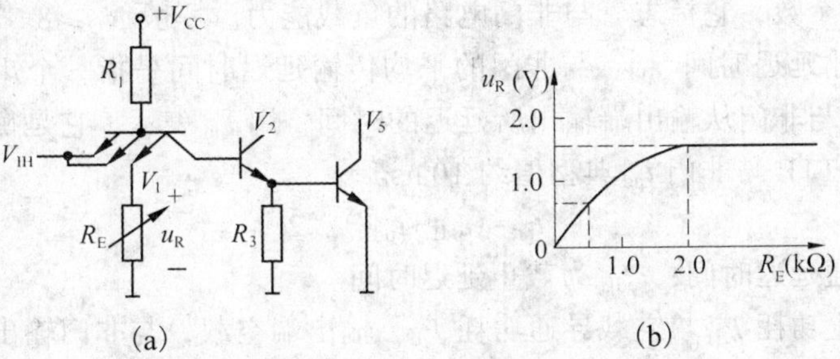

图 3-6　输入负载特性

在 V_{CC} 的作用下，接 R_E 的发射结必然导通，在 R_E 上形成电压 u_R。R_E 越大，其压降 u_R 越大。试验测知，只要 $R_E\leqslant0.7$ kΩ，u_R 就相当于逻辑低电平。只要 $R_E\geqslant2$ kΩ，u_R 达到 1.4 V、V_1 的基极电位为 $V_{b1}=u_R+V_{be1}=1.4+0.7=2.1$ (V)，使 V_2 和 V_5 导通，与非门输出低电平。R_E 再增大，V_1 的基极电位被钳位到 2.1 V，不再发生变化，输出低电平。

当与非门的某一输入端通过电阻 R_E 接地，其他端接高电平时，为使与非门可靠地输出高电平，R_E 所允许的最大阻值称为该与非门的关门电阻，记做 R_{OFF}。为使与非门可靠地输出低电平，R_E 所允许的最小阻值称为该与非门的开门电阻，记做 R_{ON}。由上述分析可知，典型 TTL 与非门的 R_{OFF}=0.7 kΩ，R_{ON}=2 kΩ。考虑到不同类型的 TTL 与非门，其内部结构及元件参数会有所不同，故它们的 R_{OFF} 及 R_{ON} 也会有所差异。所以，在工程技

术中，TTL 与非门的 R_{OFF} 和 R_{ON} 分别取值为 0.5 kΩ和 2 kΩ。

综合上述，当 TTL 与非门的某一输入端通过电阻 R 接地时，若 $R \leqslant 0.5$ kΩ，则该端相当于输入逻辑低电平；若 $R \geqslant 2$ kΩ，则该端相当于输入逻辑高电平。

（三）主要技术指标

(1) 输出高电平 V_{OH} 和输出低电平 V_{OL}。V_{OH} 在 2.4 ~ 3.6 V 即认为合格，V_{OL} 在 0 ~ 0.5 V 也认为合格。V_{OH} 的标准值为 3 V，V_{OL} 的标准值为 0.3 V。

(2) 开门电平 V_{ON} 和关门电平 V_{OFF}。在保证输出为标准低电平时所允许的最小输入高电平值称为开门电平 V_{ON}，一般产品取 1.4 ~ 1.8 V。在保证输出为标准高电平时所允许的最大输入低电平值称为关门电平 V_{OFF}，一般产品取 0.8 ~ 1 V。

(3) 输入端噪声容限 V_{NH} 和 V_{NL}。在保证与非门输出低电平的前提下，允许叠加在输入高电平上的最大负向干扰电压称为高电平噪声容限 V_{NH}。在保证与非门输出高电平的前提下，允许叠加在输入低电平上的最大正向干扰电压叫低电平噪声容限 V_{NL}。噪声容限表明了电路的抗干扰能力的指标。噪声容限大，表明电路的抗干扰能力强。

(4) 阈值电压 V_{TH}。V_{TH} 是指电压传输特性曲线转折区的中点电压值。当 $u_I < V_{TH}$ 时，输出为高电平；当 $u_I > V_{TH}$ 时，输出为低电平。TTL 与非门的阈值电压 V_{TH}=1.4 V。

(5) 输入短路电流 I_{IL} 和输入漏电流 I_{IH}。当与非门一个输入端接地，其余输入端悬空时，流过此接地输入端的电流称为输入短路电流，其典型值为 1.5 mA。当与非门一个输入端接高电平，其余输入端接地时，流进接高电平输入端的电流称为输入漏电流，一般只有几十微安。

(6) 扇出系数 N_O。N_O 是在保证与非门电路输出正确的逻辑电平下，输出端最多能接同类型与非门的个数，它标志着与非门电路的负载能力。一般 $N_O \geqslant 8$。

(7) 平均传输延迟时间 t_{pd}。与非门的平均传输延迟时间是指一个矩形脉冲信号从输入端输入，经过与非门从输出端输出所延迟的时间，用 t_{pd} 表示，它是衡量与非门运算速度的重要指标。TTL 与非门 t_{pd} 典型值约 10 ns。

$$t_{pd}=(t_{pdL}+t_{pdH})\ /\ 2$$

式中：t_{pdL} 为导通延迟时间；t_{pdH} 为截止延迟时间。

(8) 空载截止功耗 P_H 与空载导通功耗 P_L。输出端空载，与非门输出高电平时电路的功耗称为电路空载截止功耗。输出端空载，与非门输出低电平时电路的功耗称为空载导通功耗。其规定值为：$P_L \leqslant 20$ mW，$P_H < 5$ mW。

三、　集电极开路与非门（OC 门）

一般的 TTL 门电路，不论输出高电平，还是输出低电平，其输出电阻都很低，只有几欧姆，因此不能把两个或两个以上的 TTL 门电路的输出端直接并接在一起。原因分析如下：如图 3-7 所示，两个 TTL 门输出端并联连接，设门 1 输出高电平（V_4 导通，V_5 截止，图中未画），门 2 输出低电平（V_5 导通，V_4 截止，图中未画）。若门 1 和门 2 的输出端直接并接后，则 V_{CC}—R_5、V_4（门 1）—V_5（门 2）—地，形成很大电流，使两个门电路因功耗过大而损坏。

OC 门可克服上述问题。如图 3-8 所示为 OC 门的电路结构及逻辑符号。

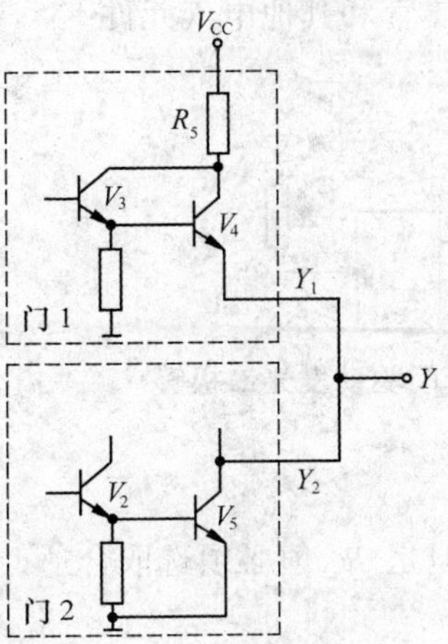

图 3-7　两个 TTL 门输出端并联情况

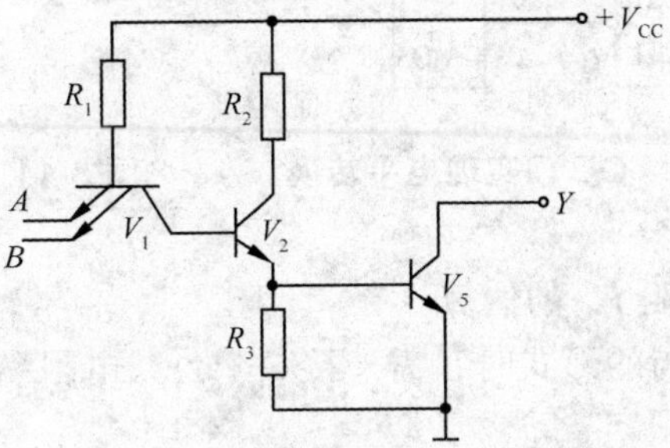

(a) 电路

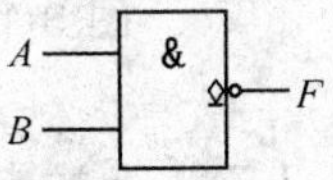

(b) 逻辑符号

图 3-8　OC 门电路

（一）功能分析

OC 门的电路特点是输出管的集电极开路。使用时必须在输出的集电极和电源之间加接上拉电阻 R_C，来代替一般 TTL 与非门的 V_3、V_4。两个 OC 门输出端可以并联连接（如图 3-9 所示），且实现线与逻辑功能，故称做“线与”。

图 3-9 实现的逻辑表达式为

$$Y = Y_1 \cdot Y_2 = \overline{AB} \cdot \overline{CD}$$

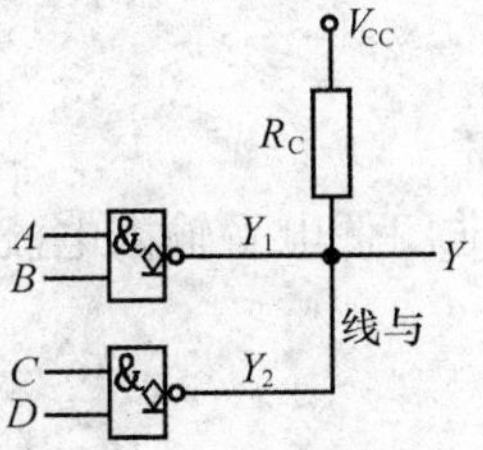

(a) 线与逻辑电路

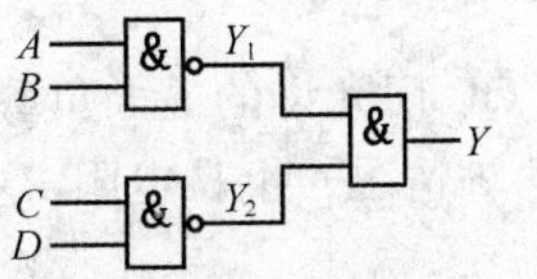

(b) 等效逻辑图

图 3-9　多个 OC 门并联

（二）应用

(1) OC 门输出端可以并联连接，实现线与功能。

(2) OC 门电路还可用在逻辑电平的转换。如图 3-10 所示，输入端 A、B 的高电平为 V_{IH}=3.6 V，低电平 V_{IL}=0.3 V，而输出端低电平为 V_{OL}=0.3 V，高电平为 V_{OH}=10 V，实现 TTL 电路和输入需要 V_{IL}=0.3 V、V_{IH}=10 V 的 CMOS 门电路之间的电平转换。

(3) OC 门驱动大电流负载。例如，OC 门驱动发光二极管，如图 3-11 所示。当 OC

门输出低电平时，发光二极管导通发光，OC 门输出高电平时，发光二极管截止不发光。一般 TTL 与非门不能直接推动这种大电流元件，需外接晶体管和其他电气元件。

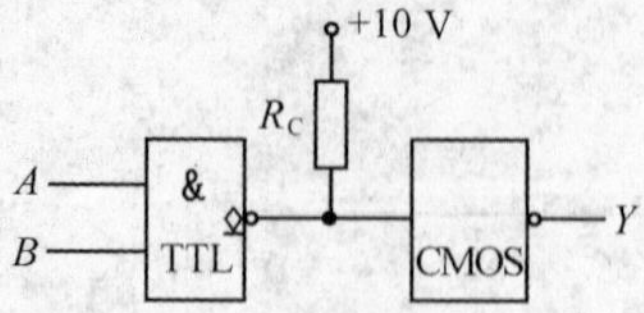

图 3-10　OC 门实现电平转换

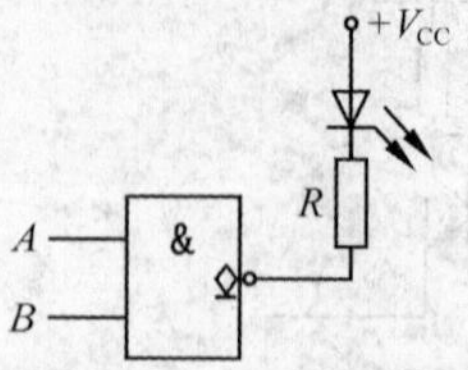

图 3-11　OC 门驱动发光二极管

（三）上拉电阻 R_C 的估算

OC 门接成线与的形式时，需外接一个公共电阻 R_C，但是 R_C 值必须选取合适，OC 门才能正常工作。

图 3-12 是 n 个 OC 门接成线与形式，负载为 p 个与非门，而与 OC 门相接的与非门输入端个数为 m。当所有 OC 门输出为高电平时，为保证输出的高电平不低于规定值 V_{OHmin}，R_C 不能太大，因此可得出 R_C 最大值估算公式

$$R_{C\max} \leqslant \frac{V_{CC} - V_{OHmin}}{nI_{OH} + mI_{IH}}$$

式中：I_{OH} 为 OC 门输出高电平时漏电流，一般 $I_{OH} \leqslant 250\ \mu A$；$I_{IH}$ 为负载门每个输入端高电平时的输入漏电流，此值不大于 50 μA。

OC 门输出为低电平时，最严重的情况是一个 OC 门导通，其他 OC 门截止。因为这时所有负载电流都流入导通的 OC 门，流过负载门输入端的电流为低电平输入短路电流 I_{IL}，各电流的实际方向如图 3-13 所示，为保证输出低电平不高于规定值 V_{OLmax}，R_C 不能太小，因此可得 R_C 的最小值估算公式

$$R_{C\min} \geqslant \frac{V_{CC} - V_{OLmax}}{I_{OL\max} - pI_{IL}}$$

式中：I_{OLmax} 为 OC 门允许的最大负载电流；I_{IL} 为与非门低电平输入电流。

综合上述两种情况，上拉电阻 R_C 的取值范围是

$$R_{C\min} \leqslant R_C \leqslant R_{C\max}$$

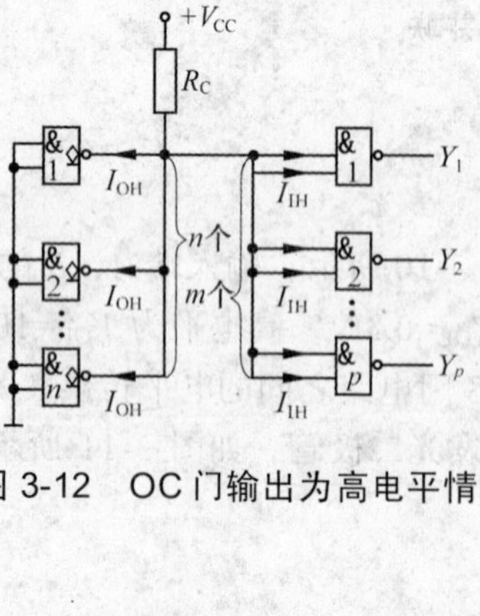

图 3-12　OC 门输出为高电平情况

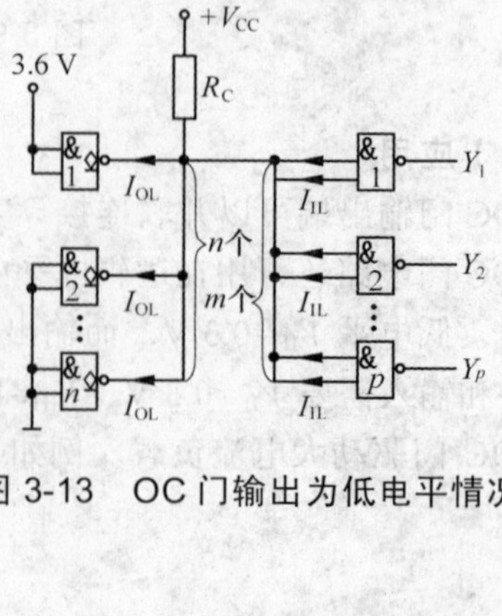

图 3-13　OC 门输出为低电平情况

【例 2】　两个 4 输入与非门(OC) 74LS22，它的线与输出驱动两个 4 输入与非门 74LS20，试求上拉电阻。已知 OC 门参数：I_{OLmax}=4 mA，I_{OH}=100 μA，V_{CC}=5 V，V_{OH}≥2.7 V，V_{OL}≤0.4 V，负载与非门参数为 I_{IH}=50 μA，I_{IL}=0.4 mA。

解：

$$R_{C\max}=\frac{V_{CC}-V_{OHmin}}{nI_{OH}+mI_{IH}}=\frac{5-2.7}{2\times100\times10^{-6}+8\times50\times10^{-6}}=3.8\,(\mathrm{k}\Omega)$$

$$R_{C\min}=\frac{V_{CC}-V_{OLmax}}{I_{OLmax}-pI_{IL}}=\frac{5-0.4}{4\times10^{-3}-2\times0.4\times10^{-3}}=1.4(\mathrm{k}\Omega)$$

故 R_C 必须在 1.4 kΩ到 3.8 kΩ之间选取。

四、三态门(TSL 门)

所谓三态门，是指门的输出有三个状态，即高电平、低电平和高阻状态(也称禁止状态)。它具有推拉输出和集电极开路输出电路的优点，而且还可以扩大其应用范围。如图 3-14 所示给出了三态输出与非门的电路及逻辑符号。

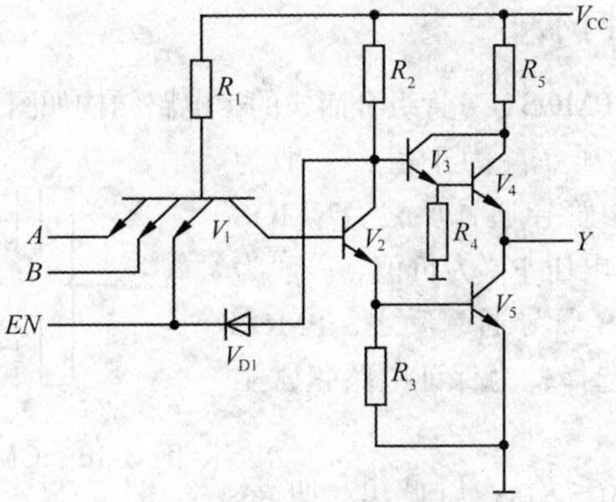

(a)三态输出与非门电路

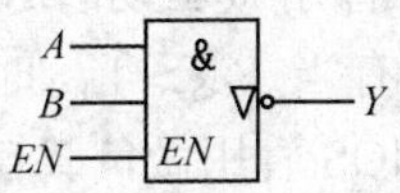

(b)逻辑符号

图 3-14　三态输出与非门电路及逻辑符号

(一) 功能分析

在图 3-14 中，EN 为控制端，也叫使能端，A、B 为输入端，Y 为输出端。

当 EN=1 时，V_{D1} 截止，电路的工作状态与普通与非门相同；当 EN=0 时，V_{D1} 导通且同时使 V_4、V_5 截止，输出端呈现高阻状态。在高阻状态下三态输出与非门与负载之间无信号联系，对负载不产生任何逻辑功能。

该三态输出与非门的真值表如表 3-3 所示。

表 3-3　三态输出与非门真值表

EN	A	B	Y
1	0	0	1
1	0	1	1
1	1	0	1
1	1	1	0
0	×	×	高阻

(二) 应用

利用三态门的高阻状态可方便地用来实现多路数据在总线上的分时传送。三态门的这一功能也称

“线或”，如图 3-15 所示。

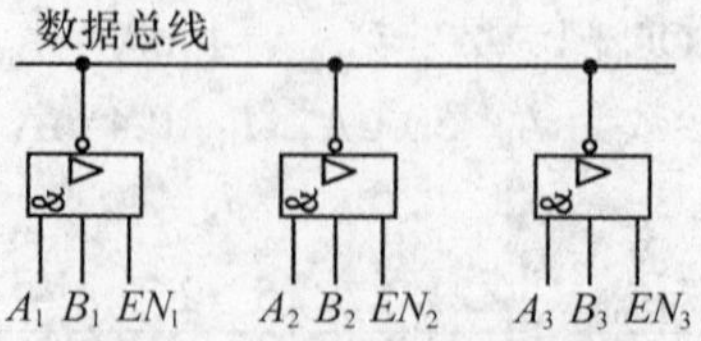

图 3-15　多路数据分时传送

要实现这一功能，必须保证任何时刻只有一个三态门向总线传送数据。

第四节　MOS 集成逻辑门

MOS 集成逻辑电路有三种形式，即 PMOS、NMOS 和 CMOS。本书以 CMOS 为例分析 MOS 管集成逻辑门。

在数字逻辑电路中，MOS 器件被大量应用。由于 CMOS 集成门电路具有静态功耗低、电源电压范围宽、输入阻抗高、抗干扰能力强、制造工艺简单、体积小、集成度高等优点，所以在很多场合中得到广泛应用。

一、CMOS 反相器（CMOS 非门）

CMOS 反相器是由 NMOS（V_1）管和 PMOS（V_2）管组合而成的，电路结构如图 3-16 所示。

NMOS 管用做驱动管，其开启电压 V_{TN} 为正值，一般为 1 ~ 5 V，只有当 $V_{GS}>V_{TN}$ 时，NMOS 管导通，反之，NMOS 管截止。PMOS 管用做负载管，其开启电压 V_{TP} 为负值，一般为 –2 ~ –5 V，只有当 $V_{GS}<V_{TP}$ 时，PMOS 管导通，反之，PMOS 管截止。电源电压 V_{DD} 可在 3 ~ 20 V 选择，为保证电路正常工作，需满足 $V_{DD}>V_{TN}+|V_{TP}|$。

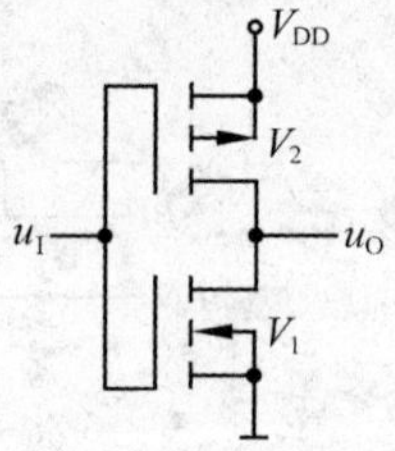

图 3-16　CMOS 反相器

工作原理：当 $u_I=V_{IL}=0$ V 时，$u_{GS1}<V_{TN}$，V_1 截止，而 $u_{GS2}=-V_{DD}<V_{TP}$，V_2 导通，所以 $u_O=V_{OH}=V_{DD}$，输出高电平；当 $u_I=V_{IH}=V_{DD}$ 时；$u_{GS1}>V_{TN}$，$u_{GS2}=0>V_{TP}$，所以 V_1 导通，V_2 截止，$u_O=V_{OL}=0$ V，输出低电平。

可见该电路具有逻辑非功能，所以称上述电路为 CMOS 反相器。

由工作原理分析过程知，无论输入低电平，还是高电平，两管总有一个截止，一个导通，由于截止管内阻非常高，故静态电流极小，因此该电路的静态功耗很低。

二、CMOS 与非门

如图 3-17 所示为 CMOS 与非门，V_1、V_2 为串联的 NMOS 管，V_3、V_4 为并联的 PMOS 管。

CMOS 与非门工作原理：当 A、B 端有低电平 0 V 时，V_1 和 V_2 总有一个管子或两个管子截止，而 V_3 和 V_4 总有一个管子或两个管子导通，所以输出为高电平；当 A、B 端全为高电平 V_{DD} 时，V_1、V_2 均导通，而 V_3、V_4 均截止，输出为低电平。由此可见，该电路实现与非功能，即

$$Y=\overline{AB}$$

三、CMOS 或非门

如图 3-18 所示为 CMOS 或非门。V_1、V_2 为并联的 NMOS 管，V_3、V_4 为串联的 PMOS 管。

CMOS 或非门工作原理：当输入端有高电平 V_{DD} 时，V_1 和 V_2 总有管子导通，而 V_3 和 V_4 总有管子截止，所以输出为低电平；当输入端全部为低电平 0 V 时，V_1、V_2 均截止，V_3、V_4 均导通，所以输出为高电平。由此可见，该电路实现或非功能，即

$$Y=\overline{A+B}$$

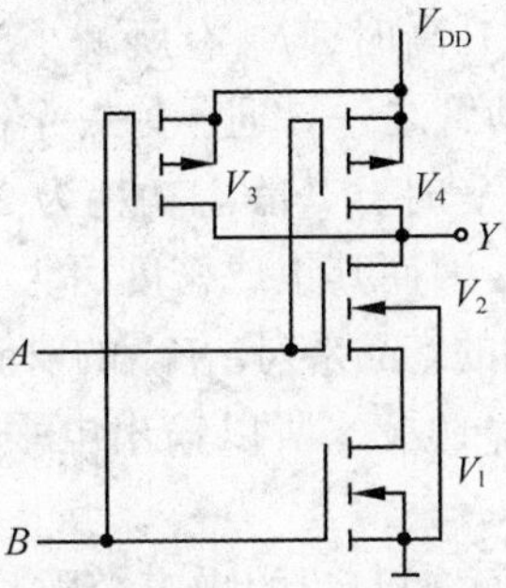

图 3-17　CMOS 与非门

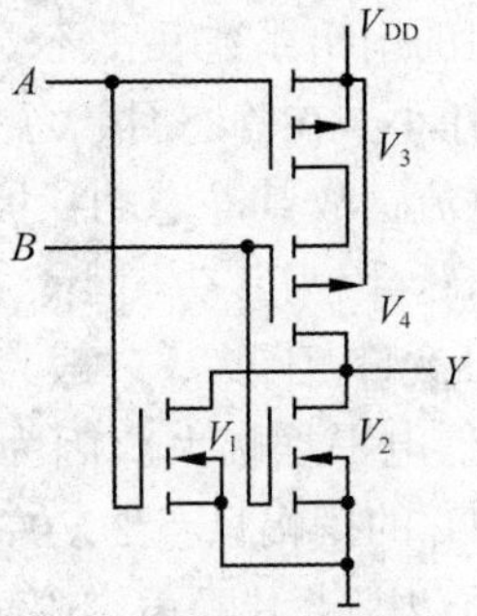

图 3-18　CMOS 或非门

四、CMOS 传输门

如图 3-19 所示为 CMOS 传输门的电路和逻辑符号。V_1 为 NMOS 管，V_2 为 PMOS 管，两个栅极接一对互补电压信号 C 和 $\overline{C}$。

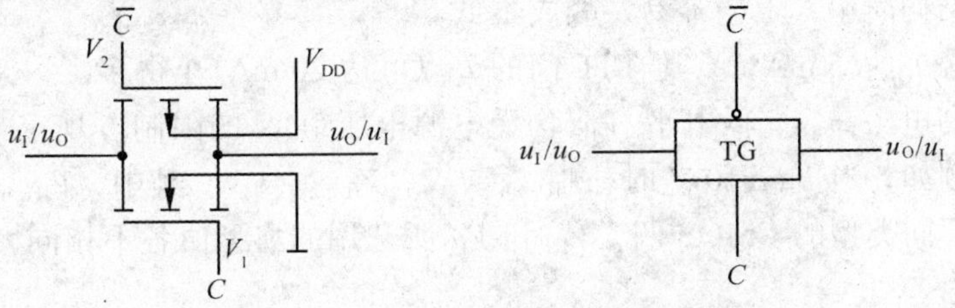

(a) 电路　(b) 逻辑符号

图 3-19　CMOS 传输门

CMOS 传输门工作原理：设控制信号高电平为 V_{DD}，低电平为 0 V，且两管的开启电压 $V_{TN}=|V_{TP}|=V_T$，$V_{DD}>2V_T$，并设 u_I 在 $0\sim V_{DD}$ 范围内。当 C=0 V，$\overline{C}=V_{DD}$ 时，V_1、V_2 均截止，传输门不能传送信号；当 $C=V_{DD}$，$\overline{C}$=0 V，u_I 在 $0\sim V_{DD}$ 的范围内变化时，V_1 和 V_2 中至少有一个导通，$u_O=u_I$。

由于 MOS 管的结构是对称的，源极和漏极可以互换，CMOS 传输门的输入端和输出端也可以互换，因此 CMOS 传输门具有双向性，也称双向开关。

另外，除上述几种 CMOS 门电路外，CMOS 电路可做成其他逻辑功能门，如模拟开关、三态门、异或门等。读者可参阅有关资料。

五、CMOS 逻辑门的特点

(1) 工作速度比 TTL 门稍低。这是因为其导通电阻及输入电容均比 TTL 门大。由于制造工艺不断改进，目前 CMOS 门的速度已非常接近 TTL 门。

(2) 输入阻抗高，可达 $10^8\ \Omega$。因为栅极绝缘，所以其输入阻抗只受输入端保护二极管的反向电流的限制。

(3) 扇出系数 N_O 大。N_O 的定义是输出端可连接的同类门的输入端个数。由于 CMOS 门的输入端均是绝缘栅极，当它作负载门时，几乎不向前级门吸取电流，因此在频率不太高时，前级门的扇出系数几乎不受限制。当频率升高时，N_O 有所减小。

(4) 静态功耗小。在静态时，总是负载管和驱动管之一导通，另一个截止，因而几乎不向电源吸取电流，故其静态功耗极小。当 V_{DD}=5 V 时，其静态功耗为 2.5 ~ 5 mW。

(5) 集成度高。因为其功耗小，内部发热量小，因而其集成密度可大大提高。

(6) 电源电压允许范围大，一般为 3 ~ 20 V。不同的产品系列，V_{DD} 的取值范围略有差异。

(7) 输出高低电平摆幅大。因为 $V_{OH}=V_{DD}$，V_{OL}=0 V，所以输出电平摆幅 $\Delta V_O=V_{OH}-V_{OL}=V_{DD}$，而 TTL 的摆幅只有 3 V 左右。

(8) 抗干扰能力强。其噪声容限可达 $1/3V_{DD}$，而 TTL 门的噪声容限只有 0.4 V 左右。

(9) 温度稳定性好。由于采用互补对称结构，当环境温度变化时，其参数有补偿作用。另外，MOS 管靠多数载流子导电，受温度的影响不大。

(10) 抗辐射能力强。MOS 管靠多数载流子导电，射线辐射对多数载流子浓度影响不大，所以 CMOS 电路特别适用于航天、卫星及核能装置中。

(11) 电路结构简单，工艺容易，故成本低。

(12) 拉电流 $I_{OL}<5$ mA，要比 TTL 门的 I_{OL}（可达 20 mA）小得多。

(13) 输入高电平 V_{IH}、低电平 V_{IL} 均受电源电压 V_{DD} 的限制。规定 $V_{IH}\geqslant 0.7V_{DD}$，$V_{IL}\leqslant 0.3V_{DD}$。例如，当 V_{DD}=10 V 时，V_{IHmin}=7 V，V_{ILmax}=3 V。其中，V_{IHmin} 和 V_{ILmax} 是允许的极限值。不同类型的 CMOS 门，V_{IH} 和 V_{IL} 所选用的典型值各不相同，但都必须在上述限定范围之内。

第五节　集成门电路使用中的一些问题

一、TTL—CMOS 的接口电路

在一个数字系统中，两种不同类型的逻辑电路的连接，应考虑两个问题。第一个问题是驱动电路的输出逻辑电平与负载电路要求的输入逻辑电平是否匹配，第二个问题是驱动电路允许输出的最大电流是否大于负载电路所需的输入电流。

（一）用 TTL 电路驱动 CMOS 电路

为使这两类电路经连接后正常工作，接口电路必须满足表 3-4 所示的条件。

因为 CMOS 电路高、低电平输入电流都很小，所以前两项均能满足。另外，TTL 电路的 V_{OL} 上限值小于 CMOS 门 V_{IL} 上限值，该项也能满足，但 TTL 的输出高电平 V_{OH} 下限值为 2.7 V，不能满足 CMOS 电路要求输入高电平下限值 3.5 V，两者不能匹配。一种方法是如图 3-20 所示，接 R_P=2 ~ 6 kΩ的电阻，可将输出高电平提高到 5 V 左右。若 CMOS 电源电压大于 5 V，可通过 OC 门作缓冲级来完成电平提升，如图 3-21 所示。

表 3-4　TTL 电路与 CMOS 电路接口条件

TTL		CMOS
$\lvert I_{OH}\rvert$	≥	NI_{IH}
I_{OL}	≥	$\lvert NI_{IL}\rvert$
V_{OL}	≤	V_{IL}
V_{OH}	≥	V_{IH}

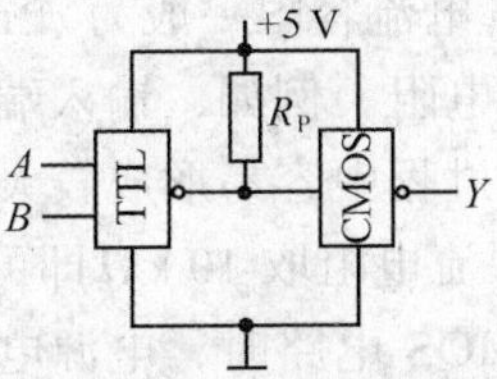

图 3-20　TTL 电路驱动 CMOS 电路

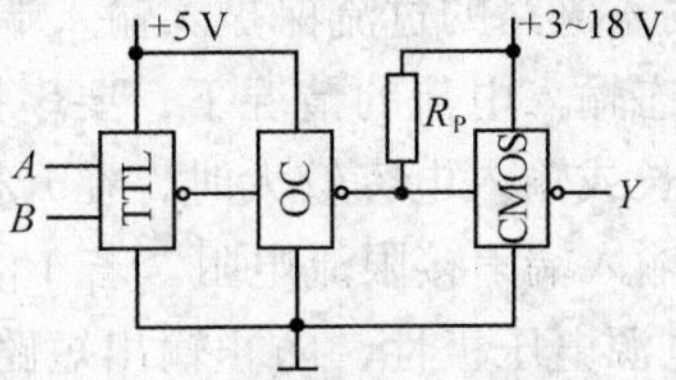

图 3-21　TTL 电路驱动 CMOS 电路

（二）用 CMOS 电路驱动 TTL 电路

从前面分析可知，CMOS 电路输出逻辑电平和 TTL 电路要求的输入逻辑电平完全匹配，但需扩大 CMOS 电路输出低电平时吸收负载电流的能力，可采取在 CMOS 电路的输出端增加一级 CMOS 驱动器或采用三极管放大器来实现电流扩展。如图 3-22 所示。

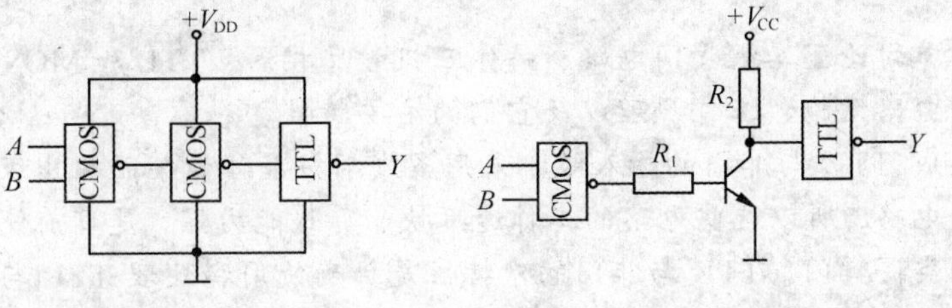

(a)　(b)

图 3-22　用 CMOS 电路驱动 TTL 电路

二、多余或暂时不用的输入端的处理

对多余或暂时不用的输入端，其处理方法的原则是不改变电路的逻辑状态和电路的稳定可靠性，一般有下列几种处理方法。

(1)悬空。对于 TTL 来说，外界干扰较小时可采用，但是，CMOS 不允许该种方法。因为 CMOS 电路输入电阻很高，极易接受静电电荷，产生静电击穿，故 CMOS 电路输入端不能悬空。

(2)与其他已用输入端并联使用。这种方法影响前级负载及增加输入电容，影响速度，该方法适用于工作速度要求不高、信号源驱动能力较强的场合。

(3)将多余端接电源或接地。这种方法电性能较好，如与门、与非门、异或门多余端接电源，而或门、或非门多余端接地。接高、低电平的方法是通过限流电阻接正电源或接地，有时也可以直接和正电源或地相连。但是，TTL 电路输入端不可串接大电阻，否则将不能得到输入低电平。

三、CMOS 电路的使用方法

CMOS 门电路输入端都设置了二极管保护电路，但它能承受的静电电压和脉冲功率还是有一定限度的。根据 CMOS 电路的特点，使用中应注意以下几点。

(1) 注意输入端的静电防护。存放和运输 CMOS 器件时，最好用金属容器或导电材料包装，不要用易产生静电高压的化工材料和化纤织物包装。组装、调试电路时，要使烙铁、仪表、工作台面等良好接地，要防止操作人员衣着的静电干扰。

(2) 注意输入电路的过流保护。输入端保护二极管电流容限一般为 1 mA，所以在可能出现过大瞬态输入电流的情况下，要串接输入保护电阻。例如，输入端接低内阻的信号源或引线过长或输入电容较大时，在开机或者关机过程中容易形成较大的瞬态电流，应在门电路的输入端串接限流电阻。若 V_{DD}=10 V，限流电阻取 10 kΩ 即可。

(3) 注意电源电压极性，防止输出短路。装接 CMOS 电路时，电源电压极性不可接反，否则保护二极管会因过流而损坏。另外，电路中 CMOS 器件的输出端不能和 V_{DD} 或地短路。因为电路的输出级是 CMOS 反相器结构，无论 V_{DD} 还是地与输出端短路后，输出级的 NMOS 管或 PMOS 管可能因过流而损坏。

本章小结

本章讨论了二级管门电路、晶体三极管反相器、TTL 和 MOS 集成逻辑门的电路结构、工作原理以及它们的主要特性。

集成 TTL 与非门的输入级都采用多发射极晶体管，而输出级都采用推拉式电路，所以这些电路的工作速度快、负载能力强，是目前使用最广泛的一类逻辑门。TTL 与非门的外特性是正确使用和处理 TTL 与非门之间以及其他各类逻辑门之间接口的重要依据，应很好地理解和掌握。

数字集成电路中，MOS 管与双极型晶体管一样，主要是起开关作用。普通 MOS 逻辑门电路的开关速度虽然不及双极型门电路，但它具有功耗小、抗干扰能力强、集成度高等优点，因而被广泛使用。特别是 CMOS 门电路，上述的优点更为突出，而且它的噪声容限随电源电压 V_{DD} 的增加而增大，另外它还具有电源电压工作范围宽、扇出系数大等突出优点。

在 CMOS 反相器的基础上，可以组成各类 CMOS 门电路以及各种复杂的逻辑部件，但它们的输入、输出结构都与 CMOS 反相器类似。

为了扩展电路的逻辑功能及其使用范围，本章又讨论了 TTL 的集电极开路与非门（OC 门）能实现“线与”的逻辑功能。

另外，又讨论了 TTL 三态逻辑门（TSL 门），广泛使用于数据总线上，实现多路信号在总线上分时传送或双向传送，提高了总线的利用率。

习 题

一、填空题

1. 数字集成电路按有源器件的不同可分为________和________两大类。

2. 数字电路中的三极管工作在________和________两个状态，前者等效为开关的________，后者等效为开关的________。三级管非门又称________。

3. 正逻辑的或非门与负逻辑的________门实现的功能相同。

4. 由 TTL 与非门的电压传输特性曲线知，该曲线由________、________、________和________四个区组成。其中，TTL 与非门的阈值电压为________。

5. OC 门输出端可以并联连接，实现________功能。

6. 三态门的输出有三个状态，即________、________、________。三态门输出端可以并联连接，实现________功能。

二、选择题

1. 电路如图 3-23 所示，则输出 Y 的表达式为（ ）。

A. $Y=A+B+C$ B. $Y=ABC$ C. $Y=(A+B)C$ D. $Y=AB+BC+AC$

2. 在上题中，若 C 端悬空，则 Y 的逻辑表达式为（ ）。

A. $Y=A+B+C$ B. $Y=A+B$ C. $Y=AB$ D. $Y=1$

3. TTL 与非门的阈值电压约为（ ）。

A. $\frac{1}{3}V_{CC}$ B. 3 V C. 1.4 V D. 0.5 V

4. TTL 与非门的输入端短路电流 I_{IL} 大约为（ ）mA。

A. 10 B. 1.5 C. 100 D. 1 000

5. TTL 电路的电源电压值和输出电压的高、低电平值依次为（ ）。

A. 5 V，3.6 V，0.3 V B. 10 V，3.6 V，0.3 V

C. 5 V，1.4 V，0.3 V D. 10 V，3.6 V，1.4 V

6. 二输入 TTL 与非门，其中一端和地间接有 100 Ω电阻，则当电源接通时，其输出状态为（ ）。

A. 0 B. 1 C. 高阻态 D. 不确定

7. 电路如图 3-24 所示，当 $C=0$，$R=5\ \text{k}\Omega$时，Y 的表达式为（ ）。

A. $Y=0$ B. $Y=1$ C. $Y=AB$ D. $Y=\overline{AB}$

8. 在上题中，若 $C=1$，$R=50\ \Omega$时，Y 的表达式为（ ）。

A. $Y=0$ B. $Y=1$ C. $Y=AB$ D. $Y=\overline{AB}$

9. 电路如图 3-25 所示，均为 TTL 电路，则 Y 的表达式为（ ）。

A. $Y=A+B$ B. $Y=\overline{AB}$ C. $Y=\overline{A+B}$ D. $Y=1$

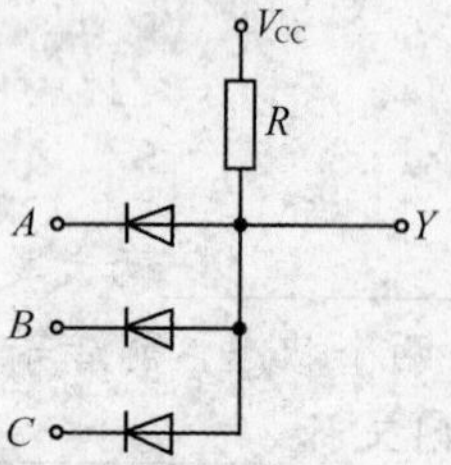
图 3-23　电路

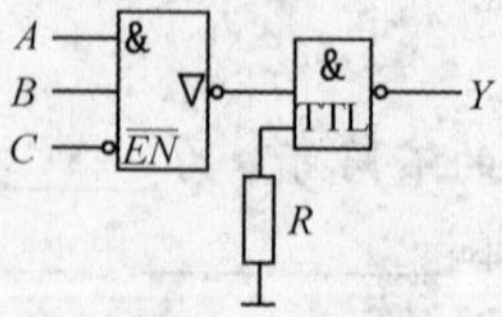
图 3-24　电路

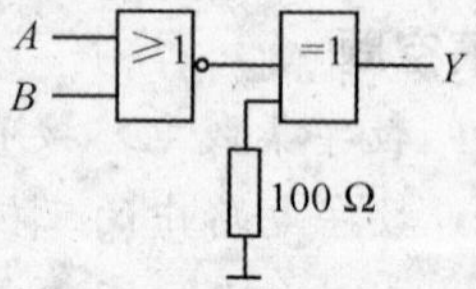
图 3-25　电路

三、判断题

判断图 3-26 所示各电路是否正确，并改正。

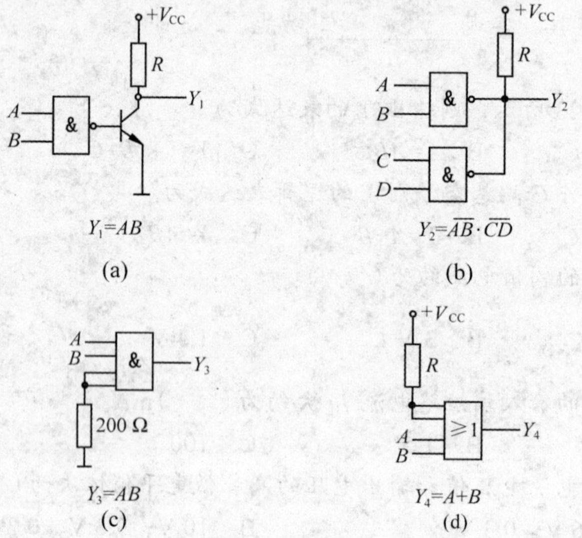

图 3-26　电路图

四、计算题

1. 试写出图 3-27 所示电路的逻辑函数表达式。

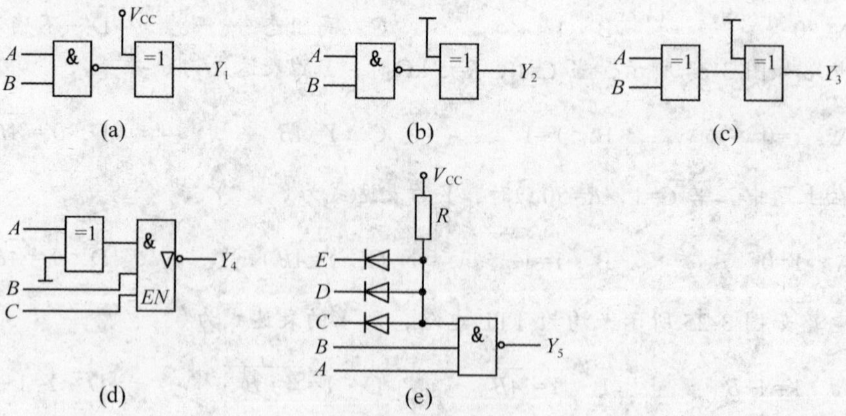

图 3-27　电路图

2. 如图 3-28 所示 TTL 门电路中，已知门电路 V_{OH}=3 V，V_{OL}=0.3 V，试求电路的输出表达式，并根据 A、B、C 的输入波形画出电路的输出波形。

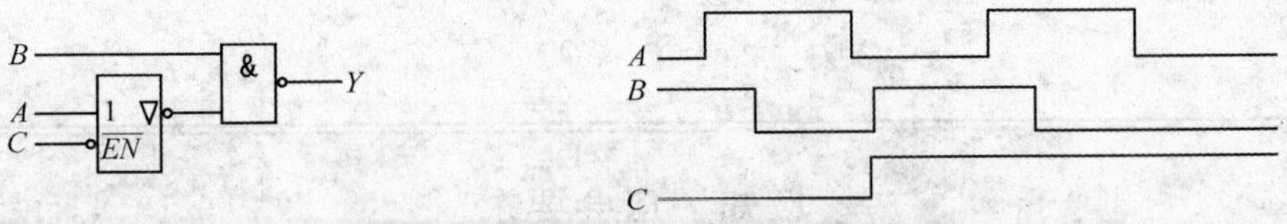

图 3-28　TTL 门电路及输入波形图

第四章　组合逻辑电路

应知、应会要求

1. 了解组合逻辑电路的特点以及有关的基本概念。
2. 掌握组合逻辑电路的分析方法，并能熟练运用。
3. 熟悉各类常用中规模集成组合部件的逻辑功能、工作原理及应用。
4. 掌握利用 SSI 和 MSI 设计组合逻辑电路的基本方法，并能熟练运用。
5. 了解组合逻辑电路产生竞争冒险原因，掌握判断及消除竞争冒险方法。

数字系统中的逻辑电路分为组合逻辑电路和时序逻辑电路两种类型。本章讨论组合逻辑电路。所谓组合逻辑电路，是指在任何时刻，输出信号仅取决于该时刻的输入信号，而与先前的状态无关。显然在第二章、第三章中的数字逻辑电路都是组合逻辑电路。

组合逻辑电路是由逻辑门电路组成的，不包含任何记忆元件,逻辑门电路是组合逻辑电路的基本单元。组合逻辑电路可用图 4-1 所示框图进行描述。

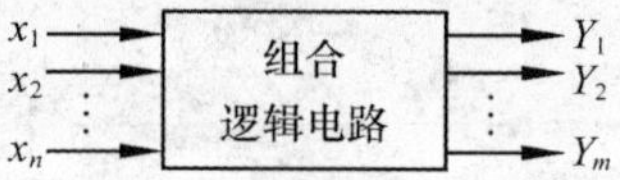

图 4-1　组合逻辑电路方框图

图 4-1 中，x_1，x_2，…，x_n是电路的 n 个输入信号，Y_1，Y_2，…，Y_m是电路的 m 个输出信号，输出变量与输入变量关系可表示为

$$Y_i = f_i(x_1,\ x_2,\ \cdots,\ x_n) \qquad (i=1,\ 2,\ \cdots,\ m)$$

从电路结构来看，组合逻辑电路输入信号是单向传输的，电路中不存在反馈回路，另外组合逻辑电路的输入端和输出端都可以是多个的。

本章从组合逻辑电路的分析入手，讲述了组合逻辑电路传统设计方法，以及对实际中经常使用的中规模组合逻辑部件的工作原理及使用方法分别进行了介绍。

第一节　组合逻辑电路的分析

对组合逻辑电路的分析，目的是清楚已知电路所能完成的逻辑功能，需要时可进一步作技术改进。组合逻辑电路的分析步骤如下。

(1) 由给定的逻辑图，写出输出端的逻辑表达式。

(2) 对逻辑表达式进行化简，得到最简逻辑表达式。

(3)列出真值表并从中总结出逻辑功能。

【例 1】　已知逻辑电路如图 4-2 所示，分析其功能。

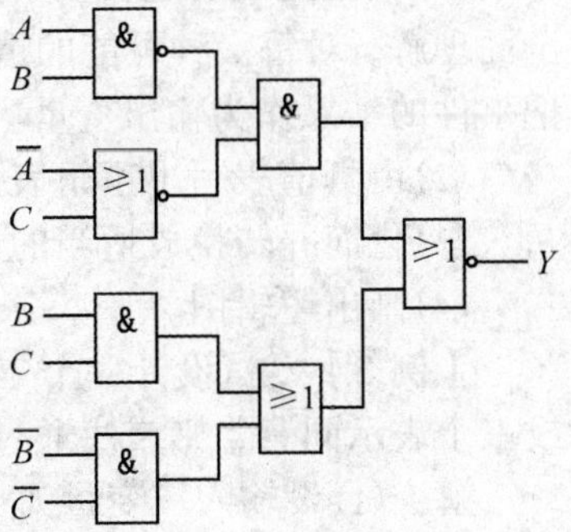

图 4-2　逻辑图

解：(1)由图 4-2 可写出输出 Y 的逻辑表达式。

$$Y = \overline{\overline{AB}\,\overline{(\overline{A}+C)} + \overline{BC + \overline{B}\,\overline{C}}}$$

(2)化简。

$$\begin{aligned} Y &= (AB+\overline{A}+C)(\overline{B}C+B\overline{C}) \\ &= \overline{B}C+B\overline{C} = B \oplus C \end{aligned}$$

(3)总结逻辑功能。由于化简结果很简单，不需列真值表就可知电路具有异或功能，即不管输入变量 A 取何值，当 B 和 C 相异时，Y=1；当 B 和 C 相同时，Y=0。

【例 2】　分析图 4-3 给定的组合逻辑电路的逻辑功能。

解：(1)由图 4-3 写出 Y 的逻辑表达式。

$$Y = \overline{A\cdot\overline{ABC} + B\cdot\overline{ABC} + C\cdot\overline{ABC}}$$

(2)化简。

$$\begin{aligned} Y &= \overline{(A+B+C)\overline{ABC}} \\ &= \overline{A}\,\overline{B}\,\overline{C} + ABC \end{aligned}$$

(3)列真值表，如表 4-1 所示。

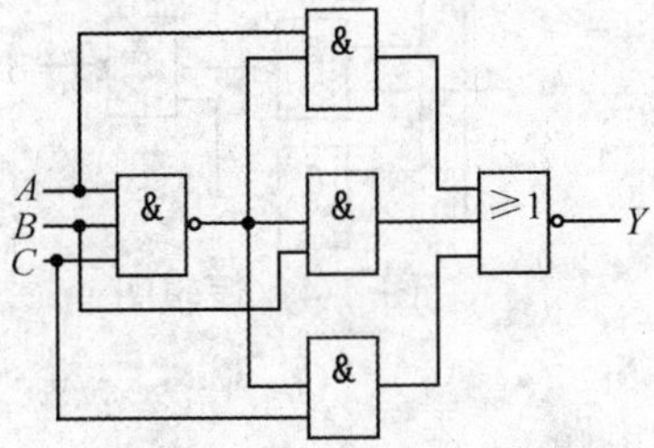

图 4-3　逻辑图

表 4-1　真值表

A	B	C	Y	A	B	C	Y
0	0	0	1	1	0	0	0
0	0	1	0	1	0	1	0
0	1	0	0	1	1	0	0
0	1	1	0	1	1	1	1

(4)总结功能。由真值表可知，该电路仅当输入 A、B、C 取值一致时，输出 Y 为 1，取值不一致时，输出 Y 均为 0。可见该电路具有检查输入信号是否一致的逻辑功能，通常称该电路为“逻辑一致电路”。

第二节　用 SSI 设计组合逻辑电路

组合逻辑电路可以采用小规模数字集成门电路(SSI)来实现，它的设计过程正好与分析过程相反，它是根据实际问题提出的要求，用最简的逻辑电路来实现给定的逻辑功能要求。所谓最简是指器件数量、种类最少，器件间的连接线也最少。组合逻辑电路的设计过程一般包括以下步骤。

(1)根据提出的逻辑要求列出真值表。这一步要求设计者对所设计的逻辑问题有一个全面理解，对每一种可能的情况作出正确的判断。一般把引起事件的原因定为输入变量，把事件的结果作为输出变量。合理定义逻辑变量的状态(0 或 1)。

(2)由真值表写出逻辑表达式。

(3)化简并转换成适当的形式。

(4)画出逻辑图。

【例 3】 试设计一个三变量多数表决电路，用与非门实现(即三个变量中，有两个或三个表示同意，则表决通过，否则为不通过)。

解：(1)设输入三变量为 A、B、C，同意用 1 表示，不同意用 0 表示；输出函数为 Y，表决通过用 1 表示，表决不通过用 0 表示。由题意列出真值表如表 4-2 所示。

(2)写出逻辑表达式。

$$Y=\overline{A}BC+A\overline{B}C+AB\overline{C}+ABC$$

(3)化简。

$$\begin{aligned}Y&=AB+BC+AC\\&=\overline{\overline{AB}\cdot\overline{BC}\cdot\overline{AC}}\end{aligned}$$

(4)画出逻辑图，如图 4-4 所示。

表 4-2 真值表

A	B	C	Y
0	0	0	0
0	0	1	0
0	1	0	0
0	1	1	1
1	0	0	0
1	0	1	1
1	1	0	1
1	1	1	1

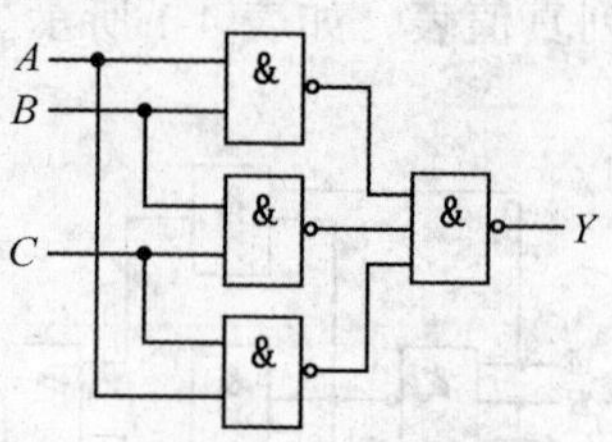

图 4-4 逻辑图

【例 4】 试设计一个一位数值比较器的逻辑电路。

解：设两个一位二进制数 A 和 B，以 $Y_1=1$、$Y_2=1$、$Y_3=1$ 分别表示 $A>B$、$A<B$、$A=B$，除此之外，Y_1、Y_2、Y_3 均为 0 状态。由题意可列出真值表(见表 4-3)。

由表 4-3 可得

$$Y_1=A\overline{B}$$
$$Y_2=\overline{A}B$$
$$Y_3=\overline{A}\,\overline{B}+AB=\overline{A\overline{B}+\overline{A}B}$$

逻辑图如图 4-5 所示。

表 4-3 真值表

A	B	Y_1	Y_2	Y_3
0	0	0	0	1
0	1	0	1	0
1	0	1	0	0
1	1	0	0	1

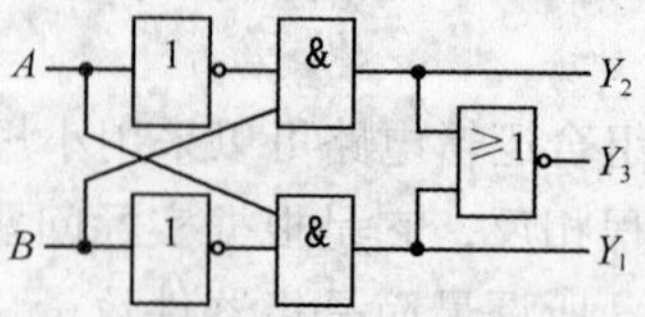

图 4-5 逻辑图

第三节　中规模集成组合逻辑电路(MSI)的原理和应用

随着 MSI 的迅速发展和普及应用，实际工作中使用 MSI 的产品实现组合逻辑电路越来越普遍。它不仅可以简化电路、减少连线，提高电路的可靠性，而且使电路的设计工作十分简便。这里主要介绍编码器、译码器、全加器、数据选择器、数值比较器等集成电路的工作原理和应用。

一、编码器

在数字系统中，经常需要把具有某种特定含义的信号变换成二进制代码，这种用二进制代码表示具有某种特定含义的信号的过程称为编码。编码按照被编信号的不同特点和要求，有各种不同的类型，最常见的有二进制编码、二—十进制编码和优先编码。完成编码过程的数字电路叫编码器。

（一）二进制编码器

一位二进制数有两个代码：0 和 1，它可以表示两个信号，n 位二进制代码可以表示 2^n 个不同信号，反过来即是 2^n 个不同信号需要 n 位二进制代码来表示。例如把 0，1，2，…，7 这八个数编成二进制代码，显然需要三位二进制代码来表示。为此列出编码表，如表 4-4 所示。

表 4-4　三位二进制编码表

十进制数	输入变量	输出		
		Y_2	Y_1	Y_0
0	I_0	0	0	0
1	I_1	0	0	1
2	I_2	0	1	0
3	I_3	0	1	1
4	I_4	1	0	0
5	I_5	1	0	1
6	I_6	1	1	0
7	I_7	1	1	1

由编码表可写出编码输出 Y_2、Y_1、Y_0 的逻辑表达式

$$Y_2 = I_4+I_5+I_6+I_7$$

$$Y_1 = I_2+I_3+I_6+I_7$$

$$Y_0 = I_1+I_3+I_5+I_7$$

由逻辑表达式就可以画出三位二进制编码器逻辑图，如图 4-6 所示。

（二）二—十进制编码器

将十进制数字 0 ~ 9 编成二进制代码的电路称为二—十进制编码器，也称 BCD 码编码器。要对 0 ~ 9 十个数码编码，至少需要四位二进制代码。四位二进制代码有 16 种组合，所以只要从 16 种组合中取出 10 种来表示 0 ~ 9 十个数字即可。这种取法有多种编排方式，常用的是 8421BCD 码，表 4-5 列出了 8421BCD 码的编码表。

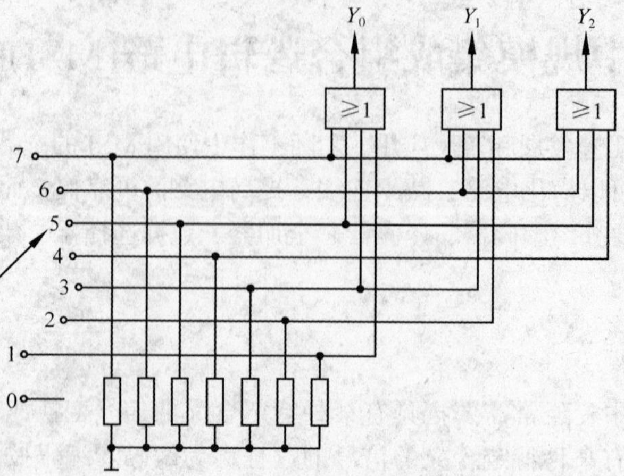

图 4-6　三位二进制编码器逻辑图

表 4-5　8421BCD 码编码表

十进制数	输入变量	Y_3	Y_2	Y_1	Y_0
0	I_0	0	0	0	0
1	I_1	0	0	0	1
2	I_2	0	0	1	0
3	I_3	0	0	1	1
4	I_4	0	1	0	0
5	I_5	0	1	0	1
6	I_6	0	1	1	0
7	I_7	0	1	1	1
8	I_8	1	0	0	0
9	I_9	1	0	0	1

由表 4-5 可写出各输出端表达式

$$Y_3 = I_8+I_9 = \overline{\bar{I}_8\bar{I}_9}$$

$$Y_2 = I_4+I_5+I_6+I_7 = \overline{\bar{I}_4\bar{I}_5\bar{I}_6\bar{I}_7}$$

$$Y_1 = I_2+I_3+I_6+I_7 = \overline{\bar{I}_2\bar{I}_3\bar{I}_6\bar{I}_7}$$

$$Y_0 = I_1+I_3+I_5+I_7+I_9 = \overline{\bar{I}_1\bar{I}_3\bar{I}_5\bar{I}_7\bar{I}_9}$$

由此表达式可画出用与非门组成的逻辑图，如图 4-7 所示。

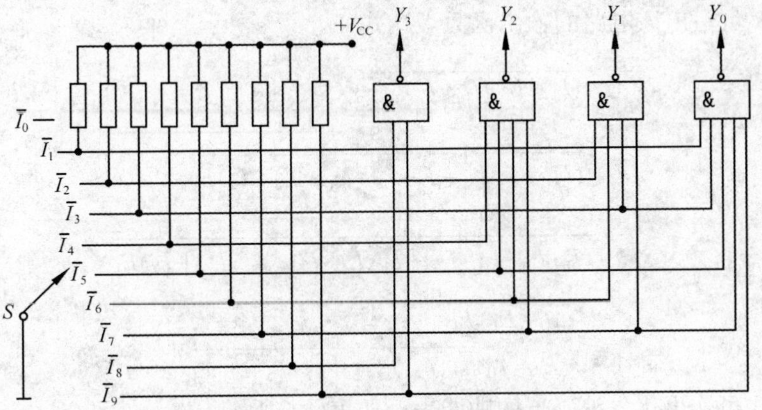

图 4-7　8421BCD 码编码器

（三）优先编码器

上述的编码器每次只能对一个输入信号进行编码。但是，在实际应用中往往同时有多个信号输入编码器，这时编码器不可能对这些信号同时进行编码，而只能按信号的优先级别有选择地进行编码，具有这种功能的编码器就称为优先编码器。

优先编码器是数字系统中实现优先权管理的一个重要逻辑部件。它与上述二—十进制编码器和二进制编码器的最大区别是，二—十进制编码器和二进制编码器的输入信号是互斥的，即任何时候只允许一个输入端为有效信号，而优先编码器的各个输入端不是互斥的，它允许多个输入端同时为有效信号，对优先级别最高的一个进行编码，产生相应的输出代码。图 4-8 所示为常见集成 8—3 优先编码器（74LS148）逻辑图、管脚排列图和逻辑符号。

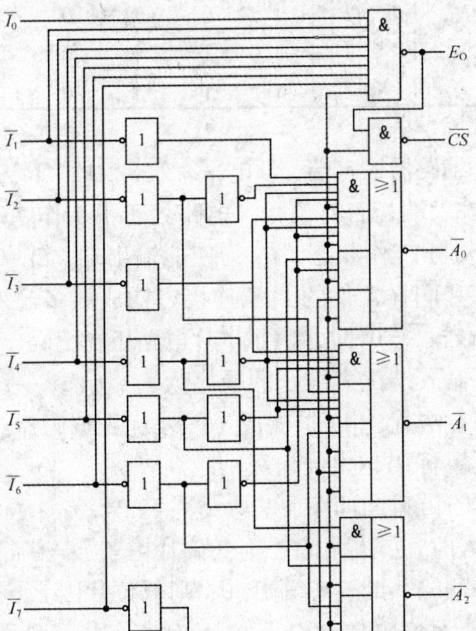

(a) 逻辑图

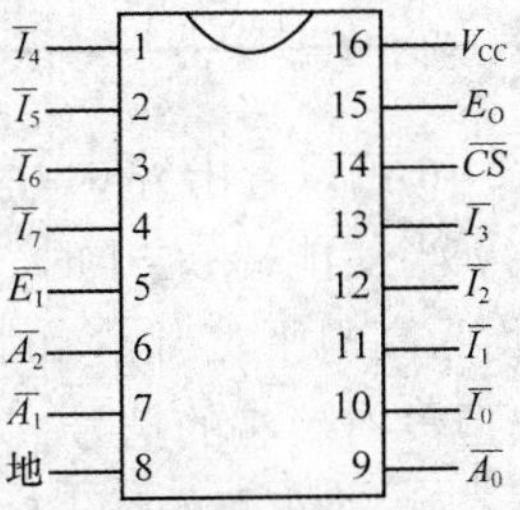

(b) 管脚排列图

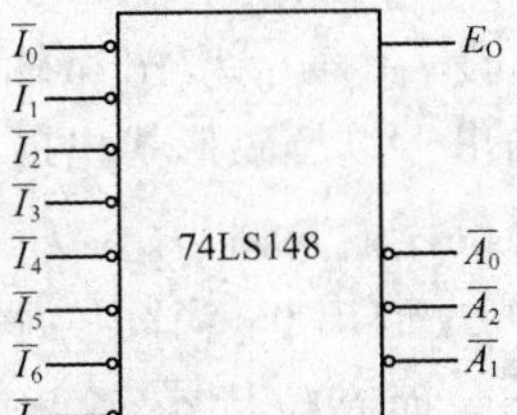

(c) 逻辑符号

图 4-8　8—3 优先编码器

由图 4-8 可写出该电路的输出函数表达式

$$\overline{A}_2 = \overline{(I_4 + I_5 + I_6 + I_7)E_I}$$

$$\overline{A}_1 = \overline{(I_3 \cdot \overline{I}_4 \cdot \overline{I}_5 + I_2 \cdot \overline{I}_4 \cdot \overline{I}_5 + I_6 + I_7)E_I}$$

$$\overline{A}_0 = \overline{(I_1 \cdot \overline{I}_2 \cdot \overline{I}_4 \cdot \overline{I}_6 + I_3 \cdot \overline{I}_4 \cdot \overline{I}_6 + I_5 \cdot \overline{I}_6 + I_7)E_I}$$

$$\overline{CS} = \overline{E_I \cdot E_O}$$

$$E_O = \overline{\overline{I}_0 \cdot \overline{I}_1 \cdot \overline{I}_2 \cdot \overline{I}_3 \cdot \overline{I}_4 \cdot \overline{I}_5 \cdot \overline{I}_6 \cdot \overline{I}_7 \cdot E_I}$$

由表达式可作出优先编码器的功能表，如表 4-6 所示。

表 4-6　优先编码器 74LS148 真值表

输入									输出				
$\overline{E}_I$	$\overline{I}_0$	$\overline{I}_1$	$\overline{I}_2$	$\overline{I}_3$	$\overline{I}_4$	$\overline{I}_5$	$\overline{I}_6$	$\overline{I}_7$	$\overline{A}_2$	$\overline{A}_1$	$\overline{A}_0$	$\overline{CS}$	E_O
1	×	×	×	×	×	×	×	×	1	1	1	1	1
0	1	1	1	1	1	1	1	1	1	1	1	1	0
0	×	×	×	×	×	×	×	0	0	0	0	0	1
0	×	×	×	×	×	×	0	1	0	0	1	0	1
0	×	×	×	×	×	0	1	1	0	1	0	0	1
0	×	×	×	×	0	1	1	1	0	1	1	0	1
0	×	×	×	0	1	1	1	1	1	0	0	0	1
0	×	×	0	1	1	1	1	1	1	0	1	0	1
0	×	0	1	1	1	1	1	1	1	1	0	0	1
0	0	1	1	1	1	1	1	1	1	1	1	0	1

由表 4-6 可以看出 $\overline{I}_0$，$\overline{I}_1$，…，$\overline{I}_7$ 是编码器输入端，低电平有效，$\overline{A}_2$、$\overline{A}_1$、$\overline{A}_0$ 为反码输出端。当使能端 $\overline{E}_I$=1 时，不管其他输入端是否有信号，电路处于不工作状态，$\overline{A}_2$、$\overline{A}_1$、$\overline{A}_0$ 均为高电平。当 $\overline{E}_I$=0 时，编码器处于工作状态。E_O 为使能输出端，E_O=0 表示编码器工作但没有要编的信号，它可与另一片同样器件的 $\overline{E}_I$ 端连接，构成更多输入端的优先编码器。$\overline{CS}$ 为电路的优先标志输出端，当 $\overline{CS}$=0 时，表示本片电路正在编码，当 $\overline{CS}$=1 时，表示本片电路不工作或没编码请求。输入端优先级别的顺序为 $\overline{I}_7$，$\overline{I}_6$，…，$\overline{I}_0$。

【例 5】　试用两片 8—3 优先编码器 CT74LS148 扩展成 16—4 优先编码器。

解：设 $\overline{I}_{15} \sim \overline{I}_0$ 为 16 个输入信号，且下标码越大优先级别越高。$\overline{A}_3$、$\overline{A}_2$、$\overline{A}_1$、$\overline{A}_0$ 为编码输出，以反码形式出现。实现题意的逻辑图如图 4-9 所示。

当高位片输入端($\overline{I}_8 \sim \overline{I}_{15}$)有信号输入时，$E_O$ 输出 1，则低位片由于 $\overline{E}_I$=1 而不工作，且高位片 $\overline{CS}$ 输出 0。当高位片输入端无信号输入时，E_O 输出 0，则低位片因 $\overline{E}_I$=0 而处于工作状态，而高位片 $\overline{CS}$ 输出 1。例如 $\overline{I}_{13}$ 有编码请求时，高位片工作且 $\overline{A}_3$ = $\overline{CS}$ = 0，$\overline{A}_2$ $\overline{A}_1$ $\overline{A}_0$ =010，因高位片 E_O=1 而使低位不工作，低位 $\overline{A}_2$ $\overline{A}_1$ $\overline{A}_0$ =111，则最终编码结果 $\overline{A}_3$ $\overline{A}_2$ $\overline{A}_1$ $\overline{A}_0$ =0010。

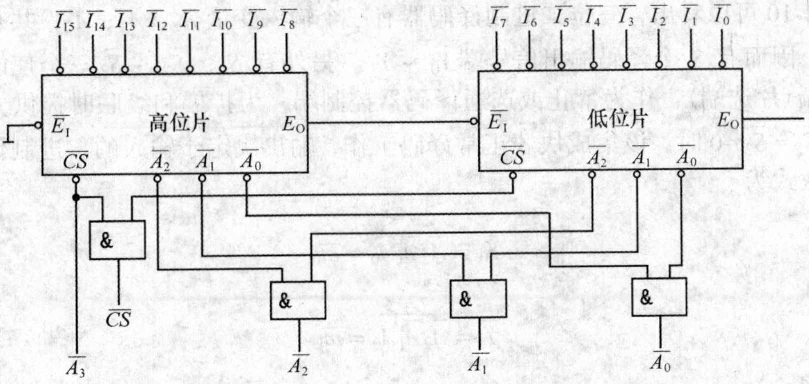

图 4-9　两片 CT74LS148 扩展成 16—4 优先编码器

二、译码器

译码是编码的逆过程，即把代码所表示的特定含义“翻译”出来的过程。实现译码功能的电路称为译码器。常用的译码器有二进制译码器，二—十进制译码器及显示译码器三类。

（一）二进制译码器

二进制译码器是最简单的一种译码器，我们以三位二进制译码器为例。如图 4-10 所示为常见集成 3—8 译码器(CT74LS138)逻辑图、管脚排列图和逻辑符号。表 4-7 为 CT74LS138 功能表。

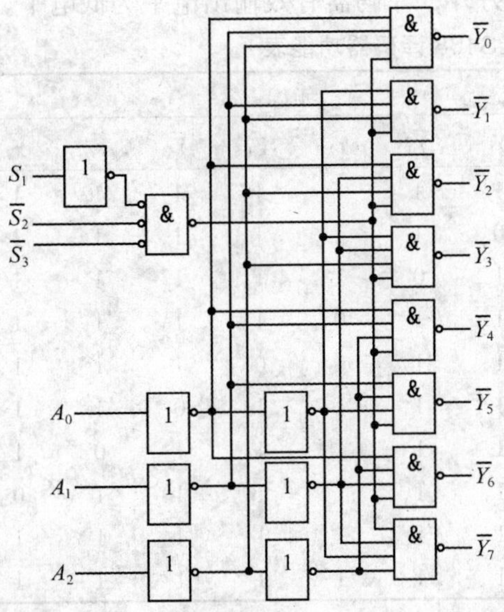

(a)逻辑图

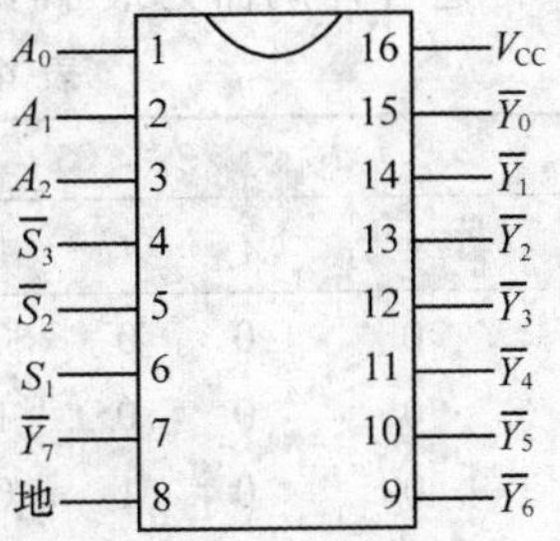

(b) 管脚排列图

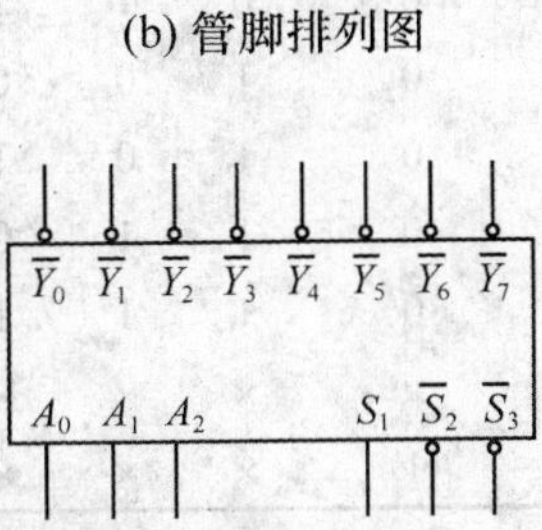

(c)逻辑符号

图 4-10　CT74LS138 译码器的逻辑图和逻辑符号

由图 4-10 可以看出，三位二进制译码器有三个输入变量 A_2、A_1、A_0，共有 8 种不同状态组合，因而有 8 个译码输出信号端 $\overline{Y}_0 \sim \overline{Y}_7$。另外有 S_1、$\overline{S}_2$、$\overline{S}_3$ 三个使能输入端，又称选通端(片选端)，作为禁止或选通译码器控制端，为扩展和级联时提供方便。只有当 S_1=1，$\overline{S}_2=\overline{S}_3$=0 时，该集成块才正常译码工作，输出决定于输入的二进制代码。各输出逻辑函数式为

$$\overline{Y}_0=\overline{\overline{A_2}\,\overline{A_1}\,\overline{A_0}}=\overline{m}_0$$

$$\overline{Y}_1=\overline{\overline{A_2}\,\overline{A_1}A_0}=\overline{m}_1$$

$$\overline{Y}_2=\overline{\overline{A_2}A_1\overline{A_0}}=\overline{m}_2$$

$$\overline{Y}_3=\overline{\overline{A_2}A_1A_0}=\overline{m}_3$$

$$\overline{Y}_4=\overline{A_2\overline{A_1}\,\overline{A_0}}=\overline{m}_4$$

$$\overline{Y}_5=\overline{A_2\overline{A_1}A_0}=\overline{m}_5$$

$$\overline{Y}_6=\overline{A_2A_1\overline{A_0}}=\overline{m}_6$$

$$\overline{Y}_7=\overline{A_2A_1A_0}=\overline{m}_7$$

由上述各式可以看出，$\overline{Y}_0 \sim \overline{Y}_7$ 同时又是 A_2、A_1、A_0 三个变量的全部最小项的译码输出，故又称这种译码器为最小项译码器。另外，译码器有效输出电平为低电平。

表 4-7　CT74LS138 译码器功能表

输入					输出							
S_1	$\overline{S}_2+\overline{S}_3$	A_2	A_1	A_0	$\overline{Y}_0$	$\overline{Y}_1$	$\overline{Y}_2$	$\overline{Y}_3$	$\overline{Y}_4$	$\overline{Y}_5$	$\overline{Y}_6$	$\overline{Y}_7$
1	0	0	0	0	0	1	1	1	1	1	1	1
1	0	0	0	1	1	0	1	1	1	1	1	1
1	0	0	1	0	1	1	0	1	1	1	1	1
1	0	0	1	1	1	1	1	0	1	1	1	1
1	0	1	0	0	1	1	1	1	0	1	1	1
1	0	1	0	1	1	1	1	1	1	0	1	1
1	0	1	1	0	1	1	1	1	1	1	0	1
1	0	1	1	1	1	1	1	1	1	1	1	0
0	×	×	×	×	1	1	1	1	1	1	1	1
×	1	×	×	×	1	1	1	1	1	1	1	1

由表 4-7 可以清楚地看出，CT74LS138 译码器只有在 S_1 取值为 1，$\overline{S}_2$、$\overline{S}_3$ 取值均为

0 时，才正常译码工作，其他 7 种取值组合，译码器均不工作。因此，我们可以利用使能端实现译码功能扩展和数据分配。

【例 6】 试用 CT74LS138 两片构成 4—16 译码器。

解： 接线图如图 4-11 所示。

高位代码 A_3 作为使能端控制信号。当 A_3=0 时，片Ⅰ使能信号为 S_1=1，$\overline{S}_3=\overline{S}_2=A_3$=0，片Ⅰ正常工作，译码输出 $\overline{Z}_0\sim\overline{Z}_7$。而片Ⅱ使能信号为 $S_1=A_3$=0，$\overline{S}_2=\overline{S}_3$=0，片Ⅱ不工作。当 A_3=1 时，正好相反，片Ⅰ使能信号为 S_1=1，$\overline{S}_2=\overline{S}_3=A_3$=1，片Ⅰ不工作，而片Ⅱ使能信号为 $S_1=A_3$=1，$\overline{S}_2=\overline{S}_3$=0，片Ⅱ正常工作，译码输出 $\overline{Z}_8\sim\overline{Z}_{15}$。

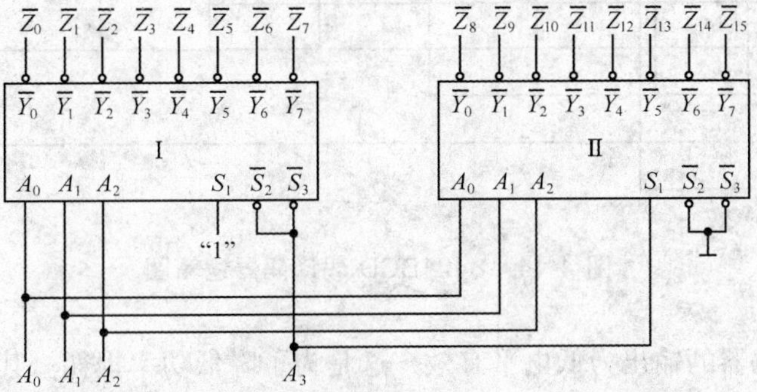

图 4-11 两片 CT74LS138 构成 4—16 译码器

【例 7】 由 CT74LS138 构成将输入信号 I 分配至八路输出的八路分配器。

解： 接线图如图 4-12 所示。

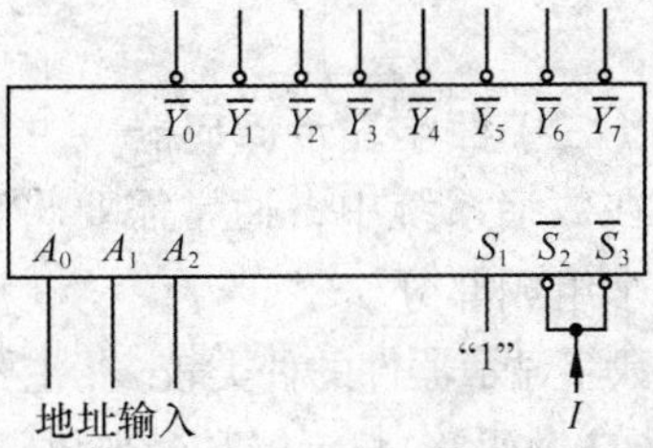

图 4-12 用 74LS138 组成八路分配器

当 I=0 时，$\overline{S}_3=\overline{S}_2$=0，译码器工作，则根据地址 $A_2A_1A_0$ 的变化将 I=0 信号分配到相应译码输出端，如 $A_2A_1A_0$=011，则 $\overline{Y}_3$=0，其余均为“1”，即将 I=0 信号分配至 $\overline{Y}_3$ 输出端。当 I=1，$\overline{S}_2=\overline{S}_3$=1 时，译码器不工作，每个输出均为 1，则理解为当 $A_2A_1A_0$ 变化时，将 I=1 信号分配至对应端输出。

【例 8】 用 74LS138 译码器设计一个三变量多数表决电路。

解： 三变量多数表决的函数为

$$Y=\overline{A}BC+A\overline{B}C+AB\overline{C}+ABC$$
$$=m_3+m_5+m_6+m_7$$
$$=\overline{\overline{m_3}\cdot\overline{m_5}\cdot\overline{m_6}\cdot\overline{m_7}}$$

用 74LS138 译码器组成的三变量多数表决电路如图 4-13 所示。

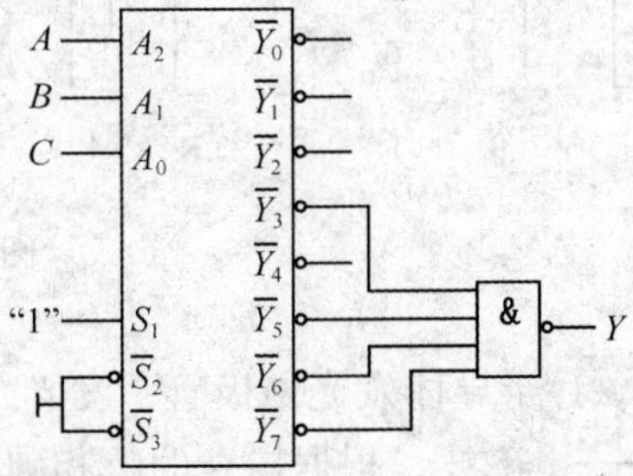

图 4-13 74LS138 构成多数表决电路

（二）二—十进制译码器

将二—十进制代码译成十进制数码 0～9 的

电路叫做二—十进制译码器。由于它有 4 个输入端、10 个输出端，通常也叫做 4—10 译码器。图 4-14 为 8421BCD 码译码器逻辑图。

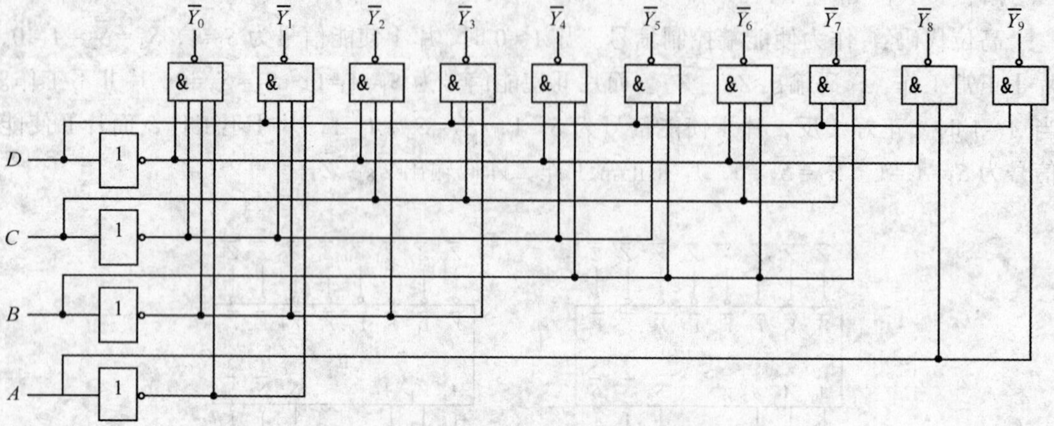

图 4-14　8421BCD 码译码器逻辑图

图 4-14 译码器的输出为低电平有效，这是为了降低功率损耗。其次对于 8421BCD 码中不允许出现的六种非法码（1010 ~ 1111），译码器输出 $\overline{Y}_0$ ~ $\overline{Y}_9$ 均为 1，即译码器拒绝翻译这六种非法码。这种译码器的优点是，当输入端出现非法码时，电路不会产生错误译码。

（三）数字显示译码器

在数字系统中，通常需要将数字量直观地显示出来，因此数字显示电路是数字系统的一个组成部分。

数字显示器件的种类较多，主要有半导体发光二极管（称为 LED 数码管）显示器、液晶（称为 LCD 数码管）显示器和荧光数码管显示器。数码管根据发光段数不同分为七段数码管和八段数码管。通过数字显示译码器可以把 BCD 码变成十进制数字，并在数码管上显示出来。七段数码管所显示的数字如图 4-15 所示，为了鉴别输入情况，当输入 BCD 码大于 9 时，仍使数码管显示一定图形。

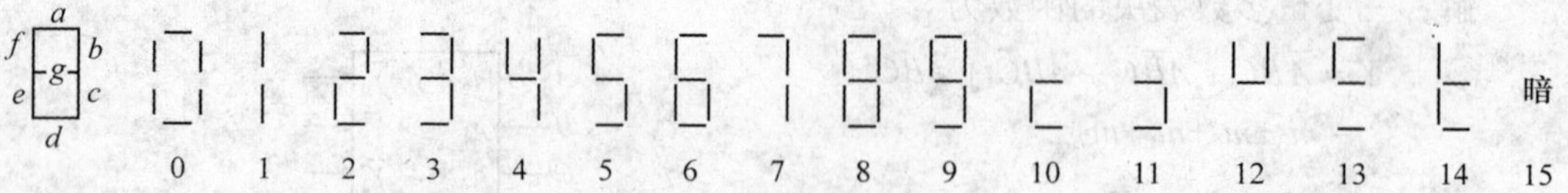

图 4-15　七段显示字形图

(1)半导体发光二极管。发光二极管加正向电压时，其中的电子和空穴复合，放出能量——电磁波，根据掺杂的磷和砷的比例不同，电磁波的波长不同，发出的光颜色不同。发光二极管工作电压为 1.5 ~ 3 V，工作电流一般为每段 10 mA 左右，既保证亮度适中，又不损坏器件。它可以集体分装成 LED 数码管。如图 4-16 所示。

LED 数码管内部发光二极管接法有两种，即共阳接法和共阴接法，如图 4-17 所示。对于共阳接法，驱动它的译码器应是低电平有效的译码器。对于共阴接法，驱动它的译码器应是高电平有效的译码器。

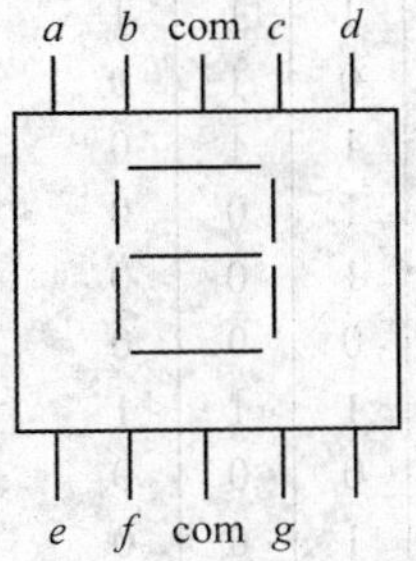

图 4-16　LED 数码管

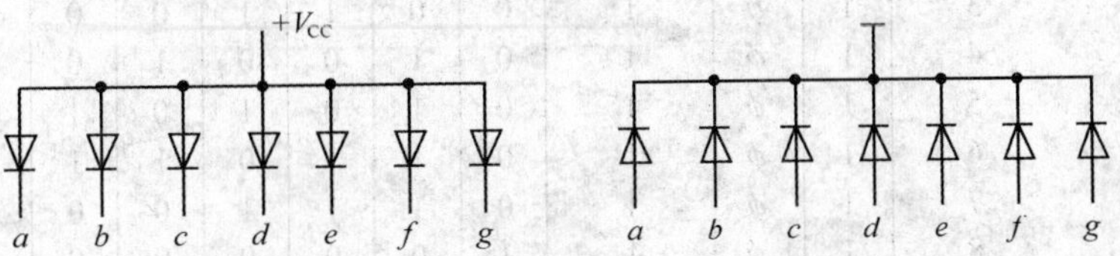

(a) 共阳极　(b) 共阴极

图 4-17　LED 的两种接法

半导体发光二极管具有功耗较大的缺点，但有工作电压低、体积小、响应速度快、颜色鲜艳等优点，常用的共阴 LED 显示器有 BS201 和 BS202，常用的共阳 LED 显示器有 BS204 和 BS206 等。

(2) 液晶显示器件。液晶是一种介于晶体和液体之间的有机化合物，常温下具有液体的流动性，又具有晶体的某些光学特性，由此得名。液晶显示器件本身不发光，它是用电来控制光在显示部位的反射和透射而实现显示的。正因为如此，LCD 工作电压低（2～6 V）、功耗低（1 μW / cm^2 以下），能与 CMOS 电路匹配。

(3) 荧光数码管显示器。荧光数码管是一种分段式电真空器件。工作时，阴极加热后发射出来的电子受栅极电场力而加速并撞击高压阳极，使涂有氧化锌的阳极发出绿光。

(4) 七段显示译码器。七段显示译码器主要完成将代表 0～9 的 BCD 码译成对应的高、低电平，以驱动相配套的显示器显示对应的数字。表 4-8 给出了 74LS47 七段显示译码器的功能表。它的输出为低电平有效，即输出为 0 时，对应字段点亮；输出为 1 时对应字段熄灭。*D*、*C*、*B*、*A* 是 8421BCD 码输入端，*a*、*b*、*c*、*d*、*e*、*f*、*g* 为译码输出端，以驱动七段显示器相应的段。

集成时，为了扩大功能，增加了熄灭输入端 BI，灯测试输入端 LT，灭“0”输入端 RBI 和灭“0”输出端 RBO。其功能介绍如下：

BI：当 BI=0 时，不管其他输入端状态如何，七段数码管均处于熄灭状态，不显示数字。

LT：当 BI=1，LT=0 时，不管输入 *DCBA* 状态如何，七段均发亮，显示“8”。它主要用来检测数码管是否损坏。

RBI：当 BI=LT=1，RBI=0 时，输入 *DCBA* 为 0000，各段均熄灭，不显示“0”。它主要用来熄灭无效的前零和后零。

RBO：当本位的“0”熄灭时，RBO=0，在多位显示系统中，它与下一位的 RBI 相连，通知下位如果是零也可熄灭。

表 4-8　74LS47 功能表

十进制数	LT	RBI	BI / RBO	D	C	B	A	a	b	c	d	e	f	g
灯测试	0	ϕ	1	ϕ	ϕ	ϕ	ϕ	0	0	0	0	0	0	0
消隐	ϕ	ϕ	0	ϕ	ϕ	ϕ	ϕ	1	1	1	1	1	1	1
灭 0	1	0	0	0	0	0	0	1	1	1	1	1	1	1
0	1	1	1	0	0	0	0	0	0	0	0	0	0	1
1	1	ϕ	1	0	0	0	1	1	0	0	1	1	1	1
2	1	ϕ	1	0	0	1	0	0	0	1	0	0	1	0
3	1	ϕ	1	0	0	1	1	0	0	0	0	1	1	0
4	1	ϕ	1	0	1	0	0	1	0	0	1	1	0	0
5	1	ϕ	1	0	1	0	1	0	1	0	0	1	0	0
6	1	ϕ	1	0	1	1	0	1	1	0	0	0	0	0
7	1	ϕ	1	0	1	1	1	0	0	0	1	1	1	1
8	1	ϕ	1	1	0	0	0	0	0	0	0	0	0	0
9	1	ϕ	1	1	0	0	1	0	0	0	0	1	0	0
10	1	ϕ	1	1	0	1	0	1	1	1	0	0	1	0
11	1	ϕ	1	1	0	1	1	1	1	0	0	1	1	0
12	1	ϕ	1	1	1	0	0	1	0	1	1	1	0	0
13	1	ϕ	1	1	1	0	1	0	1	1	0	1	0	0
14	1	ϕ	1	1	1	1	0	1	1	1	0	0	0	0
15	1	ϕ	1	1	1	1	1	1	1	1	1	1	1	1

用 CT74LS47 七段显示译码器驱动一位数码显示器的电路如图 4-18 所示。

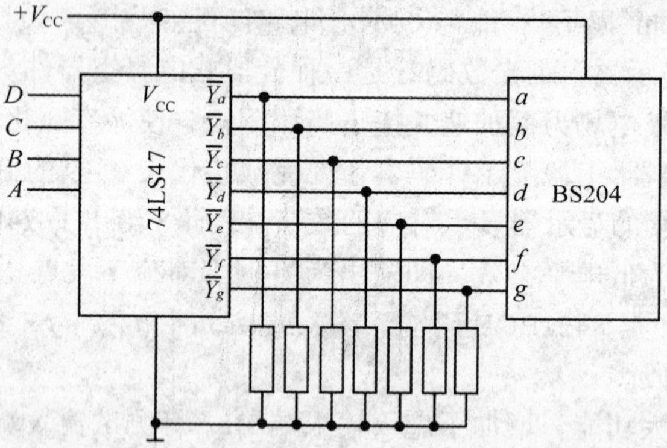

图 4-18　用 CT74LS47 驱动 BS204 的接线图

三、二进制加法器

在数字系统中，加、减、乘、除算术运算均是利用加法运算来完成的。加法运算是算术运算中最基本的运算，而减法可采用反码或补码做加法运算来实现，乘法和除法也可以用连续加法、减法和移位来实现，因此加法运算电路十分重要。

（一）半加器

不考虑来自低位进位的加法称为半加，即最低位的加法。实现半加功能的电路称为半加器。半加器有两个输入端，分别为加数 A 和被加数 B；输出也是两个，分别为和数 S 和向高位进位 C_i，其对应的真值表如表 4-9 所示，由真值表可得出函数表达式为

$$S=\overline{A}B+A\overline{B}$$
$$=A\oplus B$$
$$C_i=AB$$

半加器的逻辑图见图 4-19 所示。

表 4-9　半加器真值表

A	B	S	C_i
0	0	0	0
0	1	1	0
1	0	1	0
1	1	0	1

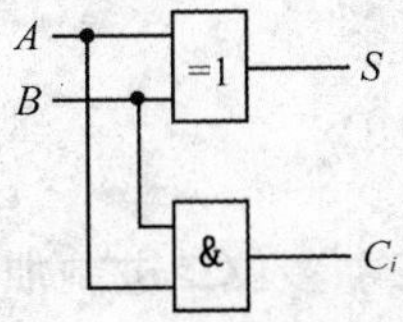

图 4-19　半加器逻辑图

（二）全加器

考虑低位进位的加法称为全加，完成全加运算的电路称为全加器。设 A_i、B_i 和 C_{i-1} 分别为第 i 位的两个加数和低位进位，S_i 和 C_i 为第 i 位的和及向高位进位，则得全加器真值表见表 4-10 所示，由真值表可得出函数表达式为

$$S_i=\overline{A_i}\,\overline{B_i}C_{i-1}+\overline{A_i}B_i\overline{C}_{i-1}+A_i\overline{B_i}\,\overline{C}_{i-1}+A_iB_iC_{i-1}$$
$$=(\overline{A_i}B_i+A_i\overline{B_i})\overline{C}_{i-1}+(\overline{A_i}\,\overline{B_i}+A_iB_i)C_{i-1}$$
$$=(A_i\oplus B_i)\overline{C}_{i-1}+\overline{A_i\oplus B_i}C_{i-1}$$
$$=A_i\oplus B_i\oplus C_{i-1}$$
$$C_i=A_i\overline{B}_iC_{i-1}+\overline{A}_iB_iC_{i-1}+A_iB_i\overline{C}_{i-1}+A_iB_iC_{i-1}$$
$$=(A_i\overline{B_i}+\overline{A_i}B_i)C_{i-1}+A_iB_i$$
$$=(A_i\oplus B_i)C_{i-1}+A_iB_i$$

全加器逻辑图和逻辑符号如图 4-20 所示。

表 4-10　全加器真值表

A_i	B_i	C_{i-1}	S_i	C_i
0	0	0	0	0
0	0	1	1	0
0	1	0	1	0
0	1	1	0	1
1	0	0	1	0
1	0	1	0	1
1	1	0	0	1
1	1	1	1	1

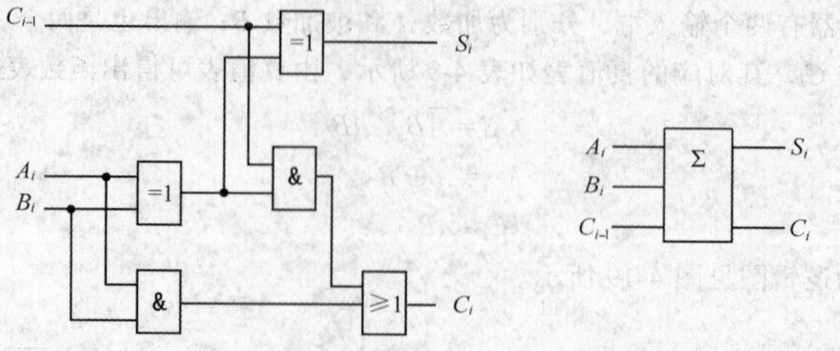

(a) 全加器逻辑图 (b) 逻辑符号

图 4-20 全加器逻辑图及逻辑符号

（三）多位二进制加法器

多位二进制加法器按其进位方式的不同可分为串行进位二进制并行加法器和超前进位二进制并行加法器。

串行进位二进制并行加法器是由全加器级联而成的，其特点是被加数和加数的各位能同时并行到达各位的输入端，而各位全加器的进位输入则是按照由低位向高位逐级串行传送的，各进位形成一个进位链。由于每一位相加的和都与本位进位输入有关，所以最高位必须等到各低位全部相加完成并送来进位信号之后才能产生运算结果。显然，这种加法器运算速度较慢，而且位数越多，速度就越慢。

超前进位二进制并行加法器采取的是使各位的进位直接由加数和被加数来决定，而不需依赖低位进位。这样就大大提高加法器的运算速度。常用的超前进位加法器的中规模芯片有 CT74LS283，它为四位二进制加法器，其逻辑符号如图 4-21 所示。

【例 9】 用四位二进制超前进位加法器设计一个 8421BCD 码转换成余 3BCD 码的代码转换电路。

解：根据余 3BCD 码定义，余 3BCD 码是由 8421BCD 码加 0011 形成的代码，于是得 8421BCD 码转换成余 3BCD 码的代码转换电路如图 4-22 所示。

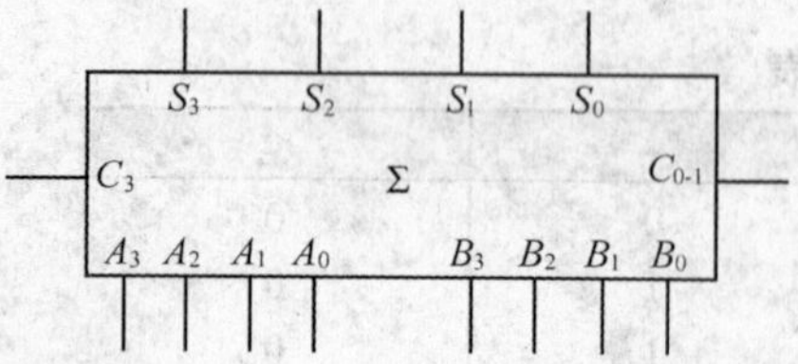

图 4-21 四位二进制加法器逻辑符号

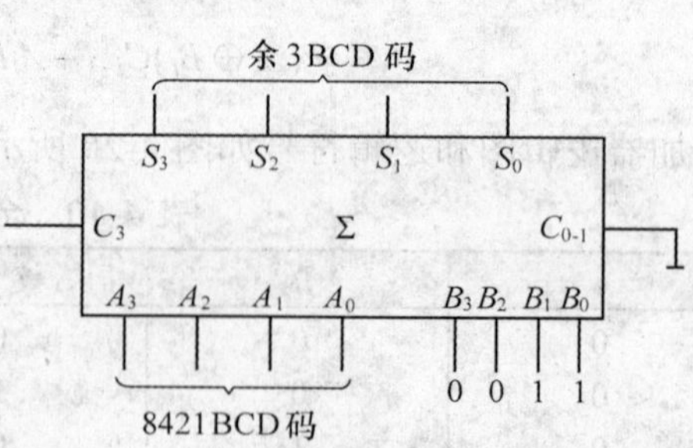

图 4-22 用加法器构成 8421BCD 码到余 3BCD 码的转换电路

【例 10】 试用全加器完成两个两位二进制的乘法电路。

解：设两个两位二进制数分别为 $A=A_1A_0$ 和 $B=B_1B_0$，则其乘法算式如下：

$$
\begin{array}{rrr}
 & A_1 & A_0 \\
\times & B_1 & B_0 \\
\hline
 & A_1B_0 & A_0B_0 \\
A_1B_1 & A_0B_1 & \\
\hline
Y_2 & Y_1 & Y_0
\end{array}
$$

$$Y_0=A_0B_0$$
$$Y_1=A_1B_0+A_0B_1$$
$$Y_2=A_1B_1$$

注意：Y_1式中的“+”号是相加求和而不是“或”运算。这样可得逻辑图如图 4-23 所示。

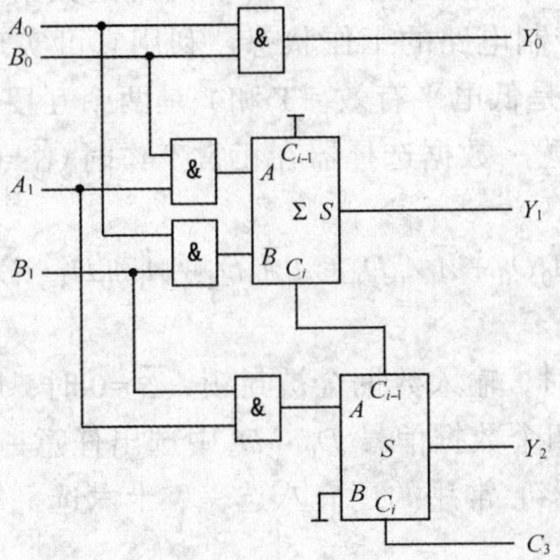

图 4-23　利用全加器实现二进制乘法

四、数据选择器

（一）工作原理

数据选择器(简称 MUX)可实现并行的多路数据在一根总线上分时传送，其功能类似于单刀多掷开关。如图 4-24 所示为四选一数据选择器逻辑图、逻辑符号、开关模拟图，其功能表见表 4-11。

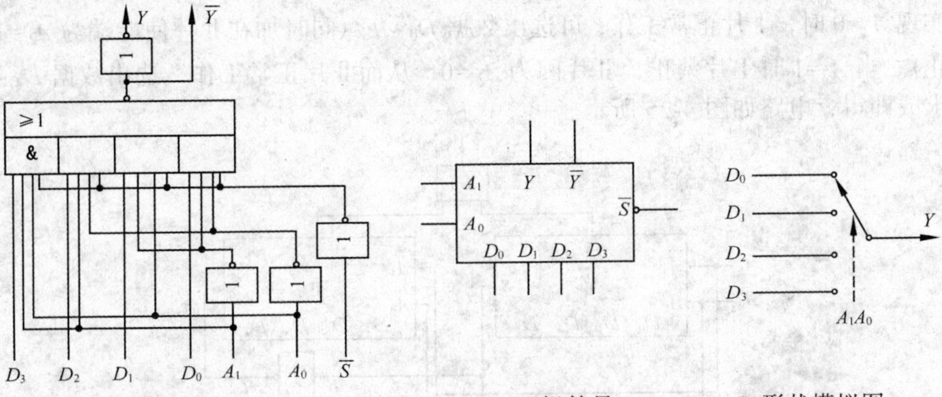

图 4-24　四选一数据选择器

表 4-11　四选一数据选择器功能表

使能	地址输入		数据	输出
$\overline{S}$	A_1	A_0	D	Y
1	×	×	×	0
0	0	0	$D_0 \sim D_3$	D_0
0	0	1	$D_0 \sim D_3$	D_1
0	1	0	$D_0 \sim D_3$	D_2
0	1	1	$D_0 \sim D_3$	D_3

在图 4-24(b)中，$D_0 \sim D_3$ 是数据输入端；A_1、A_0 是数据通道选择控制信号，即地址变量；$\overline{S}$ 是使能端，它能控制电路的工作状态，利用它可实现电路的扩展功能。逻辑符号中 $\overline{S}$ 端的小圆圈，表明 $\overline{S}$ 是低电平有效。Y 和 $\overline{Y}$ 是两个互反的输出端。

由图 4-24(a)可写出四选一数据选择器在正常工作时($\overline{S}$=0 时)的输出逻辑表达式为

$$Y = \overline{A}_1\overline{A}_0D_0 + \overline{A}_1A_0D_1 + A_1\overline{A}_0D_2 + A_1A_0D_3 = \sum_{i=0}^{3} m_iD_i$$

由表 4-11 可知，$\overline{S}$=1 时，输入数据全被封锁，$\overline{S}$=0 时，电路正常工作；根据地址输入 A_1A_0 的不同取值，可从四个数据信号 $D_0 \sim D_3$ 中选出任意一个送到输出端 Y。

除了四选一数据选择器，常用的还有八选一、十六选一等，也可以用级联的办法来扩展输入端。

【例 11】　将四选一数据选择器扩展为八选一数据选择器。

解： 八选一需要三个地址变量，根据地址输入端的八种取值来选通八个数据，由此可得

A_2	A_1	A_0	Y	
0	0	0	D_0	Ⅰ选中 Ⅱ禁止
0	0	1	D_1	
0	1	0	D_2	
0	1	1	D_3	

A_2	A_1	A_0	Y	
1	0	0	D_4	Ⅰ禁止 Ⅱ选中
1	0	1	D_5	
1	1	0	D_6	
1	1	1	D_7	

由上述数据可以看出，选 A_1A_0 作为四选一数据选择器的地址输入端，A_2 作为使能端，就可实现 A_2=0 时，Ⅰ片正常工作，可选出数据 $D_0 \sim D_3$(同时加在Ⅱ片使能端为 $\overline{A}_2$=1，Ⅱ片禁止)。当 A_2=1 时Ⅰ片禁止，Ⅱ片因为 $\overline{A}_2$=0，从而Ⅱ片正常工作，选出数据 $D_4 \sim D_7$。最后求或即得，电路如图 4-25 所示。

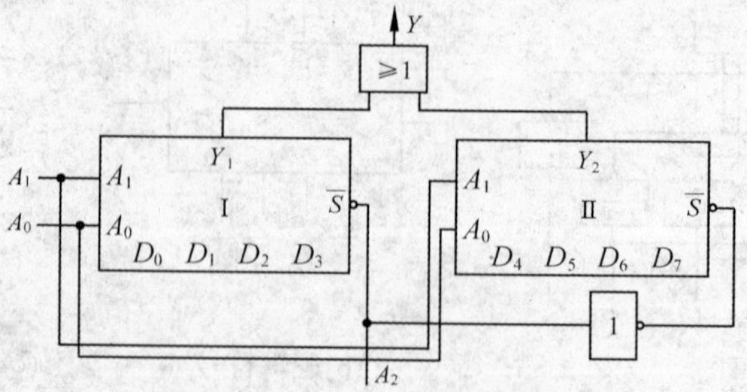

图 4-25　四选一扩展为八选一

（二）应用

根据四选一数据选择器的输出逻辑表达式，类似地可以写出 2^n 路选择器的输出逻辑表达式为

$$Y=\sum_{i=0}^{2^n-1} m_i D_i$$

式中：m_i 为地址变量 A_{n-1}，A_{n-2}，…，A_1，A_0 组成的最小项；D_i 为 2^n 路输入中的第 i 路数据输入，取值 0 或 1。

多路选择器除完成对多路数据进行选择的基本功能外，在逻辑设计中主要用来实现各种逻辑函数功能，下面举例说明。

【例 12】　用多路选择器实现以下逻辑函数的功能

$$Y=\overline{A}\,\overline{B}\,\overline{C}+\overline{A}B\overline{C}+AB\overline{C}+ABC$$

解：根据多路选择器输出表达式 $Y=\sum_{i=0}^{2^n-1} m_i D_i$ 和原函数表达式对比，找出数据 D_i 即可。

方案Ⅰ：采用八选一数据选择器。

由八选一表达式 $Y=\overline{A}_2\overline{A}_1\overline{A}_0D_0+\overline{A}_2\overline{A}_1A_0D_1+\overline{A}_2A_1\overline{A}_0D_2+\overline{A}_2A_1A_0D_3+A_2\overline{A}_1\overline{A}_0D_4+A_2\overline{A}_1A_0D_5+A_2A_1\overline{A}_0D_6+A_2A_1A_0D_7$ 和原函数表达式比较可知，只需令 $A_2=A$、$A_1=B$、$A_0=C$ 且 $D_0=D_2=D_6=D_7=1$、$D_1=D_3=D_4=D_5=0$ 即可，逻辑图如图 4-26(a)所示。

方案Ⅱ：采用四选一数据选择器。

四选一数据选择器表达式为

$$Y=\overline{A}_1\overline{A}_0D_0+\overline{A}_1A_0D_1+A_1\overline{A}_0D_2+A_1A_0D_3$$

原函数表达式为

$$Y=\overline{A}\,\overline{B}\,\overline{C}+\overline{A}B\overline{C}+AB(\overline{C}+C)$$
$$=\overline{A}\,\overline{B}\,\overline{C}+\overline{A}B\overline{C}+AB$$

两式比较可知，只需令 $A_1=A$、$A_0=B$ 且 $D_0=D_1=\overline{C}$、$D_3=1$、$D_2=0$ 即可。逻辑图如图 4-26(b)所示。

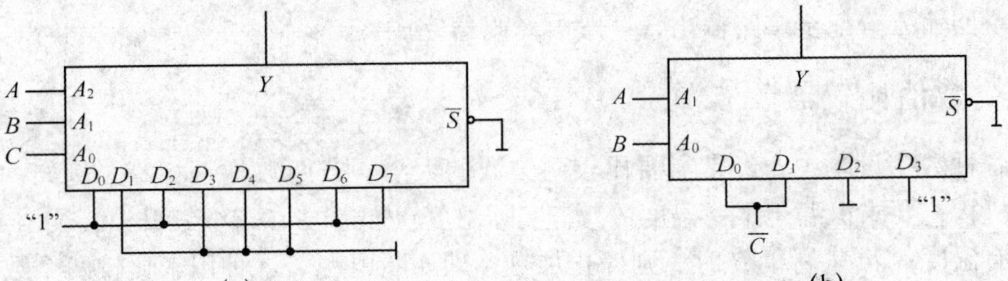

(a)　　　　(b)

图 4-26　逻辑电路图

一般情况下，如果函数的变量数为 k，那么应选用地址变量数 $n=k-1$ 的数据选择器。

【例 13】 试用八选一数据选择器设计一个四位奇校验器，要求四位二进制数中含有奇数个 1 时，输出为 1；否则为 0。

解：由题意列出真值表，见表 4-12 所示。

表 4-12　奇校验器的真值表

A	B	C	D	Y	A	B	C	D	Y
0	0	0	0	0	1	0	0	0	1
0	0	0	1	1	1	0	0	1	0
0	0	1	0	1	1	0	1	0	0
0	0	1	1	0	1	0	1	1	1
0	1	0	0	1	1	1	0	0	0
0	1	0	1	0	1	1	0	1	1
0	1	1	0	0	1	1	1	0	1
0	1	1	1	1	1	1	1	1	0

k=4，则 n=4−1=3，用八选一数据选择器。

选 $A_2=A$，$A_1=B$，$A_0=C$，观察真值表可得

$$Y=m_0D+m_1\overline{D}+m_2\overline{D}+m_3D+m_4\overline{D}+m_5D+m_6D+m_7\overline{D}$$

即 $D_0=D_3=D_5=D_6=D$，$D_1=D_2=D_4=D_7=\overline{D}$。逻辑图如图 4-27 所示。

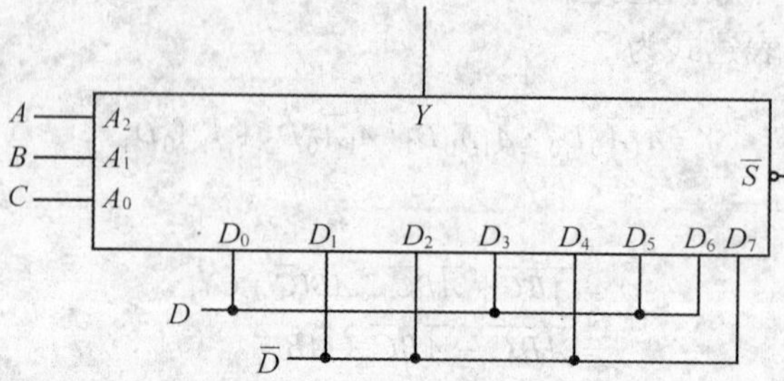

图 4-27　逻辑电路图

（三）多路分配器

将一路输入分配至多路输出，一般由译码器完成。

五、数值比较器

在各种数字设备中，经常需要比较两个数的大小，或两数是否相等。例如，一个数控恒温机构，要求恒温于某一温度 B，若实际温度 A 低于 B，需继续升温；当 $A=B$ 时，维持原有温度；若 A 高于 B 时，则停止加热，即切断电源。这种用来比较两个数值的逻辑电路称为数值比较器，简称比较器。

（一）一位数值比较器

本章第二节例 4 中，介绍了一位二进制数 A 和 B 的数值比较电路，该电路有三个比

较输出端，其函数表达式为

$$\begin{cases} Y_1 = A\overline{B} & (A>B) \\ Y_2 = \overline{A}B & (A<B) \\ Y_3 = \overline{\overline{A}B + A\overline{B}} & (A=B) \end{cases}$$

一位二进制数值比较器的逻辑图如图 4-28 所示。

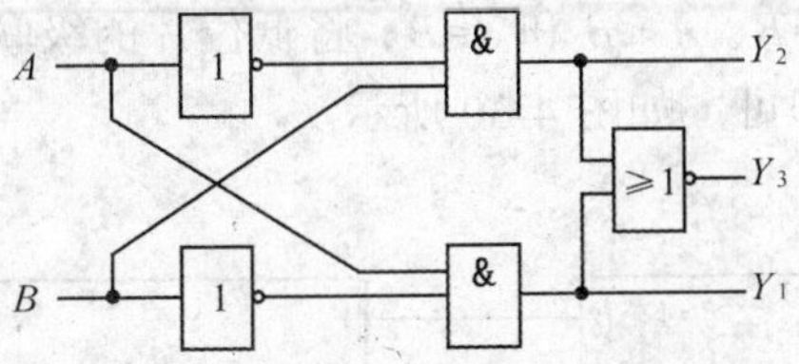

图 4-28　一位二进制数比较器的逻辑图

但是，在数字系统中，往往需要进行多位二进制数的比较，因此必须讨论多位数值比较器。

（二）集成数值比较器

国产集成数值比较器中，功能较强的是四位数值比较器。

比较两个四位二进制数 $A=A_3A_2A_1A_0$ 和 $B=B_3B_2B_1B_0$ 的数值大小，需从高位开始比较对应位的值。若 $A_3>B_3$，则可确定 $A>B$；若 $A_3<B_3$，则可确定 $A<B$；若 $A_3=B_3$，则需比较 A_2 和 B_2。按此方法从高位到低位依次比较，即可确定比较结果。

如图 4-29 所示为四位数值比较器 74LS85 逻辑符号，功能表如表 4-13 所示。

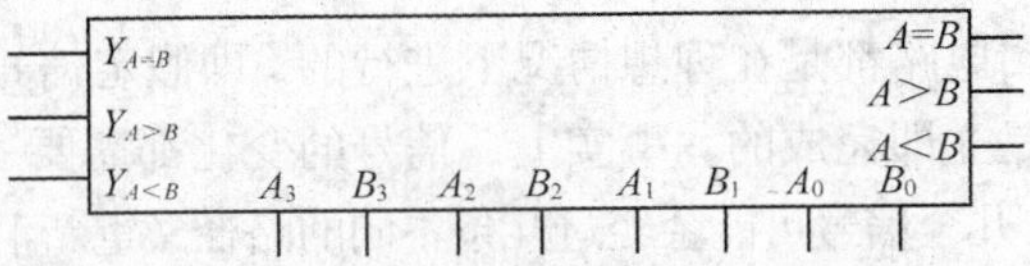

图 4-29　四位数值比较器 74LS85 逻辑符号

表 4-13　四位数值比较器 74LS85 功能表

比较输入				级联输入			输出		
A_3B_3	A_2B_2	A_1B_1	A_0B_0	$A>B$	$A<B$	$A=B$	$Y_{A>B}$	$Y_{A<B}$	$Y_{A=B}$
$A_3>B_3$	×	×	×	×	×	×	1	0	0
$A_3<B_3$	×	×	×	×	×	×	0	1	0
$A_3=B_3$	$A_2>B_2$	×	×	×	×	×	1	0	0
$A_3=B_3$	$A_2<B_2$	×	×	×	×	×	0	1	0
$A_3=B_3$	$A_2=B_2$	$A_1>B_1$	×	×	×	×	1	0	0
$A_3=B_3$	$A_2=B_2$	$A_1<B_1$	×	×	×	×	0	1	0
$A_3=B_3$	$A_2=B_2$	$A_1=B_1$	$A_0>B_0$	×	×	×	1	0	0
$A_3=B_3$	$A_2=B_2$	$A_1=B_1$	$A_0<B_0$	×	×	×	0	1	0
$A_3=B_3$	$A_2=B_2$	$A_1=B_1$	$A_0=B_0$	1	0	0	1	0	0
$A_3=B_3$	$A_2=B_2$	$A_1=B_1$	$A_0=B_0$	0	1	0	0	1	0
$A_3=B_3$	$A_2=B_2$	$A_1=B_1$	$A_0=B_0$	0	0	1	0	0	1

图 4-29 中，$A>B$、$A<B$、$A=B$ 是三个级联输入端，是供当数码超过 4 位时，多片四位数值比较器之间级联使用，即低位的三个输出端 $Y_{A>B}$、$Y_{A<B}$、$Y_{A=B}$ 分别接到高一位比较器的 $A>B$、$A<B$、$A=B$ 级联输入端。当本片两个数码相等时，低位输出的比较结果将决定总的比较结果。如果只比较两个 4 位数码，则应使级联输入端的“$A=B$”=1，“$A>B$”=0，“$A<B$”=0。

【例 14】 试用两片四位数值比较器 74LS85 扩展为八位数值比较器。

解：可以将两片芯片串联连接，即将低位芯片的输出 $Y_{A>B}$、$Y_{A<B}$ 和 $Y_{A=B}$ 分别去接高一位芯片级联输入端的 $A>B$、$A<B$ 和 $A=B$。将低位片的级联输入端 $A=B$ 端接高电平，$A>B$ 端、$A<B$ 端均接地即可。如图 4-30 所示。

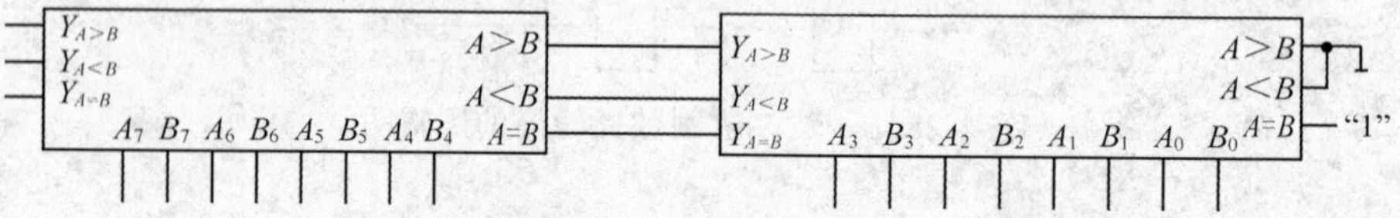

图 4-30　四位数值比较器扩展为八位比较器

第四节　组合逻辑电路中的竞争与冒险

一、竞争冒险的概念及其产生的原因

（一）竞争

前面讨论的组合逻辑电路都是在理想情况下进行的，即假定信号通过导线和门都没有延迟，并且信号的变化都是立即完成的。事实上，信号的变化都需要一定的传输延迟时间。

在组合逻辑电路中，几个信号可能会经过几条不同的路径又重新汇合到某一个门的输入端。而由于路径上的传输时间可能不同，所以到达某一门的输入端的时刻就有先有后，这种现象通常称为“竞争”。另外，当门电路的两个输入信号同时向相反的状态变化时，也可能产生竞争。

（二）冒险

在组合逻辑电路中，由于竞争的结果，在输出端产生错误输出，即输出端出现不应有的干扰脉冲，这种现象就称为冒险。

大多数组合逻辑电路都存在着竞争，但不是所有竞争都一定会出现错误输出。竞争现象是产生冒险现象的必要条件，而冒险现象并非竞争现象的必然结果。

例如：如图 4-31(a)、(b)为与门输入、输出波形，(c)、(d)为或门输入、输出波形。(a)表示 B 先 A 发生跳变，那么在极短暂的时间内 Y 输出为 1，出现极窄的尖峰脉冲(或称电压毛刺)，违背了理想情况下的逻辑输出；(b)表示 A 先 B 发生跳变，就没有尖峰脉冲的产生。同样，(c)表示 A 先 B 发生跳变，产生 Y=0 极窄的尖峰脉冲；而(d)表示 B 先 A 发生跳变，就没有尖峰脉冲的产生。由此，我们可得出(a)、(b)、(c)、(d)四种情况均有竞争，只有(a)、(c)两种有冒险产生。

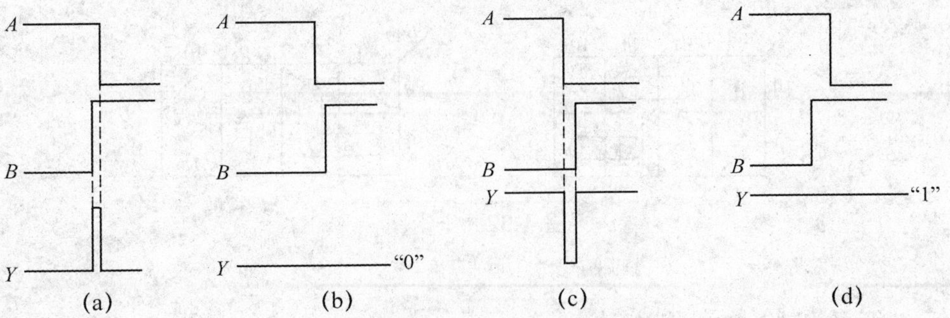

图 4-31　门电路中因竞争产生的尖峰脉冲

由于组合逻辑电路存在竞争冒险现象，由此产生尖峰脉冲给数字系统带来的危害性要视负载电路的性质而定。如果负载是惯性大的仪表，则影响不太大，如果负载对窄脉冲信号十分敏感(例如下章要讲到的触发器)，则就会产生错误的触发。根据尖峰脉冲的极性，冒险可分为以下两种。

(1)1 型冒险。输出正尖峰脉冲，即理想情况输出应为低电平 0，由于竞争出现，在短时间内产生高电平 1，如图 4-31(a)所示。

(2)0 型冒险。输出负尖峰脉冲，即理想情况输出应为高电平 1，由于竞争出现，在短时间内产生低电平 0，如图 4-31(c)所示。

二、竞争冒险的判断方法

(1)代数判断法。首先，观察函数表达式中是否存在某变量的原变量和反变量，若存在，就有竞争存在。然后，消去函数表达式中不存在竞争的变量，仅留下有竞争能力的变量。若得到 $Y=A+\overline{A}$，说明存在 0 型冒险；若得到 $Y=A\cdot\overline{A}$，说明存在 1 型冒险。

【例 15】　判断 $Y=AB+\overline{A}C$ 是否存在冒险。

解：观察表达式，A 变量存在竞争，为考察 A 消去变量 B、C。令 $B=C=1$，则得

$$Y=AB+\overline{A}C=A+\overline{A}$$

故电路存在竞争冒险，且为 0 型冒险。

【例 16】　判断 $Y=(A+C)(\overline{A}+B)(B+\overline{C})$ 是否存在冒险。

解：观察表达式，A、C 存在竞争。先考虑 A，令 $B=C=0$，则得

$$Y=(A+C)(\overline{A}+B)(B+\overline{C})=A\cdot\overline{A}$$

再考虑 C，令 $A=B=0$，则得

$$Y=(A+C)(\overline{A}+B)(B+\overline{C})=C\cdot\overline{C}$$

由以上分析可知，A、C 均引入竞争冒险，且均为 1 型冒险。

(2)卡诺图判断法。凡是逻辑函数的卡诺图中存在相切而不相交的包围圈，则都存在竞争冒险现象。例 15 和例 16 两个逻辑函数的卡诺图如图 4-32 所示。

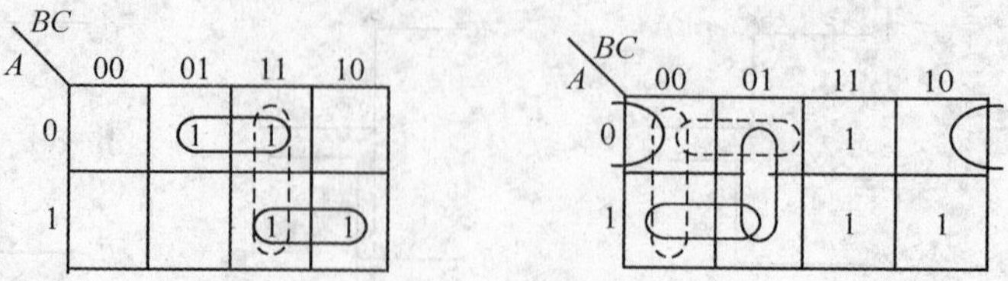

图 4-32 卡诺图

三、竞争冒险的消除方法

（一）增加冗余项

在卡诺图中增加尽量少的虚线包围圈，使相邻的包围圈互相交叉，如图 4-32 所示增加的虚线部分，即 $Y=AB+\overline{A}C$ 函数式中增加 BC，则 $Y=AB+\overline{A}C+BC$，当 $B=C=1$ 时，$Y=1$，不会产生竞争冒险。$Y=(\overline{A}+B)(A+C)(B+\overline{C})$ 函数式中增加 $(B+C)$ 和 $(A+B)$，则 $Y=(\overline{A}+B)(A+C)(B+\overline{C})(B+C)(A+B)$，当 $B=C=0$ 时，$Y=0$；当 $A=B=0$ 时，$Y=0$；A、C 均不会产生竞争冒险。

（二）接滤波电容

由于竞争冒险而产生的尖峰脉冲均很窄(几十纳秒以内)，故只须在输出端并接一很小的滤波电容，即可将尖峰脉冲幅度削弱至门电路的阈值电压以下。

（三）引入选通脉冲

平时将有关的门封锁，使冒险脉冲不能通过，而当冒险脉冲消失之后将有关的门打开，允许电路输出。故在选通脉冲电平期间电路有正常的输出。如图 4-33 所示。

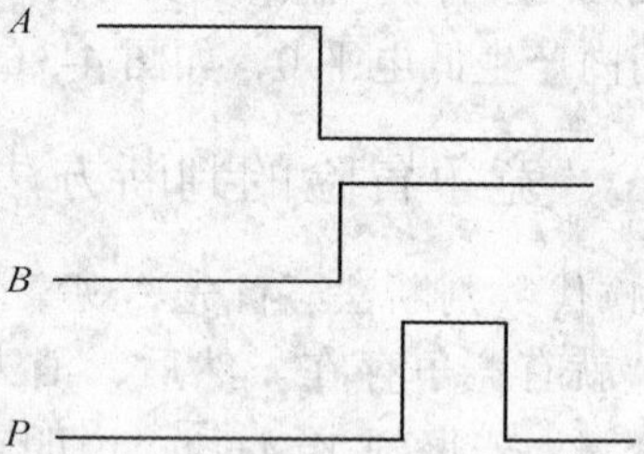

图 4-33 引入选通脉冲消除竞争冒险

本章小结

本章讨论组合逻辑电路。组合电路在逻辑功能上的特点是：电路任一时刻的输出仅仅取决于该时刻的输入状态，而与电路前一时刻的状态无关。电路结构上的特点是：只包含各类门电路，而没有记忆元件。

组合逻辑电路的基本分析方法是逐级写出其输出与输入之间逻辑关系的表达式，再经化简或变换推导出该电路的输出逻辑表达式，列出它的真值表，即可分析出该电路的逻辑功能，并可评价该电路在性能上和结构上的优劣。

本章重点介绍了常用的中规模集成组件，它们是编码器、译码器、全加器、数据选择器、数值比较器。这些中规模集成组件应用十分广泛，除完成本身的逻辑功能外，还可以构成其他逻辑功能的组合电路。

组合逻辑电路的设计，是根据给定的逻辑问题，进行逻辑抽象→列写该逻辑问题的真值表→写出逻辑表达式，再经适当的化简和变换，得到其最简式→画逻辑图。

设计中的关键步骤是：对给定的逻辑问题通过逻辑抽象后，能以真值表(或逻辑表达式)的形式作出正确的功能描述。若这一设计步骤上出错，则设计出的组合电路一定不能完成给定的逻辑关系。

用中规模集成组件(MSI)设计组合逻辑电路，是当前数字系统设计中的重要内容。设计的关键问题是，必须熟悉各类 MSI 部件的逻辑功能及其输出函数表达式，以便能选择最合适的 MSI 组件，满足所需设计的逻辑问题。

其次，必须把按设计问题得到的逻辑表达式，变换成与所选 MSI 组件的逻辑函数式相类似的形式，以便通过两个逻辑函数的对应关系，确定输入变量的连接关系。

按给定的逻辑问题设计出来的组合逻辑电路，在输入变量的状态发生变化的瞬间过渡过程中，组合电路的输出会产生瞬时尖峰脉冲(俗称电压毛刺)，这就是组合电路中的竞争—冒险现象。若电路的负载对电压毛刺敏感，就会使负载电路误动作，造成危害。为此，在组合电路的设计中应采取消除竞争—冒险的有效措施。

习　题

一、填空题

1. 数字系统中的逻辑电路分为________和________两种类型。

2. 组合逻辑电路的基本单元是________。组合逻辑电路是指在任何时刻输出信号________________。

3. 编码器是指完成______的数字电路，常见的有______、______和______。256 种信号需要___位二进制码来表示。

4. LED 数码管显示器内部发光二极管接法有两种，分别为________接法和________接法。驱动前者的译码器应是________译码器，驱动后者的译码器应是________译码器。

5. 算术运算中最基本的运算是________。

6. 竞争现象是产生冒险现象的________，冒险现象并非竞争现象的________。

二、选择题

1. 组合逻辑电路的输出仅取决于(　　)。

A. 输入信号的状态　　B. 输出信号的原态　　C. 输出信号的次态

D. 输入信号的状态和输出信号的原态

2. 3—8 译码器电路是(　　)译码器。

A. 三进制　　B. 八进制　　C. 三位二进制　　D. 8421BCD

3. 七段数码显示译码电路应有(　　)个输出端。

A. 8 个　　B. 7 个　　C. 16 个　　D. 10 个

4. 不属于组合逻辑电路的是(　　)。

A. 编码器　　B. 译码器　　C. 数据选择器　　D. 触发器

5. 用四选一数据选择器实现 $Y=\overline{A}$，并取 AB 为地址变量则 $D_0 \sim D_3$ 的取值为(　　)。

A. $D_0=D_1=1$，$D_2=D_3=0$　　B. $D_0=D_3=0$，$D_1=D_2=1$

C. $D_0=D_1=D_2=D_3=1$　　D. $D_1=D_3=1$，$D_0=D_2=0$

6. 不能消除组合逻辑电路竞争冒险的方法是(　　)。

A. 接滤波电容　　B. 加入选通脉冲

C. 加精密的电源　　D. 增加冗余项

7. 如图 4-34 所示为四选一数据选择器 74LS153 组成的电路图，输出端 Y 的逻辑表达式为(　　)。

A. $Y=AB+BC+AC$　　B. $Y=\overline{A}\overline{B}+BC+\overline{B}\overline{C}$

C. $Y=ABC+\overline{A}BC$　　D. $Y=\overline{A}\overline{B}+\overline{A}\overline{C}+AC$

8. 如图 4-35 所示为 3—8 译码器组成的电路，则输出端 Y 的表达式为(　　)。

A. $Y=\overline{A}$　　B. $Y=\overline{AB}$

C. $Y=\overline{C}$　　D. $Y=AC$

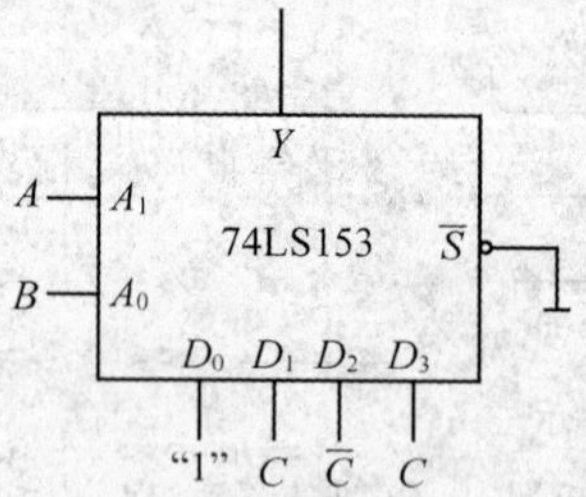

图 4-34　电路图

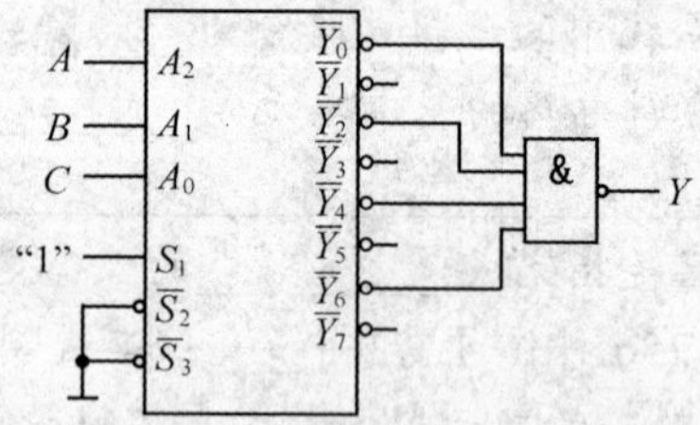

图 4-35　电路图

9. 组合逻辑电路是(　　)电路。

A. 记忆性　　B. 非记忆性　　C. 可寄存 0　　D. 可寄存 1

10. 实现逻辑函数 $Y=\overline{A}\overline{B}+B\overline{C}$ 的电路(　　)。

A. 不存在竞争也不存在冒险　　B. 存在竞争，但不存在冒险

C. 存在竞争也存在冒险　　D. 不存在竞争，存在冒险

三、计算题

1. 分析图 4-36 所示电路的逻辑功能。

2. 设计一个"逻辑不一致"电路，要求两个输入逻辑变量取值不一致时输出为 1，取值一致时输出为 0，并用与非门来实现电路。

3. 设计一个监测信号灯工作状态的逻辑电路。信号灯由红、黄、绿三盏灯组成。正常时，只能一盏灯亮，否则电路出现故障，要求逻辑电路发出故障信号，以提醒维护人员前去修理。

4. A、B、C 三个信号，在同一时间内，只能有一个信号通过，如果有两个以上信号出现，则按照 A、B、C 优先顺序通过。请设计此逻辑电路。

5. 设有一个组合逻辑电路，测得其输入和输出信号的波形如图 4-37 所示。试写出其逻辑表达式，并用与非门实现它的功能。A、B、C 为输入，Y 为输出。

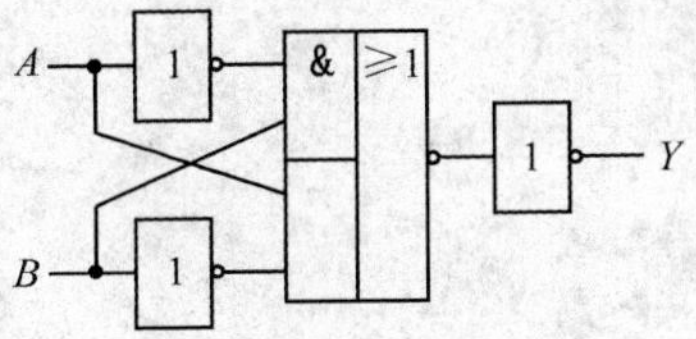

图 4-36　电路图

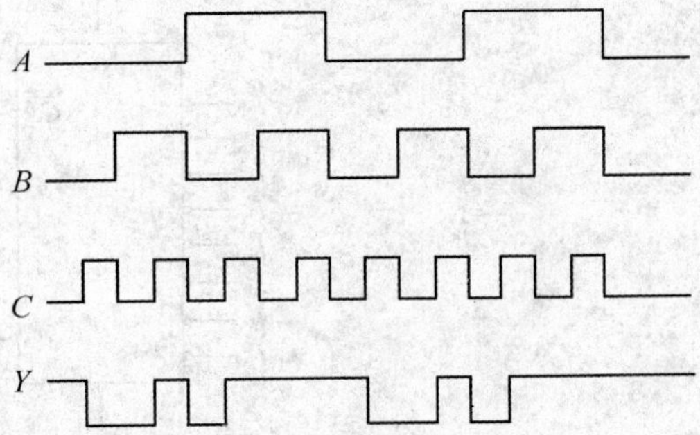

图 4-37　信号波形图

6. 3—8 译码器 74LS138 组成的电路如图 4-38 所示，试写出 Y_1、Y_2 的最简逻辑表达式。

7. 用四位二进制加法器设计一个余 3BCD 码转换为 8421BCD 码的代码转换电路。

8. 用 3—8 译码器和与非门实现下列多输出函数

$$\begin{cases} Y_1 = AB + \overline{A}\,\overline{B}\,\overline{C} \\ Y_2 = A + B + \overline{C} \\ Y_3 = \overline{A}B + A\overline{B} \end{cases}$$

9. 用二选一数据选择器组成的电路如图 4-39 所示，试写出电路的输出函数式。

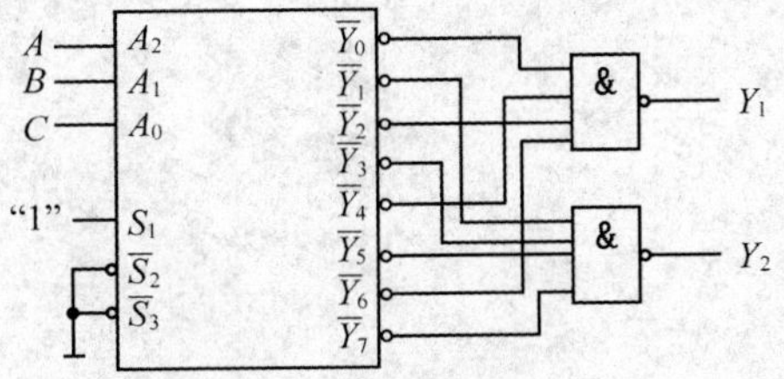

图 4-38　电路图

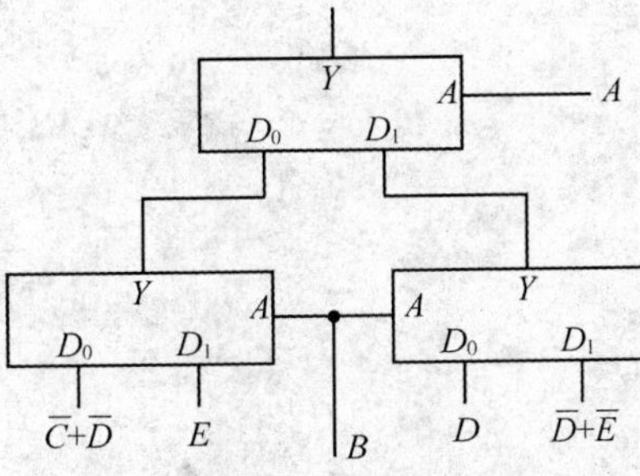

图 4-39　电路图

10. 用八选一数据选择器实现下列函数

$$Y_1=\sum m(0,\ 2,\ 4,\ 5)$$
$$Y_2=\sum m(0,\ 2,\ 5,\ 7,\ 8,\ 10,\ 13,\ 15)$$
$$Y_3=AB+BC+AC$$

11. 试用四位数据比较器 74LS85 和四位超前进位加法器 74LS283 构成一个转换电路，将四位二进制数转换成 8421BCD 码。

12. 8—3 优先编码器 74LS148 接成如图 4-40 所示电路。试分析电路的功能，并说明电路可实现何种形式的编码，是否仍属于优先编码器。

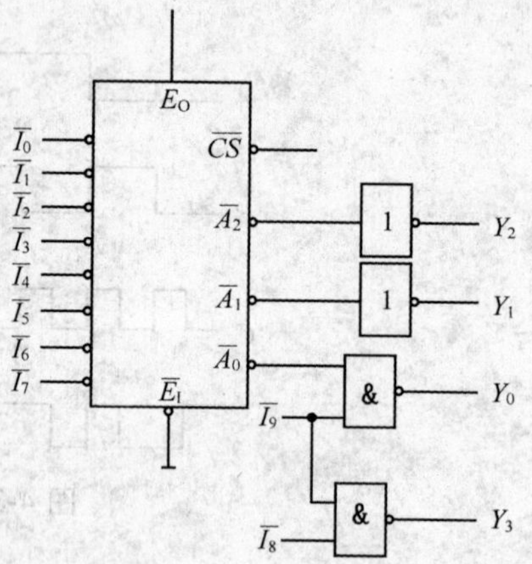

图 4-40　电路图

13. 判断下列函数组成的电路是否存在竞争冒险现象。

$$Y_1=AB+\overline{A}\,\overline{C}$$
$$Y_2=A\overline{B}+B\overline{C}$$
$$Y_3=A\overline{B}\,\overline{C}+\overline{A}\,\overline{C}+BC$$

第五章 触发器

应知、应会要求

1. 掌握触发器的特点。

2. 掌握 RS、D、JK、T 触发器的逻辑功能，能写出其状态表和特征方程。

3. 在给定 CP、$\overline{R}_d$ 、$\overline{S}_d$ 和输入信号的条件下，能画出触发器的输出波形。

4. 掌握基本 RS 触发器、时钟 RS 触发器、主从 JK 触发器、边沿 JK 触发器，维持阻塞 D 触发器触发方式的特点。

触发器是时序逻辑电路的基本单元，它能够存储一位二进制数，因此触发器具有如下特点。

(1)有两个互反的输出端(Q 和$\overline{Q}$)，每个输出端有两个稳定状态（“0” 状态和 “1” 状态)。

(2)在一定的输入信号作用下，它可以从一种状态转换到另一种状态。

(3)当输入信号消失后，两个输出端将保持状态不变，即具有记忆功能。

常用的触发器按功能分有 RS 触发器、D 触发器、JK 触发器和 T 触发器，按结构分有基本 RS 触发器、时钟触发器、主从触发器、维持阻塞触发器、边沿触发器。

随着集成工艺水平提高，半导体工艺已经可以把一个或多个触发器集成在一片芯片中，构成集成触发器。对于应用者来说，为了正确使用各类触发器，应重点了解各类触发器工作原理和逻辑功能，至于内部电路则不必深究。

第一节 基本 RS 触发器

一、基本 RS 触发器的结构及工作原理

基本 RS 触发器是构成其他触发器的基本单元。由与非门构成的基本 RS 触发器的逻辑图和逻辑符号如图 5-1 所示。触发器由两个与非门交叉耦合组成。图 5-1(b)中输入端的“。”都表示低电平有效。触发器有两个互反的输出端$\overline{Q}$ 和 Q，我们常用 Q 端的状态表示触发器所处的状态。以输入信号作为分界线，输入信号输入前触发器所处的状态称为原态，Q 端用 Q^n 表示，$\overline{Q}$ 端用$\overline{Q^n}$ 表示。输入信号输入后触发器所处的状态称为次态，Q 端用 Q^{n+1} 表示，$\overline{Q}$ 端用$\overline{Q^{n+1}}$ 表示。

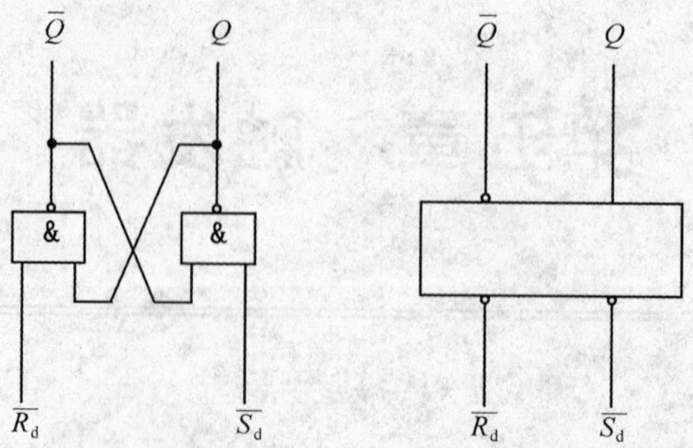

(a) 逻辑图　　(b) 逻辑符号

图 5-1　由与非门构成的基本 RS 触发器

基本 RS 触发器的工作原理如下。

(1) 当 $\overline{R}_d=1$，$\overline{S}_d=0$ 时，无论 Q 和 $\overline{Q}$ 原来处于什么状态，其次态一定为"1"，用 $Q^{n+1}=1$ 表示，称触发器处于置 1 状态，或称置位状态。

(2) 当 $\overline{R}_d=0$，$\overline{S}_d=1$ 时，无论 Q 和 $\overline{Q}$ 原来处于什么状态，$\overline{Q}$ 的次态一定为"1"，即 $\overline{Q^{n+1}}=1$，则 $Q^{n+1}=0$，称触发器处于置 0 状态，或称复位状态。

(3) 当 $\overline{R}_d=\overline{S}_d=1$ 时，触发器状态不变，维持原态，即 $Q^{n+1}=Q^n$。

(4) 当 $\overline{R}_d=\overline{S}_d=0$ 时，$Q^{n+1}=\overline{Q^{n+1}}=1$，它破坏了触发器 Q 端与 $\overline{Q}$ 端互反的功能。而且当 $\overline{R}_d$、$\overline{S}_d$ 由低电平同时变成高电平时，触发器的状态将是不确定的，即 $Q^{n+1}=\phi$。这种情况在触发器工作时是不允许出现的。

二、基本 RS 触发器逻辑功能描述

触发器逻辑功能常用状态表、状态图、特征方程等几种方法描述。

（一）状态表

将触发器的次态 Q^{n+1} 与原态 Q^n、输入信号之间的逻辑关系用表格形式表示出来，这种表格就称为状态表。基本 RS 触发器状态表如表 5-1 所示。

表 5-1　基本 RS 触发器状态表

$\overline{R}_d$	$\overline{S}_d$	Q^n	Q^{n+1}
1	1	1	1
1	1	0	0
1	0	1	1
1	0	0	1
0	1	1	0
0	1	0	0
0	0	1	ϕ
0	0	0	ϕ

（二）状态图

状态图是一种反映触发器状态转移规律和输入、输出取值关系的有向图。基本 RS 触

发器的状态图如图 5-2 所示。

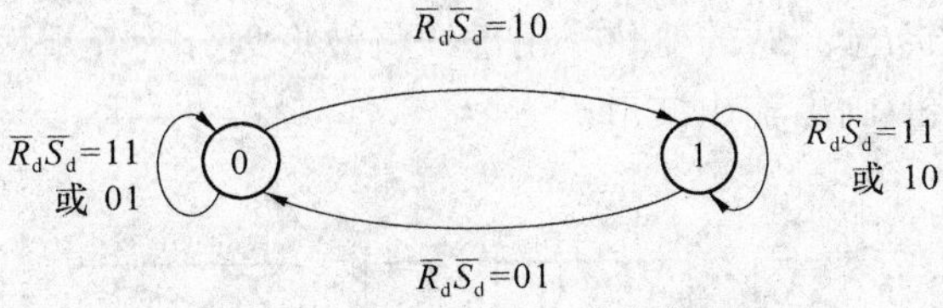

图 5-2　基本 RS 触发器状态图

每个状态用一个圈包围，图中带箭头的弧线表示状态转移，箭尾表示原态，箭头表示次态，实现转移的条件标注在有向线段上。

（三）特征方程

表示触发器次态与原态、输入变量间的逻辑表达式称为特征方程。由表 5-1 可得基本 RS 触发器的特征方程为

$$Q^{n+1}=S_d+\overline{R_d}Q^n$$

由于 $\overline{R}_d$ 和 $\overline{S}_d$ 不允许同时为零，因此输入必须满足

$$S_dR_d=0$$

该方程称为约束方程，该方程约束了 $\overline{R}_d$ 、$\overline{S}_d$ 的取值，不能同时为 0。

除了与非门可以构成基本 RS 触发器外，或非门、与或非门也可构成基本 RS 触发器，读者自行分析。

三、基本 RS 触发器的应用

基本 RS 触发器除了构成其他功能的触发器外，对消除数字系统的噪声或消除机械开关的触点抖动都非常有用。图 5-3 所示为基本 RS 触发器消除开关触点抖动的电路。例如，当按下开关 S_1 时，在 $\overline{S}_d$ 端出现负脉冲和许多毛刺，但由于基本 RS 触发器在 $\overline{S}_d$ 端第一次出现的低电平即经正反馈作用，使 Q 迅速置 1，而后出现的其他“毛刺”对触发器输出状态是没有影响的，见图 5-4 波形分析。

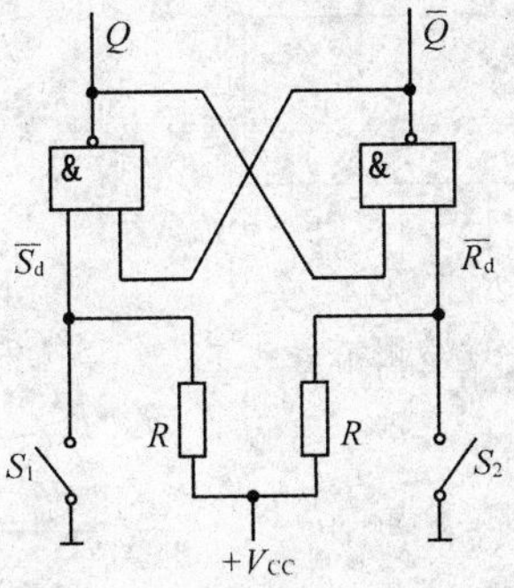

图 5-3　消除开关抖动电路

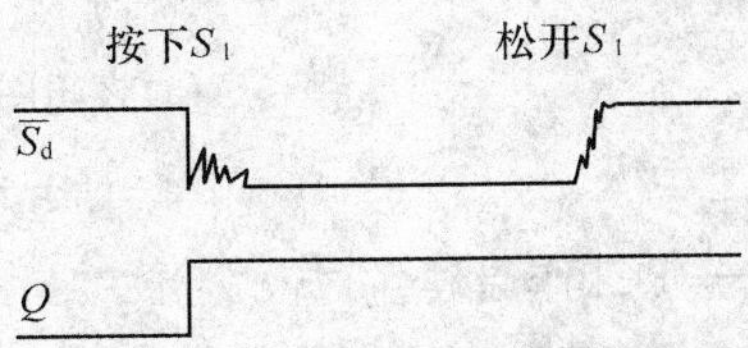

图 5-4　消除开关抖动波形图

【例 1】 已知基本 RS 触发器输入端波形如图 5-5 所示，试画出输出端 Q 和 $\overline{Q}$ 的波形(设触发器初态为 0)。

解： 根据输入信号 $\overline{R}_d$ 、$\overline{S}_d$ 的变化，用虚线将波形划分为几个区段，然后由 $\overline{R}_d$ 、$\overline{S}_d$ 、Q^n(虚线左边 Q 的状态)画出输出波形。

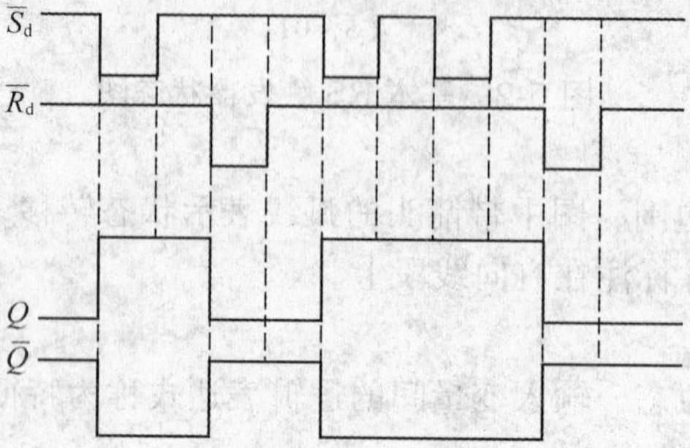

图 5-5 波形图

第二节 时钟触发器

基本 RS 触发器的输出受输入信号控制，在实际使用中，往往要求触发器按一定节拍动作，为此，引出了带时钟的触发器。

一、时钟 RS 触发器

时钟 RS 触发器逻辑图和逻辑符号如图 5-6 所示，CP 为时钟脉冲。

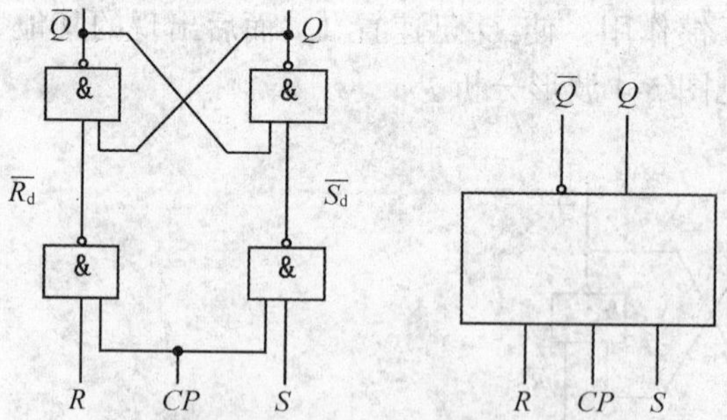

(a) 逻辑图 (b) 逻辑符号

图 5-6 时钟 RS 触发器

(一) 工作原理

当 CP=0 时，无论 R、S 为何值，触发器保持原态。

当 CP=1，R=S=0 时，触发器保持原态。

当 CP=1，R=0，S=1 时，触发器置 1。

当 CP=1，R=1，S=0 时，触发器置 0。

当 CP=1，R=S=1 时，$Q^{n+1}=\overline{Q^{n+1}}=1$，即该输入信号是禁止的，记做 $Q^{n+1}=\phi$。

（二）功能描述

时钟 RS 触发器的状态表如表 5-2 所示，它的状态图如图 5-7 所示。

表 5-2　时钟 RS 触发器状态表

R	S	Q^n	Q^{n+1}
0	0	0	0
0	0	1	1
0	1	0	1
0	1	1	1
1	0	0	0
1	0	1	0
1	1	0	ϕ
1	1	1	ϕ

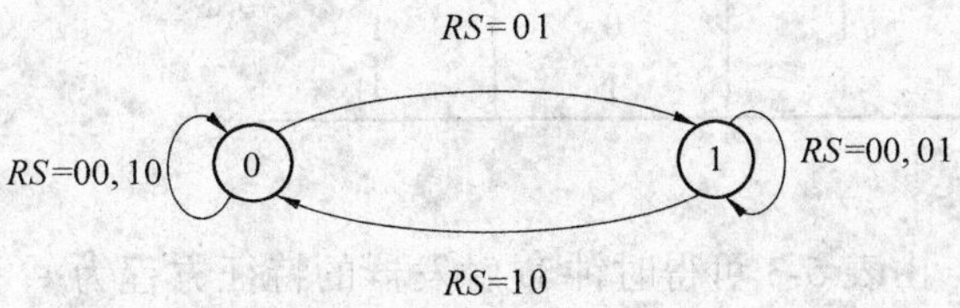

图 5-7　时钟 RS 触发器状态图

由表 5-2 可得时钟 RS 触发器的特征方程和约束方程分别为

$$Q^{n+1}=S+\overline{R}Q^n$$

$$R\cdot S=0$$

二、时钟 D 触发器

为了解决时钟 RS 触发器次态不确定问题，引出了时钟 D 触发器和时钟 JK 触发器。时钟 D 触发器的逻辑图和逻辑符号如图 5-8 所示。

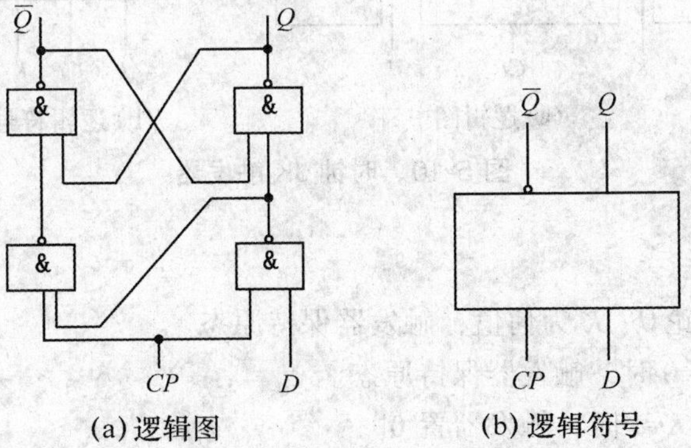

图 5-8　时钟 D 触发器

（一）工作原理

当 CP=0 时，无论 D 为何值，触发器保持原态。

当 CP=1 时，若 D=0，触发器置 0，若 D=1，触发器置 1。

（二）功能描述

时钟 D 触发器的状态表如表 5-3，状态图如图 5-9 所示。

表 5-3　时钟 D 触发器状态表

D	Q^n	Q^{n+1}
0	0	0
0	1	0
1	0	1
1	1	1

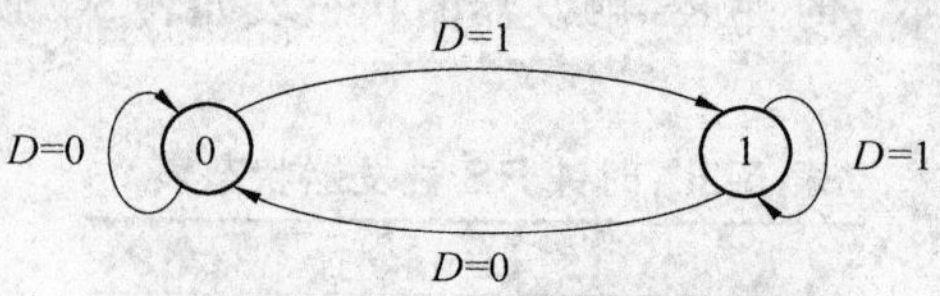

图 5-9　时钟 D 触发器状态图

由表 5-3 可得时钟 D 触发器的特征方程为

$$Q^{n+1}=D$$

三、时钟 JK 触发器和 T 触发器

时钟 JK 触发器克服了时钟 RS 触发器的次态不定问题，其逻辑图和逻辑符号如图 5-10 所示。

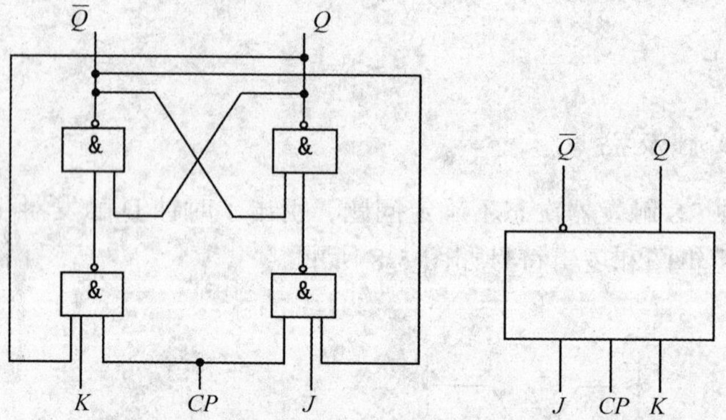

(a) 逻辑图　(b) 逻辑符号

图 5-10　时钟 JK 触发器

（一）工作原理

当 CP=0 时，无论 J、K 为何值，触发器保持原态。

当 CP=1，$J=K$=0 时，触发器保持原态。

当 CP=1，J=0，K=1 时，触发器置 0。

当 CP=1，J=1，K=0 时，触发器置 1。

当 CP=1，J=K=1 时，触发器翻转，即次态与原态相反。

（二）功能描述

时钟 JK 触发器的状态表如表 5-4 所示，状态图如图 5-11 所示。

表 5-4 时钟 JK 触发器状态表

J	K	Q^n	Q^{n+1}
0	0	0	0
0	0	1	1
0	1	0	0
0	1	1	0
1	0	0	1
1	0	1	1
1	1	0	1
1	1	1	0

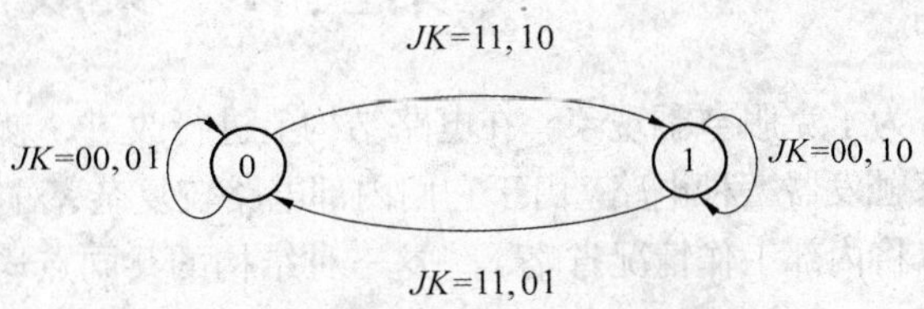

图 5-11 时钟 JK 触发器状态图

由表 5-4 可得时钟 JK 触发器的特征方程为

$$Q^{n+1}=J\overline{Q}^n+\overline{K}Q^n$$

（三）时钟 T 触发器

当把 JK 两个端连接起来作为一个输入端，用 T 表示，该触发器称为时钟 T 触发器，可见时钟 T 触发器是 JK 触发器的特例。由此可得时钟 T 触发器的特征方程为

$$Q^{n+1}=T\overline{Q}^n+\overline{T}Q^n=T\oplus Q^n$$

四、空翻现象

当时钟触发器用做计数器时，会出现空翻现象，以至于不能正常计数，其用途受到限制。例如，时钟 D 触发器，将 $\overline{Q}$ 端接至 D 端，即构成一个计数器。当 CP=1 时，若 $\overline{Q^n}=1$，则 D=1，从而 Q^{n+1}=1，$\overline{Q^{n+1}}=0$，这是一次正常计数。若 CP=1 还存在，则 $\overline{Q^n}=0$ 的信号将反馈到 D 端，使 Q^{n+1} 输出 0，$\overline{Q^{n+1}}$ 输出 1，这一次是非正常计数，即空翻，是计数器所不允许的。

【例 2】 已知时钟 D 触发器的输入波形如图 5-12 所示，试画出输出端 Q 的波形（设触发器初态为 0）。

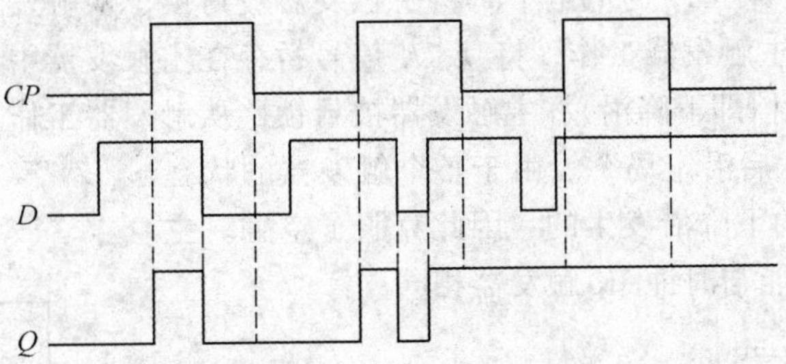

图 5-12 时钟 D 触发器的输入、输出波形图

解： 根据时钟 CP 和输入信号 D 的变化，用虚线划分区间，根据时钟 D 触发器的功能画出输出波形。

第三节　集成触发器

为了克服空翻现象，在电路结构上进行改进，就产生了主从触发器、边沿触发器、维持阻塞触发器三种电路。由于它们内部电路较复杂，对应用者而言，只需掌握其外部特性即可，所以将内部工作情况省略了。这三种结构的共同点均是将 *CP* 脉冲电平触发改为边沿触发。

一、主从 JK 触发器

主从 JK 触发器的逻辑图和逻辑符号如图 5-13 所示，上边的时钟 RS 触发器称为从触发器，下边的时钟 RS 触发器称为主触发器。逻辑符号中“∧”表示时钟脉冲边沿触发，“$\overset{\wedge}{\circ}$”表示下降沿触发。

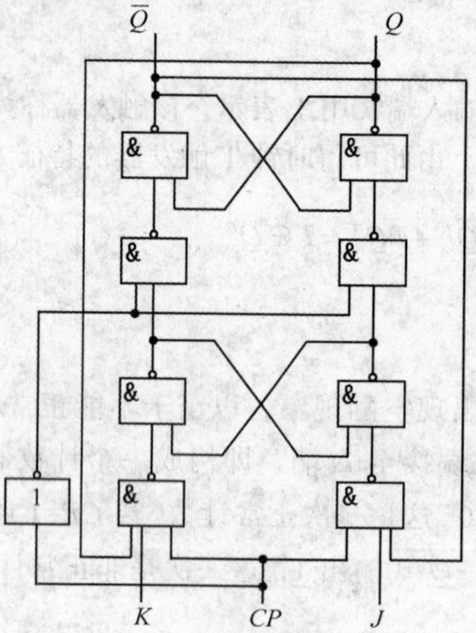

(a) 逻辑图

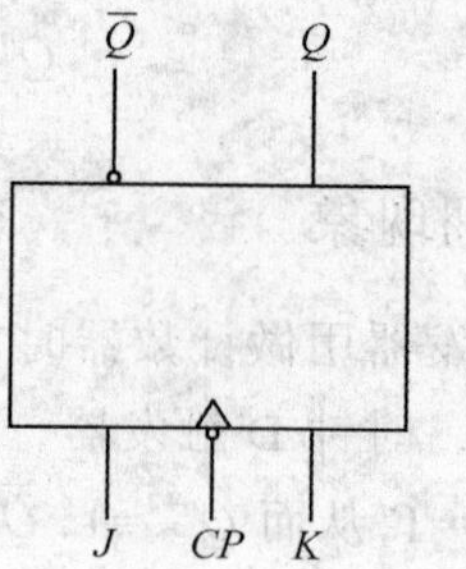

(b) 逻辑符号

图 5-13　主从 JK 触发器

工作原理：当时钟 *CP* 为低电平时，主触发器被封锁，从触发器状态不变。当时钟 *CP* 为高电平期间，主触发器工作，将 *J*、*K* 信号暂存在主触发器中，从触发器被封锁。在时钟 *CP* 由 1→0 时(即下降沿)，主触发器被封锁，从触发器工作，产生新状态。该触发器是“前沿采样，后沿定局”。由于整个触发器的状态更新是在 *CP* 脉冲的下降沿发生的，因此克服了空翻。主从 JK 触发器逻辑功能与时钟 JK 触发器相同。

二、边沿触发器

边沿触发器大多采用下降沿触发，少数采用上升沿触发。以边沿 JK 触发器为例，其逻辑符号如图 5-14 所示，图中 $\overline{S}_d$ 称为直接置位端，$\overline{R}_d$ 称为直接复位端。

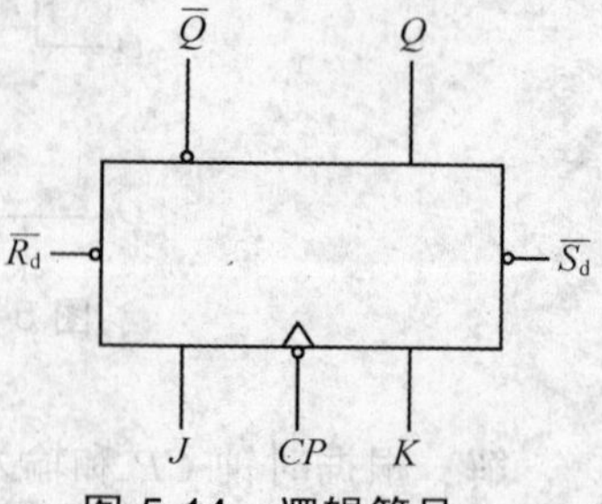

图 5-14　逻辑符号

当$\overline{R}_d\ \overline{S}_d$=01 时，无论 J、K、CP 为何值，触发器置 0。

当$\overline{R}_d\ \overline{S}_d$=10 时，无论 J、K、CP 为何值，触发器置 1。

当$\overline{R}_d\ \overline{S}_d$=11 时，边沿 JK 触发器输出随 J、K、CP 不同而不同。

边沿 JK 触发器与主从 JK 触发器逻辑功能相同，不同的是“后沿采样，后沿触发”。

【例 3】 已知 J、K、CP 波形如图 5-15 所示，试画出边沿 JK 触发器的波形(设触发器初态为 0)。

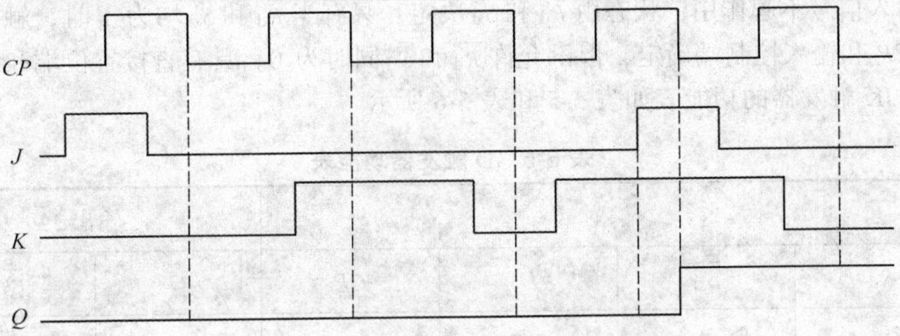

图 5-15　边沿 JK 触发器输入、输出波形图

三、维持阻塞触发器

维持阻塞触发器是利用电路内部的维持阻塞线产生的作用来克服空翻的。如图 5-16 所示是维持阻塞 D 触发器的逻辑符号，CP 符号没加“。”，表明是时钟脉冲上升沿触发。维持阻塞 D 触发器的逻辑功能与时钟 D 触发器相同。

【例 4】 已知维持阻塞 D 触发器输入波形 CP 和 D 如图 5-17 所示，试画出输出端 Q 的波形(设触发器初态为 0)。

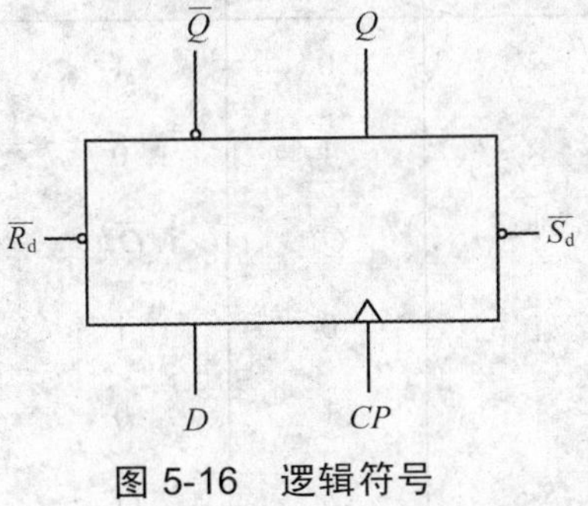

图 5-16　逻辑符号

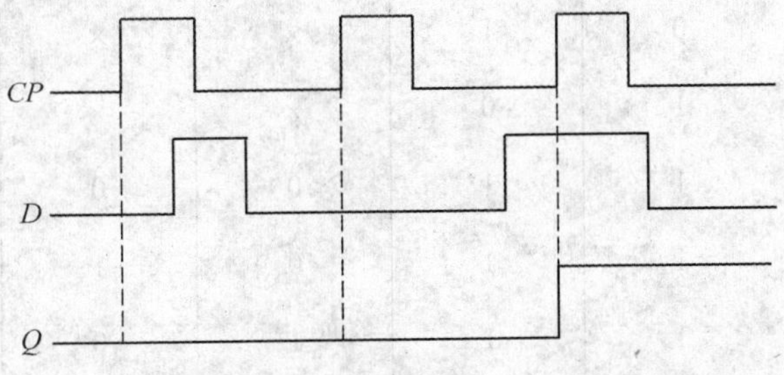

图 5-17　维持阻塞 D 触发器输入、输出波形图

解： 首先根据 CP 脉冲划分区间，在 CP 第一个上升沿时刻，由于 D 输入信号为 0，所以 Q 输出为 0，其余类同。

需要说明的是，不同结构但完成相同功能的触发器的逻辑符号有所区别。CP 端不加符号“∧”表示电平触发，如时钟触发器。CP 端加“∧”，表示边沿触发，且不加“。”，表示上升沿触发，如维持阻塞触发器。*CP* 端加“∧”，且加“∘”，表示下降沿触发，如主从 JK 触发器。

四、触发器的直接置位和直接复位

直接置位输入端又称直接置位端，或直接置“1”端，用$\overline{S}_d$表示且低电平有效。

直接复位输入端又称直接复位端，或直接置“0”端，用$\overline{R}_d$表示且低电平有效。

直接置位端与直接复位端的作用优先于输入控制端，即$\overline{R}_d$、$\overline{S}_d$之一为 0 时，触发器的其他输入信号不起作用，状态由$\overline{R}_d$和$\overline{S}_d$决定。只有当$\overline{R}_d$和$\overline{S}_d$均为 1 时，触发器的状态才由 *CP* 和输入控制端确定，但不允许$\overline{R}_d$和$\overline{S}_d$同时为 0。具有直接置位端和直接复位端的 D、JK 触发器的功能表如表 5-5 和表 5-6 所示。

表 5-5　D 触发器功能表

输入				输出	
$\overline{R}_d$	$\overline{S}_d$	D	CP	Q	$\overline{Q}$
0	1	×	×	0	1
1	0	×	×	1	0
1	1	0	↑	0	1
1	1	1	↑	1	0
0	0	×	×	1	1

表 5-6　JK 触发器功能表

输入					输出	
$\overline{R}_d$	$\overline{S}_d$	J	K	CP	Q	$\overline{Q}$
0	1	×	×	×	0	1
1	0	×	×	×	1	0
1	1	0	0	↓	Q^n	$\overline{Q}^n$
1	1	0	1	↓	0	1
1	1	1	0	↓	1	0
1	1	1	1	↓	$\overline{Q}^n$	Q^n
0	0	×	×	×	1	1

第四节　触发器的选择和使用

对于任何一个实际的触发器器件来说，它都具有一定的逻辑功能、一定的电路结构形式和一定的制造工艺三种主要属性。因此，在选用触发器器件时必须从这三个方面作出合理的选择。

一、触发器逻辑功能的选择

表 5-7 给出了各种触发器逻辑功能的比较。以该表为依据，在选择触发器的逻辑功能类型时可做如下考虑。

表 5-7　触发器逻辑功能比较表

RS 触发器	JK 触发器	D 触发器	T 触发器
信号双端输入	信号双端输入	信号单端输入	信号单端输入
具有置 0、置 1 及保持三种功能	具有置 0、置 1、保持及翻转四种功能	具有置 0 和置 1 两种功能	具有保持和翻转两种功能

如果输入信号以单端形式给出，只要求触发器具备置 0 和置 1 的功能，则选 D 触发器为宜。

如果输入信号以单端形式给出，要求触发器具有保持和翻转功能，则选用 T 触发器为宜。

如果输入信号以双端形式给出，要求触发器具有置 0、置 1、保持功能或兼有翻转功能，则应选用 JK 触发器。

二、触发器电路结构形式的选择

如果触发器只用做寄存一位二值信号 0 和 1，而且 CP=1 期间输入信号保持不变，则可以用时钟 RS 结构的触发器，因为这种电路比较简单、便宜。如果 CP=1 期间输入信号不够稳定或易接受干扰，则最好选用边沿触发器，如维持阻塞 D 触发器。

如果要求触发器之间具有移位功能，则不能用时钟触发器，而必须用主从结构触发器或边沿触发器。

三、触发器工艺类型的选择

目前市面上出售的集成触发器产品，从制造工艺上大都属于 CMOS 和 TTL 两大类。如果希望电路的功耗很小，而对工作速度并不苛求时，可选用 CMOS 器件。如果要求工作速度很高，CMOS 电路无法满足要求，则可选用 TTL 电路中高速或超高速系列。如果要求触发器输出端能直接驱动较大的负载，则应选用 TTL 电路。

对触发器电路器件的多余输入端也应作恰当的处理，处理的方法和原则已在门电路一章中讲述，这里不再重复。

本章小结

1. 触发器的特点

触发器都有两个稳态，而且可以触发翻转，因此它都具有记忆能力。

2. 触发器逻辑功能的描述方法

状态表(直观，但烦琐)、特征方程(概括性强、便于运算，但较抽象)、状态图(形象、明确)。

3. 触发器按逻辑功能分类

触发器按逻辑功能分类如表 5-8 所示。

表 5-8　触发器的逻辑功能分类

名称	基本 RS 触发器		JK 触发器		T 触发器		T ′触发器	D 触发器	
简化状态表	$\overline{R}_d$ $\overline{S}_d$	Q^{n+1}	J K	Q^{n+1}	T	Q^{n+1}	Q^{n+1}	D	Q^{n+1}
	0 0	ϕ(不允许)	0 0	Q^n(保持)	0	Q^n(保持)			
	0 1	0(置 0)	0 1	0(置 0)			$\overline{Q^n}$(翻转)	0	0(置 0)
	1 0	1(置 1)	1 0	1(置 1)					
	1 1	Q^n(保持)	1 1	$\overline{Q^n}$(翻转)	1	$\overline{Q^n}$(翻转)		1	1(置 1)
特征方程	$\begin{cases}Q^{n+1}=S_d+\overline{R}_dQ^n\\R_d\ S_d=0(约束)\end{cases}$		$Q^{n+1}=J\overline{Q^n}+\overline{K}Q^n$		$Q^{n+1}=T\oplus Q^n$		$Q^{n+1}=\overline{Q^n}$	$Q^{n+1}=D$	

4. 触发器按结构和触发方式分类

触发器按结构和触发方式分类见图 5-18。

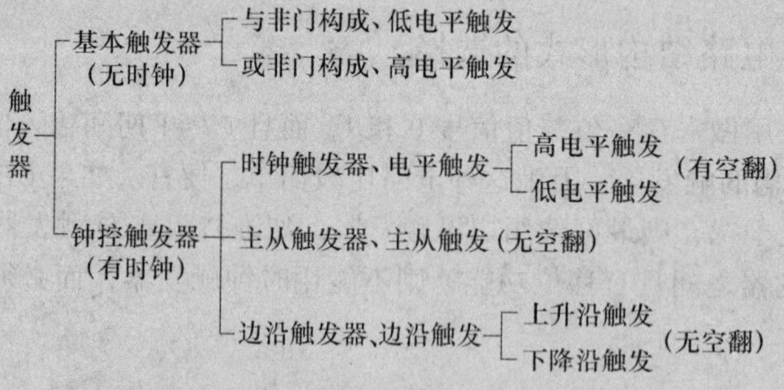

图 5-18　触发器按结构和触发方式分类图

习　题

一、填空题

1. ________是时序逻辑电路的基本单位。

2. 触发器按功能分有________触发器、________触发器、________触发器和

________触发器。

3. 触发器按结构有________触发器、________触发器、________触发器、________触发器和________触发器。

4. 某触发器的两个互反输出端 Q=1 和 $\overline{Q}$=0，则此触发器处于________状态。

5. 表示触发器________与________及________间的函数表达式称为特征方程。

6. JK 触发器的特征方程为________________。

7. 边沿 JK 触发器输入端信号为 $\overline{R}_d$=0，$\overline{S}_d$=1，J=1，K=0，CP 下降沿来后，Q 端的状态为________________。

8. 具有置 0、置 1、保持及翻转功能的触发器是________________触发器。

二、选择题

1. D 触发器的特征方程是(　　)。

A. $Q^{n+1}=D$　　B. $Q^{n+1}=\overline{Q^n}$　　C. $Q^{n+1}=DQ^n$　　D. $Q^{n+1}=\overline{D}$

2. 仅具有置 0、置 1 功能的触发器叫(　　)触发器。

A. JK　　B. RS　　C. T　　D. D

3. 仅具有翻转和保持功能的触发器叫(　　)触发器。

A. JK　　B. RS　　C. T　　D. D

4. JK 触发器用做 T 触发器时，控制端 J、K 正确接法是(　　)。

A. $J=K=T$　　B. $J=K=0$　　C. $J=K=1$　　D. $J=K=\overline{Q^n}$

5. 存在空翻现象的是(　　)触发器。

A. 基本 RS　　B. 时钟　　C. 主从　　D. 边沿

6. 为防止空翻现象，应采用(　　)结构的触发器。

A. 基本 RS　　B. 时钟　　C. 主从或边沿

三、计算题

1. 在由与非门组成的基本 RS 触发器的 $\overline{R}_d$ 和 $\overline{S}_d$ 端分别加上如图 5-19 所示的触发信号，画出输出端 Q 的波形(设触发器初态为 0)。

2. 时钟 D 触发器的 D、CP 端波形如图 5-20 所示，画出输出端 Q 的波形(设触发器初态为 0)。

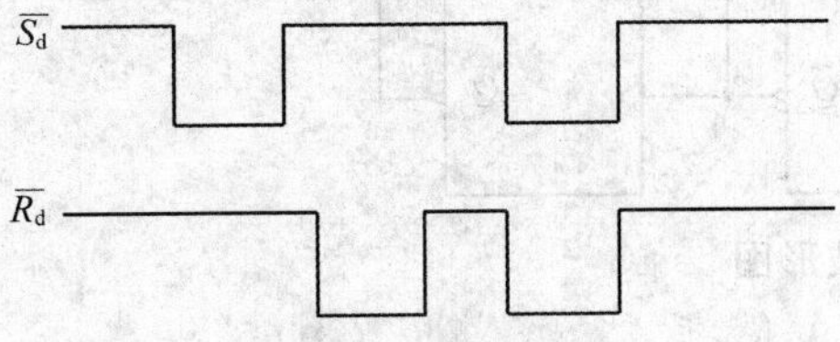

图 5-19　波形图

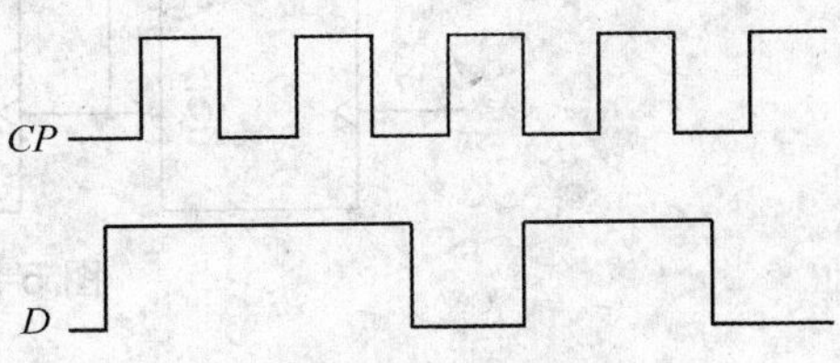

图 5-20　波形图

3. 维持阻塞 D 触发器 CP、D 端波形如图 5-21 所示，试画出 Q 端的波形(设触发器初态为 0)。

4. 边沿 JK 触发器 CP、J、K 端波形如图 5-22 所示，试画出 Q 端的波形(设触发器初态为 0)。

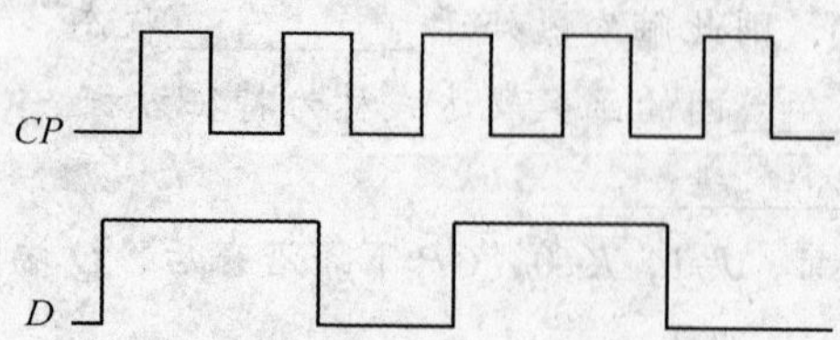

图 5-21　波形图

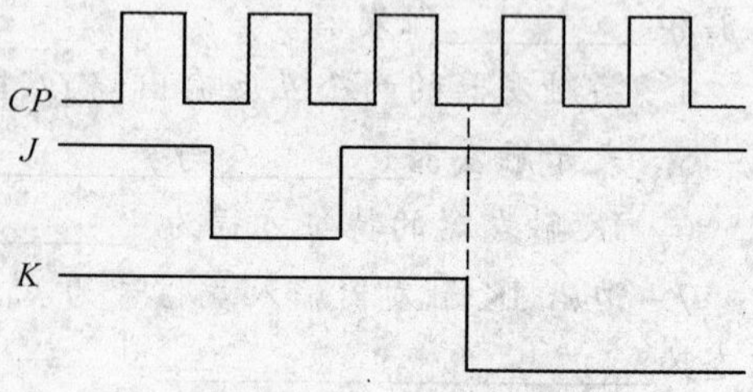

图 5-22　波形图

5. 边沿 JK 触发器 74LS112 组成如图 5-23(a)所示电路，图 5-23(b)为输入波形。试画出 Q_1、Q_2、Z 端的波形(设触发器初态均为 0)。

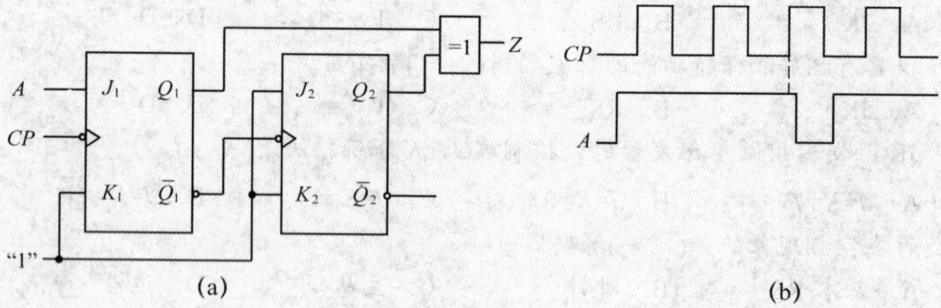

图 5-23　波形图

6. 维持阻塞 D 触发器组成如图 5-24 所示电路，试画出 Q_1、Q_2、Q_3 端的波形(设触发器初态均为 0)。

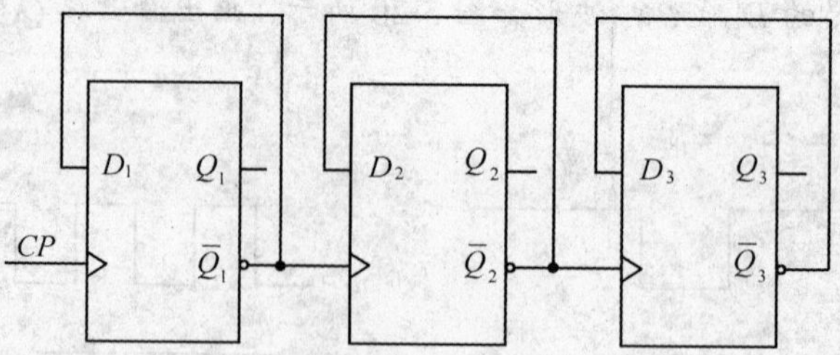

图 5-24　波形图

7. 试画出图 5-25 所示电路的 Q_1、Q_2 端的波形(设触发器初态均为 0)。

8. 试画出图 5-26 所示电路 Q、$\overline{Q}$ 、A、B 各端的波形(设触发器初态为 0)。

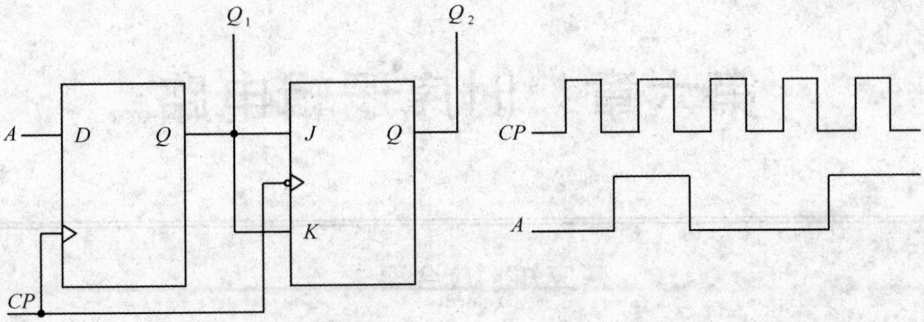

图 5-25　波形图

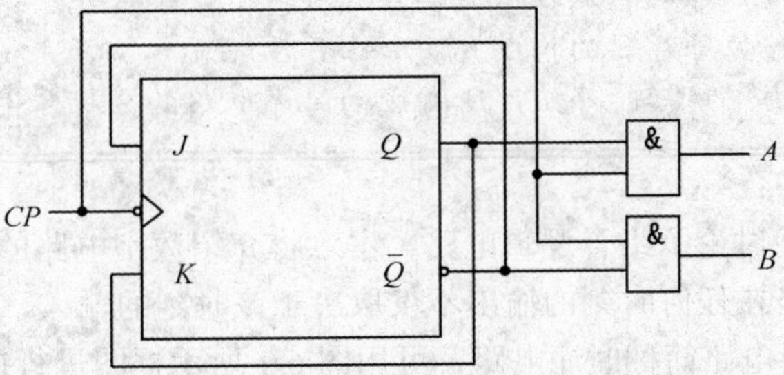

图 5-26　波形图

9. 试画出图 5-27 所示各触发器 Q 端的波形(设触发器初态均为 0)。

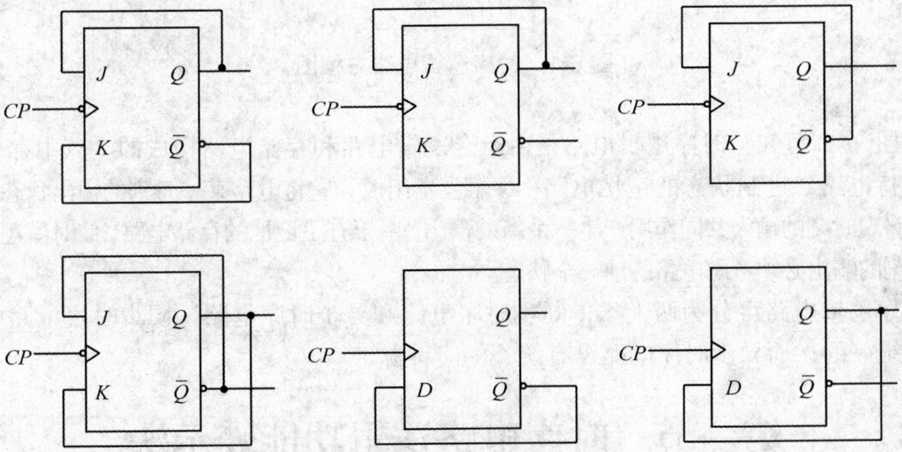

图 5-27　波形图

第六章　时序逻辑电路

应知、应会要求

1. 了解时序逻辑电路的特点及与组合逻辑电路的本质区别。
2. 掌握时序逻辑电路的分析方法，并能熟练运用。
3. 掌握计数器的构成方法和工作原理。
4. 掌握移位寄存器的构成方法和工作原理。
5. 掌握由中规模时序组件所构成的时序电路的分析和设计方法。

在第四章中我们讨论了组合逻辑电路，本章将介绍数字电路的另一类——时序逻辑电路。时序逻辑电路在任何时刻的输出不仅取决于该时刻的输入，而且还取决于电路原来的状态。时序逻辑电路简称时序电路，可用图 6-1 所示框图进行描述。

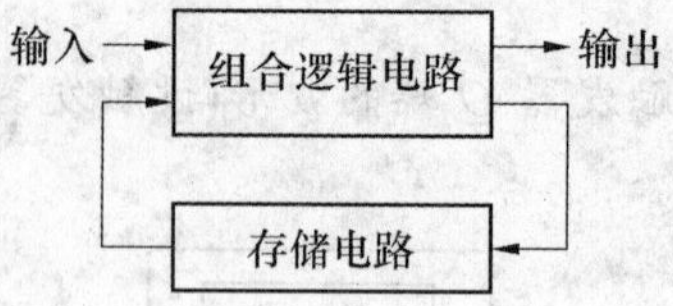

图 6-1　时序逻辑电路方框图

由图 6-1 可知，时序逻辑电路是由组合逻辑电路和存储电路构成的。其中存储电路由能保持电路二进制状态的记忆电路——触发器组成，它将电路某一时刻的输出状态记忆，并与电路现时刻的输入共同作用产生一个新的输出。由于有了记忆的存储电路，使时序逻辑电路每时每刻的输出必须考虑电路的前一个状态。

时序逻辑电路可分为两大类，同步时序电路和异步时序电路。同步时序电路中时钟脉冲是统一的，而异步时序电路没有统一的时钟脉冲。

第一节　时序电路逻辑功能表示法

分析时序电路就是要根据已知的逻辑电路图，确定它的逻辑关系，也就是要了解它的逻辑功能。其表示方法有如下几种。

(1)逻辑表达式。逻辑表达式共有三种。驱动方程：触发器输入信号的逻辑表达式称为驱动方程。状态方程：将驱动方程代入触发器的特征方程中所得到的方程称为状态方程。输出方程：表示输出信号与输入信号、触发器原态之间的逻辑表达式称为输出方程。

(2)状态表。即反映时序电路的输入状态、输出状态和触发器原态、次态关系的表格。

(3)状态图。以图形的方式表示时序电路状态的转换规律。

(4)波形图。它表示了输入信号、电路状态和输出信号在时间上的对应关系。波形图形象、直观，可以通过实验直接观察到。

第二节　时序电路的分析

一般时序电路的分析步骤如下。

(1)写出方程。方程包含驱动方程、状态方程、输出方程。对异步时序电路还应写出时钟方程。

(2)列状态表。取任何一组状态为初态代入状态方程，计算出次态，再以得到的次态作为新的初态代入状态方程求出下一个次态，依次类推，列表表示即为状态表。

(3)由状态表画状态图或波形图。

(4)总结实现的逻辑功能。

一、同步时序电路分析举例

【例 1】 试分析如图 6-2 所示的同步时序逻辑电路。

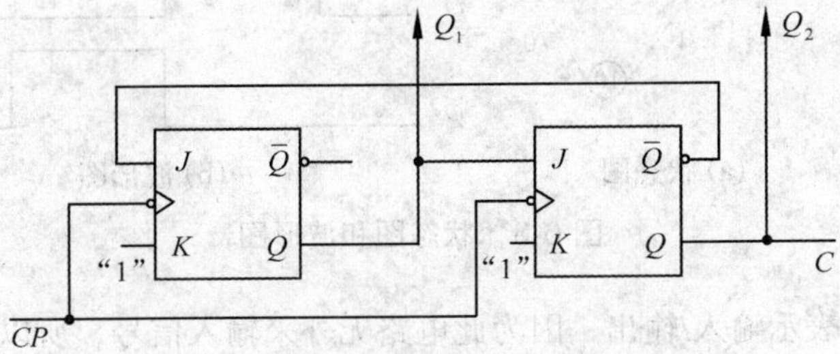

图 6-2　同步时序逻辑电路图

解：(1)写出方程。

驱动方程：

$$J_1=\overline{Q_2^n} \qquad K_1=1$$

$$J_2=Q_1^n \qquad K_2=1$$

状态方程：将驱动方程代入特征方程 $Q^{n+1}=J\overline{Q^n}+\overline{K}Q^n$ 即得

$$Q_1^{n+1}=\overline{Q_2^n}\,\overline{Q_1^n}$$

$$Q_2^{n+1}=\overline{Q_2^n}Q_1^n$$

输出方程：

$$C = Q_2^n$$

(2)列出状态表如表 6-1 所示。

表 6-1 状态表

Q_2^n	Q_1^n	Q_2^{n+1}	Q_1^{n+1}	C
0	0	0	1	0
0	1	1	0	0
1	0	0	0	1
1	1	0	0	1

设原态为 00 代入状态方程得次态 01 及输出 C=0，然后再将 01 看成原态，重复上述操作得次态 10，重复进行。

(3)画状态图和波形图。状态图如图 6-3(a)所示，波形图如图 6-3(b)所示。在状态图中，斜线右方的数为输出 C 值。

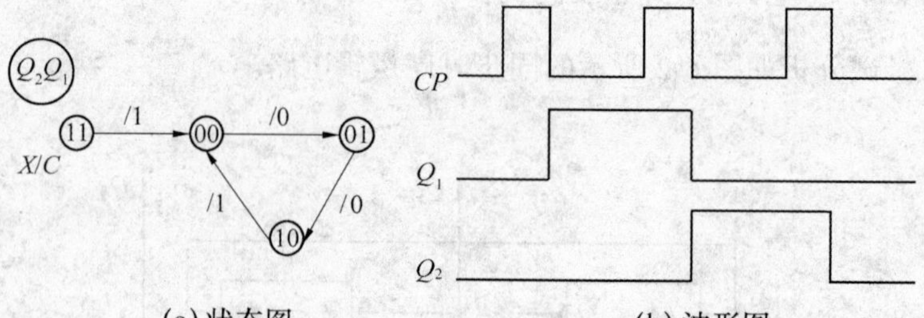

(a)状态图　　(b)波形图

图 6-3 状态图和波形图

状态图中 X/C 表示输入/输出，因为此电路无外来输入信号，所以状态图中斜线上方不用表示变量。该电路中利用的有效状态有 3 个，没有利用的无效状态只有 1 个，即“11”。无效状态在 CP 作用下能进入有效状态循环中来（11→00），我们称之为能自启动，否则就是不能自启动，不能自启动的电路是没有实际意义的。

(4)逻辑功能。由状态表、状态图及波形图均可看出，此电路有三个有效状态在循环，同时每完成一个循环，输出端 C 有一个进位输出，所以此电路是一个能自启动的同步三进制加法计数器。

二、异步时序逻辑电路分析举例

【例 2】 试分析如图 6-4 所示的异步时序逻辑电路。

解：(1)写出方程。

时钟方程：

$$CP_1=CP_3=CP$$

$$CP_2=Q_1^n$$

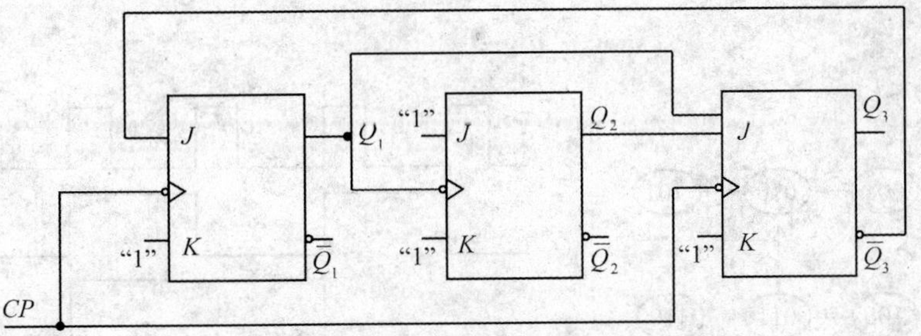

图 6-4　异步时序逻辑电路图

驱动方程：

$$\begin{cases}J_1=\overline{Q_3^n}\\K_1=1\end{cases}\qquad\begin{cases}J_2=1\\K_2=1\end{cases}\qquad\begin{cases}J_3=Q_1^nQ_2^n\\K_3=1\end{cases}$$

状态方程：

$$Q_1^{n+1}=\overline{Q_3^n}\,\overline{Q_1^n}$$

$$Q_2^{n+1}=\overline{Q_2^n}$$

$$Q_3^{n+1}=Q_1^nQ_2^n\overline{Q_3^n}$$

(2)列状态表。由于三个触发器时钟不一致，因此状态的产生时刻不一致。设原态为 000，当 CP 由 1→0 时，$Q_1^{n+1}=1$，$Q_3^{n+1}=0$。由于 $CP_2=Q_1^n$，当 Q_1^n 由 1→0 时 Q_2 才产生次态，故此时刻 Q_2 保持不变，$Q_2^{n+1}=Q_2^n=0$，次态为 001，同理依次类推可得表 6-2。

表 6-2　状态表

Q_3^n	Q_2^n	Q_1^n	Q_3^{n+1}	Q_2^{n+1}	Q_1^{n+1}	CP_3	CP_2	CP_1
0	0	0	0	0	1	↓	↑	↓
0	0	1	0	1	0	↓	↓	↓
0	1	0	0	1	1	↓	↑	↓
0	1	1	1	0	0	↓	↓	↓
1	0	0	0	0	0	↓	0	↓
1	0	1	0	1	0	↓	↓	↓
1	1	0	0	1	0	↓	0	↓
1	1	1	0	0	0	↓	↓	↓

(3)由状态表可得状态图和波形图，如图 6-5 所示。

(4)由状态表和状态图、波形图可以看出是五个状态在循环，并且其余三个状态经过几个 CP 后均能进入主循环，所以该电路是能自启动的异步五进制计数器。

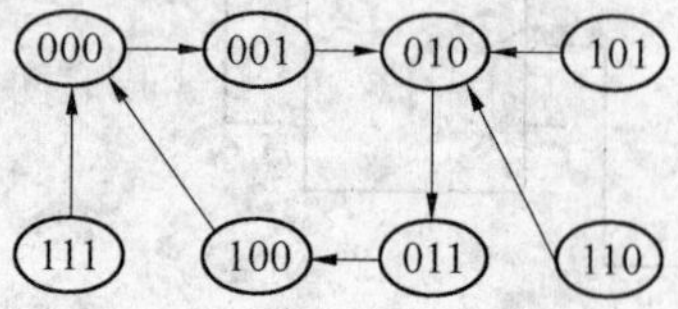

(a) 状态图

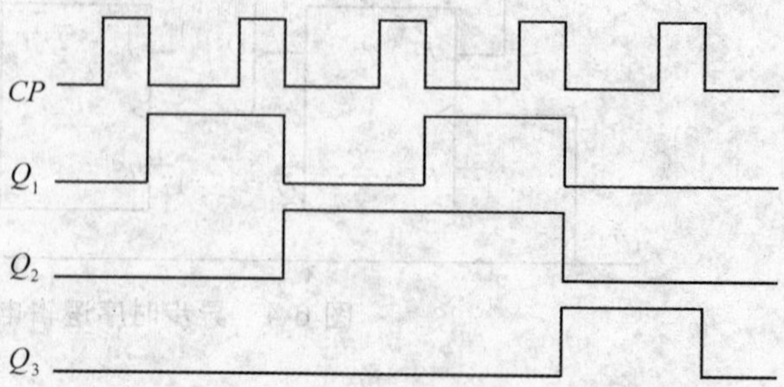

(b) 波形图

图 6-5　状态图和波形图

第三节　计数器

计数器是数字系统中能累计输入脉冲个数的时序逻辑电路，它是由各类触发器构成的计数单元和一些控制门组成的。

计数器在数字系统中有着广泛的应用。例如，在电子计算机的控制中，对指令地址进行计数，以便顺序取出下一条指令；在数字仪器中，计数器不仅对脉冲个数进行计数，最后还以人们习惯的十进制数的形式显示出结果。除此以外，还可用来定时、分频等。

计数器按计数进制不同，可分为二进制计数器、十进制计数器和 N 进制计数器。按计数单元中触发器翻转顺序来分，则有同步计数器和异步计数器两大类。按计数器过程中数值的增减来分，又可分为递增计数器、递减计数器和可逆计数器。随着计数脉冲的输入，触发器组成的状态按二进制代码规律递增，这种计数器叫做递增计数器，反之递减计数的叫做递减计数器，计数规律既可按递增规律又可按递减规律计数的叫做可逆计数器。

一、二进制计数器组成规律

（一）二进制异步递增计数器

以三位二进制异步递增计数器为例，其波形图如图 6-6(a)所示。

由波形图可以看出，Q_1 在 CP 的下降沿翻转，Q_2 在 Q_1 的下降沿翻转，Q_3 在 Q_2 的下降沿翻转，要实现翻转功能采用 JK 触发器构成时则所有输入 J、K 均为 1，即得图 6-6(b)所示的逻辑图。采用 D 触发器构成时，要实现 $Q^{n+1}=\overline{Q^n}$，即 $D=\overline{Q^n}$。另外，D 触发器采用上升沿触发，故第二级、第三级的时钟触发脉冲分别是前一级 $\overline{Q}$ 的输出信号，即得图 6-6(c)所示的逻辑图。

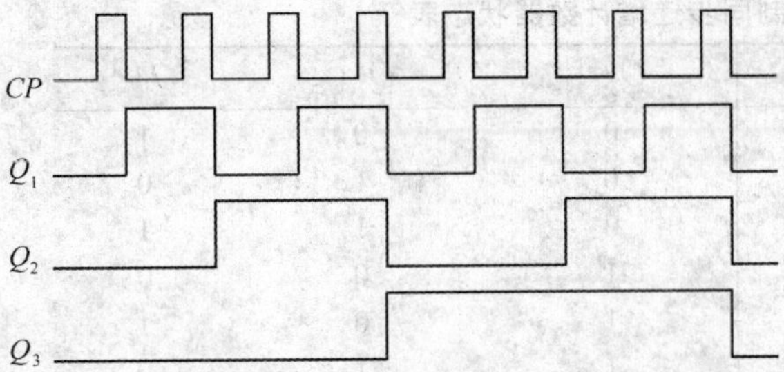

(a) 波形图

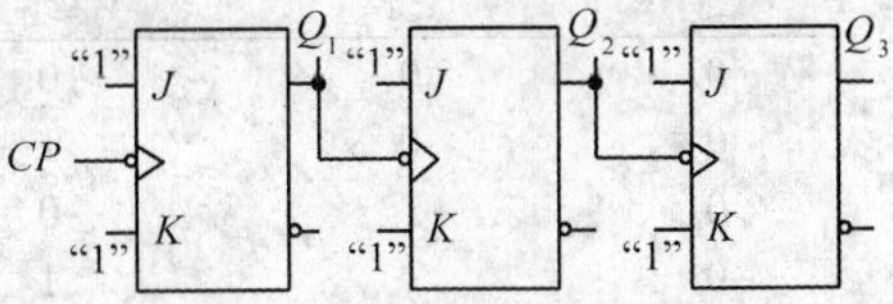

(b) 逻辑图

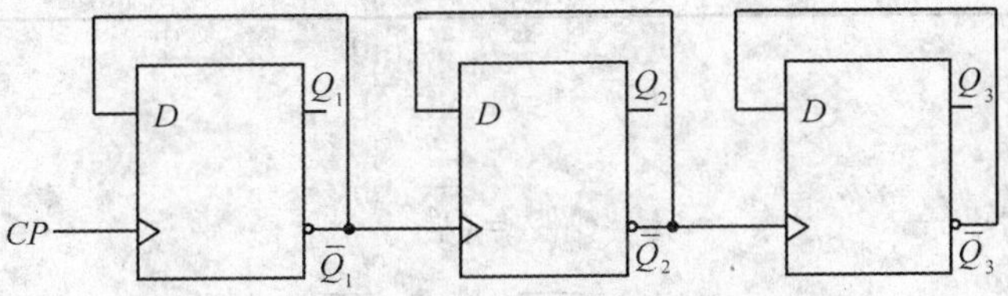

(c) 逻辑图

图 6-6　三位二进制异步递增计数器

（二）二进制异步递减计数器

以三位二进制异步递减计数器为例，其波形图如图 6-7(a)所示。

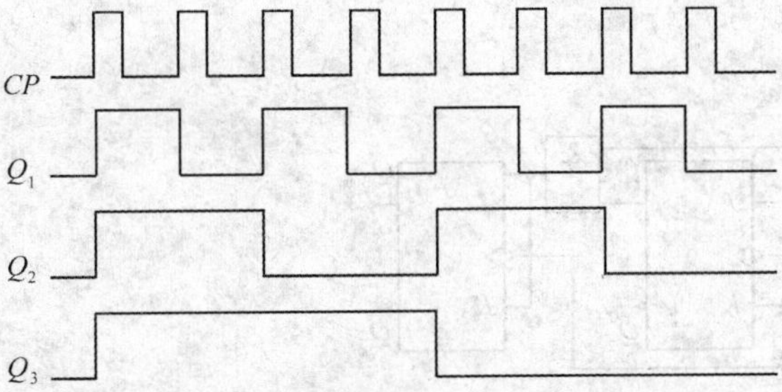

(a) 波形图

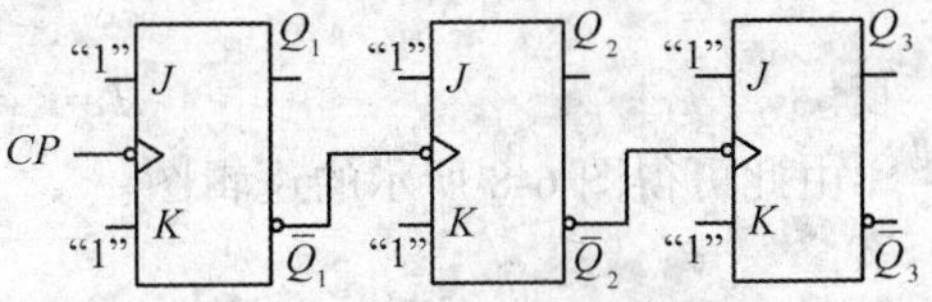

(b) 逻辑图

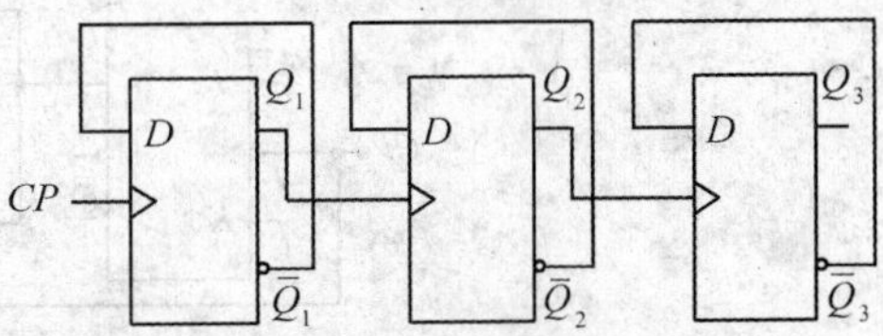

(c) 逻辑图

图 6-7　三位二进制异步递减计数器

由波形图 6-7(a)可以看出，Q_1 在 CP 的上升沿翻转，Q_2 在 Q_1 的上升沿翻转，Q_3 在 Q_2 的上升沿翻转， JK 触发器是下降沿触发，因此第二级、第三级的时钟脉冲应取前级的 $\overline{Q}$ 端脉冲，这样就得到如图 6-7(b)所示逻辑图。采用 D 触发器时，可得如图 6-7(c)所示逻辑图。

（三）二进制同步递增计数器

以三位二进制同步递增计数器为例，由图 6-6(a)所示波形可得三位二进制同步递增计数器的状态表，见表 6-3。

表 6-3　三位二进制同步递增计数器状态表

Q_3^n	Q_2^n	Q_1^n	Q_3^{n+1}	Q_2^{n+1}	Q_1^{n+1}
0	0	0	0	0	1
0	0	1	0	1	0
0	1	0	0	1	1
0	1	1	1	0	0
1	0	0	1	0	1
1	0	1	1	1	0
1	1	0	1	1	1
1	1	1	0	0	0

由表 6-3 可得

$$Q_1^{n+1}=\overline{Q_1^n}$$

$$Q_2^{n+1}=\overline{Q_2^n}Q_1^n+Q_2^n\overline{Q_1^n}$$

$$Q_3^{n+1}=\overline{Q_2^nQ_1^n}Q_3^n+Q_2^nQ_1^n\overline{Q_3^n}$$

比较 JK 触发器特征方程 $Q^{n+1}=J\overline{Q^n}+\overline{K}Q^n$ 即得

$$J_1=K_1=1$$

$$J_2=K_2=Q_1^n$$

$$J_3=K_3=Q_1^nQ_2^n=J_2Q_2^n$$

由此可得图 6-8 所示的逻辑图。

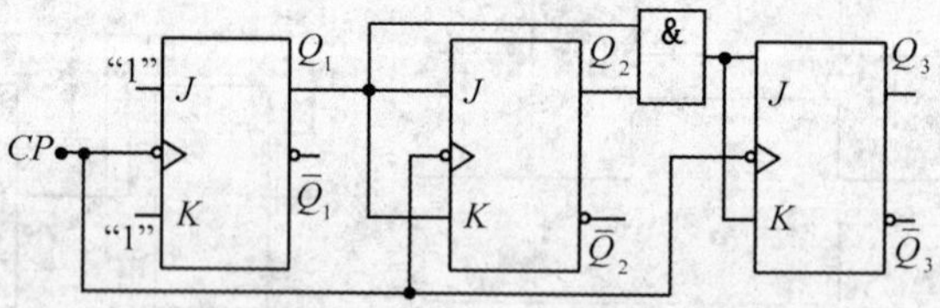

图 6-8　三位二进制同步递增计数器逻辑图

（四）二进制同步递减计数器

二进制同步递减计数器分析方法同二进制同步递增计数器，在此留给读者分析。

二、集成计数器

集成计数器功能较齐全，除了上述介绍的计数功能外，一般还有清零、预置和保持等功能，可以自行扩展，通用性强。另外，还可以以计数器为核心器件，辅以其他组件实现时序电路的设计。因此，集成计数器获得了广泛的应用。表 6-4 列出了几种常用 TTL 型中规模集成计数器型号及其工作特点。

表 6-4　常用 TTL 型中规模集成计数器

类型	名称	型号	预置		清零		工作频率(MHz)
异步计数器	二—五—十进制计数器	74LS90	异步置 9	高	异步	高	32
		74LS196	异步	低	异步	低	30
	二—八—十六进制计数器	74LS293	无		异步	高	32
		74LS197	异步	低	异步	低	30
同步计数器	十进制计数器	74LS160	同步	低	异步	低	25
		74LS162	同步	低	同步	低	25
	十进制可逆计数器	74LS192	异步	低	异步	高	25
	四位二进制计数器	74LS161	同步	低	异步	低	25
		74LS163	同步	低	同步	低	25

(一) 四位同步二进制递增计数器 74LS161

四位同步二进制递增计数器 74LS161 功能表见表 6-5，图 6-9 所示为其逻辑符号和惯用符号。

表 6-5　74LS161 功能表

输入									输出			
CP	$\overline{CR}$	$\overline{LD}$	P	T	d_0	d_1	d_2	d_3	Q_0	Q_1	Q_2	Q_3
×	0	×	×	×	×	×	×	×	0	0	0	0
↑	1	0	×	×	d_0	d_1	d_2	d_3	d_0	d_1	d_2	d_3
×	1	1	0	×	×	×	×	×	保持			
×	1	1	×	0	×	×	×	×	保持(O_C=0)			
↑	1	1	1	1	×	×	×	×	计数			

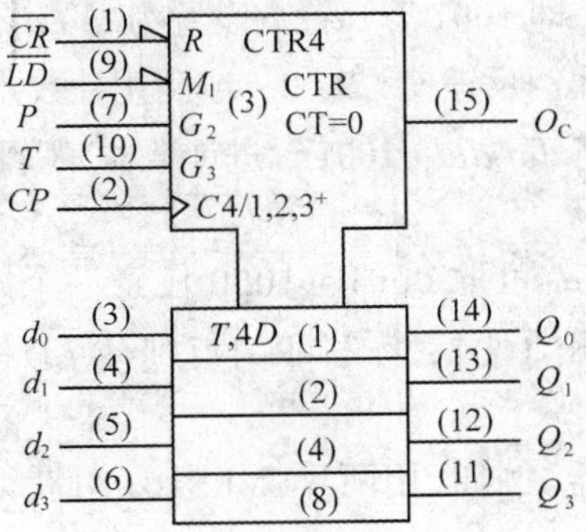

(a)逻辑符号

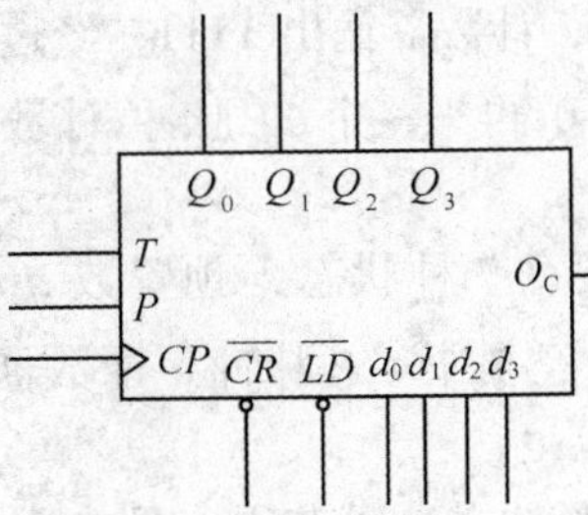

(b)惯用符号

图 6-9　74LS161 计数器

由表 6-5 可知，74LS161 有如下功能。

(1)异步清零。当清零控制端 $\overline{CR}$ =0 时，各触发器全部清零，且与 CP 输入信号无关。计数器输出“0000”。

(2)同步预置。当 $\overline{CR}$ =1，$\overline{LD}$=0，CP 上升沿来时，计数器将 d_0、d_1、d_2、d_3 同时置入 Q_0、Q_1、Q_2、Q_3，即计数器输出 $Q_3Q_2Q_1Q_0= d_3d_2d_1d_0$。

(3)保持。当 $\overline{CR}=\overline{LD}$=1，$P$ 和 T 中有低电平时，各触发器处于保持，因此计数器输出不变。

(4)计数。当 $\overline{CR}=\overline{LD}=P=T=1$ 时，电路是模 2^4 同步递增计数器，当 CP 脉冲上升沿来时，电路按自然二进制数序列转换，即 0000→0001→…→1111，且当 $Q_3Q_2Q_1Q_0$=1111 时，进位输出端 O_C 送出进位信号“1”（$O_C=Q_3Q_2Q_1Q_0 \cdot T$）。

(5)功能扩展。74LS161 可以使用异步清零，同步置数组成任意进制计数器。

【例 3】 用 74LS161 组成七进制计数器。

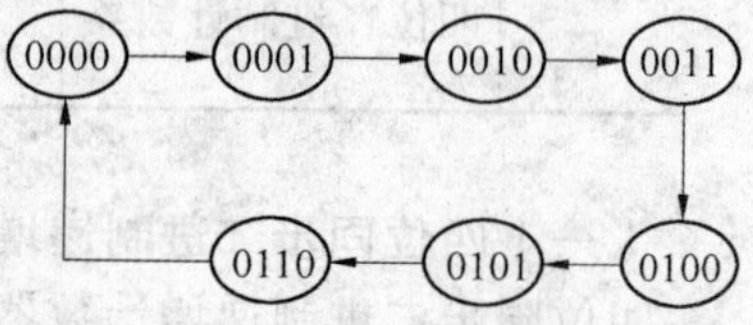

图 6-10 七进制计数器的状态图

解：方法一：采用异步清零法。七进制计数器的状态图如图 6-10 所示，即 7 个状态循环，每完成 7 个脉冲计数，返回 0000 态，向高位产生进位。按状态迁移规律，它的状态 0110 不会自己回到 0000 态，而会迁移至下一个状态 0111，这种要求在电路上引入反馈电路，使电路强迫返回 0000 态。考虑末状态 0110 的稳定，因此采用第 8 个状态 0111 来作为反馈信号，其只短暂出现，称为过渡态，当 Q_2、Q_1、Q_0 同时为 1 时，$\overline{CR}$ =0，继而计数器复位为 0000 状态，随后 $\overline{CR}$ =0 信号消失，又正常计数。逻辑图如图 6-11(a)所示。

方法二：采用同步置数法。选择状态时，可以选用前 7 个状态，也可以选后 7 个状态，还可以选中间任意连续的 7 个状态。同步置数法的反馈信号取末状态信号。因为当 $\overline{LD}$=0 时，CP 有上升沿到来时刻才完成置数功能，末状态足够稳定。

若选前 7 种状态，则起始状态为 0000 态，那么置数就为 $d_3d_2d_1d_0$=0000，当计数 7 个 CP 脉冲，计数器输出 0110 时，经过与非门反馈使 $\overline{LD}$=0。再来一个时钟 CP，计数器将 $d_3d_2d_1d_0$=0000 置进计数器，逻辑图如图 6-11(b)所示。

若选后 7 种状态，则起始状态为 16−7=9，即 1001 态，置数设置为 $d_3d_2d_1d_0$=1001，当计数 7 个 CP 脉冲，计数器输出 1111，经过与非门反馈使 $\overline{LD}$=0，或利用计数器 O_C 输出 1 经非门反馈使 $\overline{LD}$=0。再来一个 CP 脉冲，计数器将 $d_3d_2d_1d_0$=1001 置进计数器，逻辑图如图 6-11(c)所示。

若选中间任意 7 种状态，预置数 $d_3d_2d_1d_0$ 可取 0001 ~ 1000 任意一个即可实现。若 $d_3d_2d_1d_0$=0011，经 7 个 CP 脉冲，计数器输出 1001，经与非门反馈使 $\overline{LD}$=0，逻辑图如图 6-11(d)所示。

同样，用级联的方法可获得 N 进制计数器。例如，用两片 74LS161 可获得 16×16=256 进制以下的任何一种进制。

【例 4】 用两片 74LS161 实现 24 进制计数器。

解：采用异步清零法。24 进制的过渡态为 00011000 作为反馈信号。电路如图 6-12(a)所示。采用同步置数法，若取前 24 个状态，则预置数为 00000000，反馈信号为末状态 00010111，电路如图 6-12(b)所示。

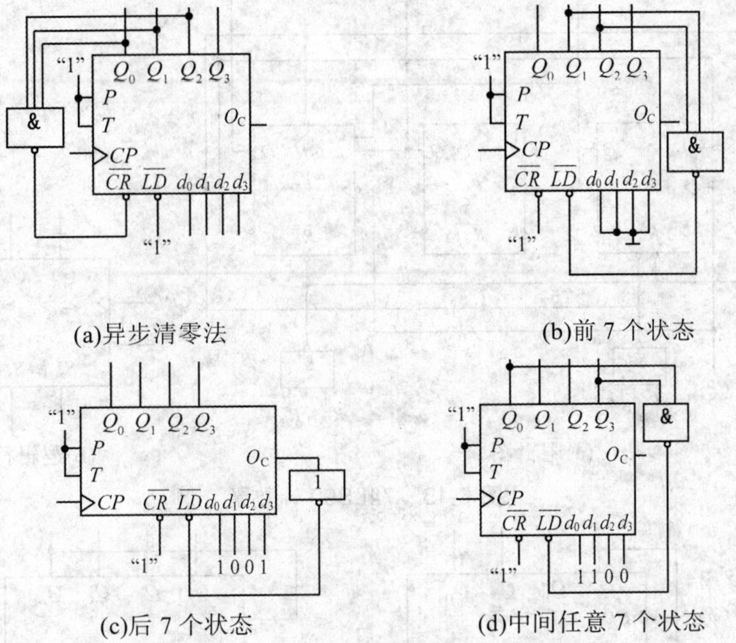

(a)异步清零法　(b)前 7 个状态

(c)后 7 个状态　(d)中间任意 7 个状态

图 6-11　74LS161 组成七进制计数器

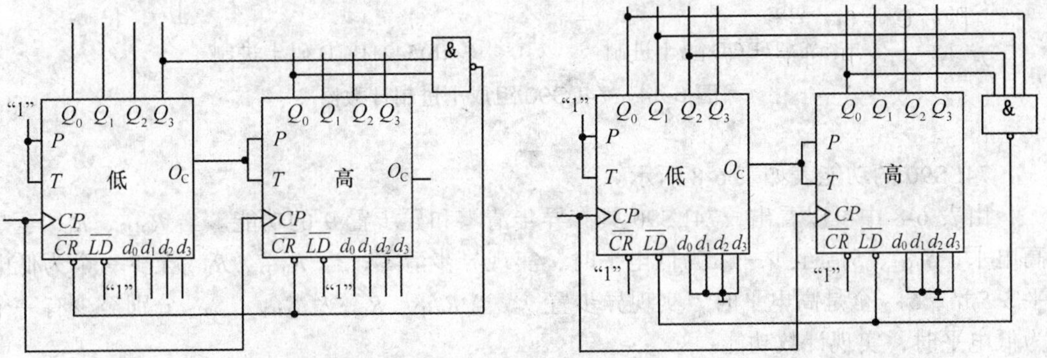

(a)异步清零法　(b)同步置数法

图 6-12　两片 74LS161 实现 24 进制计数器

（二）集成异步十进制计数器 74LS90

74LS90 是二—五—十进制计数器，其逻辑图及逻辑符号如图 6-13 所示，图中 F_A 构成一位二进制计数器，F_B、F_C、F_D 构成异步五进制加法计数器。若将输入时钟 CP 接于 CP_1 端，并将 CP_2 端与 Q_A 端相连，便构成 8421BCD 码异步十进制计数器，如图 6-14(a)所示。其状态迁移表见表 6-6。若将输入时钟脉冲 CP 接于 CP_2 端，并将 CP_1 端与 Q_D 端相连，便构成 5421BCD 码十进制计数器，如图 6-14(b)所示，其状态迁移表见表 6-7。

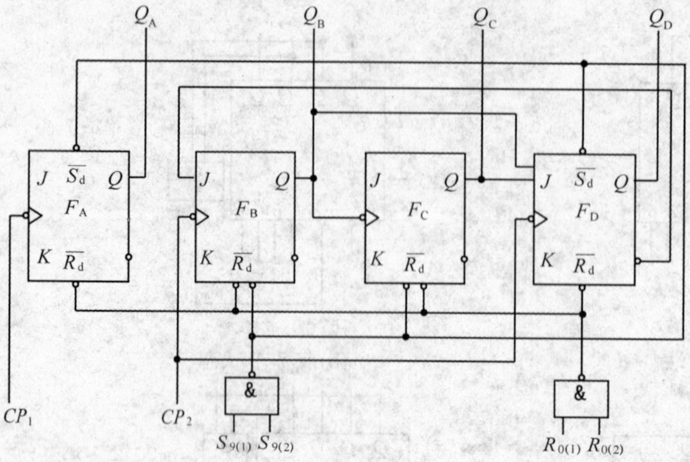

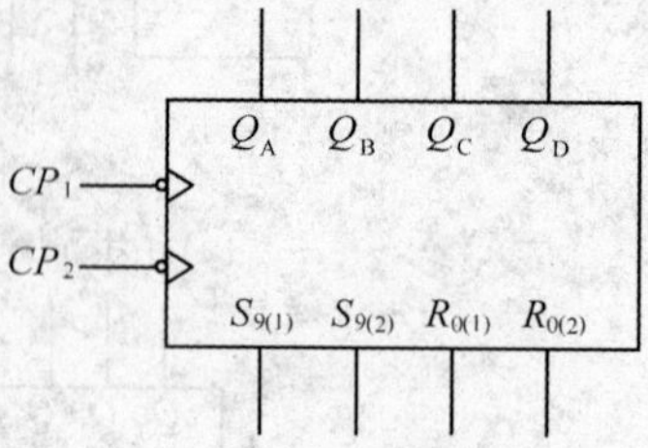

图 6-13　74LS90 计数器

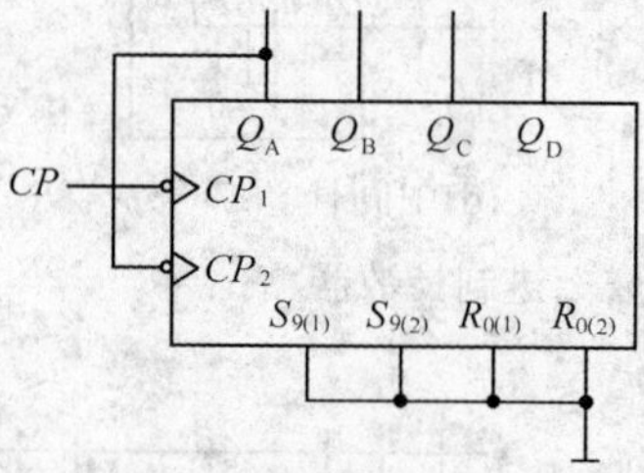

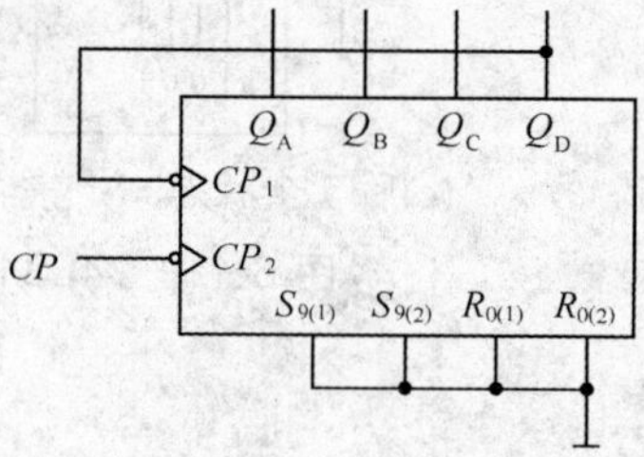

图 6-14　74LS90 组成十进制计数器

74LS90 的功能表如表 6-8 所示。

由表 6-8 中可以看出，74LS90 具有异步清零和异步置 9 的功能。当 $R_{0(1)}$、$R_{0(2)}$全是高电平，$S_{9(1)}$、$S_{9(2)}$至少一个为低电平时，实现异步清零；当 $R_{0(1)}$、$R_{0(2)}$至少一个为低电平，$S_{9(1)}$、$S_{9(2)}$全是高电平时，实现异步置 9。当 $R_{0(1)}$、$R_{0(2)}$及 $S_{9(1)}$、$S_{9(2)}$分别至少有一个为低电平时，实现计数功能。

表 6-6　8421BCD 码状态表

CP_1	Q_D	Q_C	Q_B	Q_A
0	0	0	0	0
1	0	0	0	1
2	0	0	1	0
3	0	0	1	1
4	0	1	0	0
5	0	1	0	1
6	0	1	1	0
7	0	1	1	1
8	1	0	0	0
9	1	0	0	1

表 6-7　5421BCD 码状态表

CP_2	Q_A	Q_D	Q_C	Q_B
0	0	0	0	0
1	0	0	0	1
2	0	0	1	0
3	0	0	1	1
4	0	1	0	0
5	1	0	0	0
6	1	0	0	1
7	1	0	1	0
8	1	0	1	1
9	1	1	0	0

表 6-8　74LS90 功能表

输入						输出			
$R_{0(1)}$	$R_{0(2)}$	$S_{9(1)}$	$S_{9(2)}$	CP_1	CP_2	Q_D	Q_C	Q_B	Q_A
1	1	0	×	×	×	0	0	0	0
1	1	×	0	×	×	0	0	0	0
0	×	1	1	×	×	1	0	0	1
×	0	1	1	×	×	1	0	0	1
$\overline{R_{0(1)}R_{0(2)}}=1$ $\overline{S_{9(1)}S_{9(2)}}=1$				CP	0	二进制计数			
				0	CP	五进制计数			
				CP	Q_A	8421BCD 码十进制计数			
				Q_D	CP	5421BCD 码十进制计数			

【例 5】　用 74LS90 组成七进制计数器。

解：采用异步清零法。因为是异步工作方式，若采用 8421BCD 码十进制计数器，需用过渡态 0111 构成反馈信号，经与门反馈至 $R_{0(1)}$、$R_{0(2)}$端，实现计数器复位，其逻辑图如图 6-15(a)所示；若采用 5421BCD 码十进制计数器，需用过渡态 1010 构成反馈信号，其逻辑图如图 6-15(b)所示。

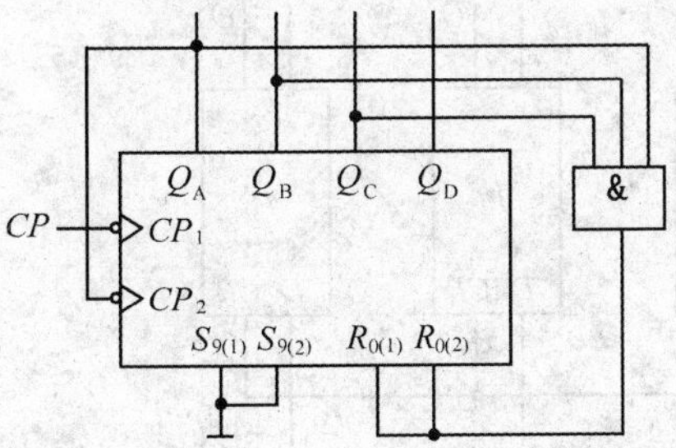

(a)8421BCD 码构成的七进制

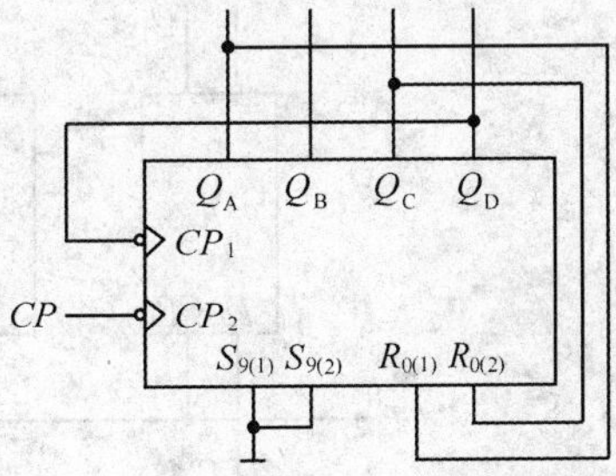

(b)5421BCD 码构成的七进制

图 6-15　74LS90 组成的七进制计数器

【例 6】　用两片 74LS90 组成二十四进制计数器。

解：两片 74LS90 级联可构成 10×10=100 进制。采用异步清零法及 8421BCD 十进制计数器来实现，则过渡态为 00100100，即个位为 4(0100)，十位为 2(0010)。将过渡态经适当电路反馈至两级清零端，同时清零，其逻辑图如图 6-16 所示。

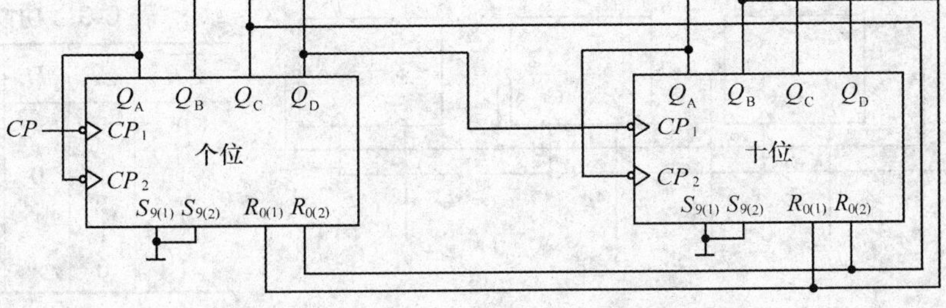

图 6-16　74LS90 组成的二十四进制计数器

第四节　集成寄存器

寄存器是一种重要的数字逻辑部件，常用来存放数据、指令等。一个触发器就是最简单的寄存器，它能存放 1 位二进制数码。N 位寄存器由 N 个触发器构成。

一般寄存器由触发器和门电路组成。寄存器按它具备的功能可分为两大类，即数码寄存器和移位寄存器。

一、数码寄存器

数码寄存器是最简单的寄存器，它具有接收数据和清除原有数码的功能。数码寄存器分为锁存器和基本寄存器。

（一）锁存器

锁存器是由时钟触发器构成的。图 6-17 是一个四位锁存器的电路，当 CP 为高电平时，$D_1 \sim D_4$ 的数据分别送入四个触发器中，使输出 $Q_1 \sim Q_4$ 与输入数据一致；当 CP 为低电平时，触发器状态保持不变，从而达到锁存数据的目的。

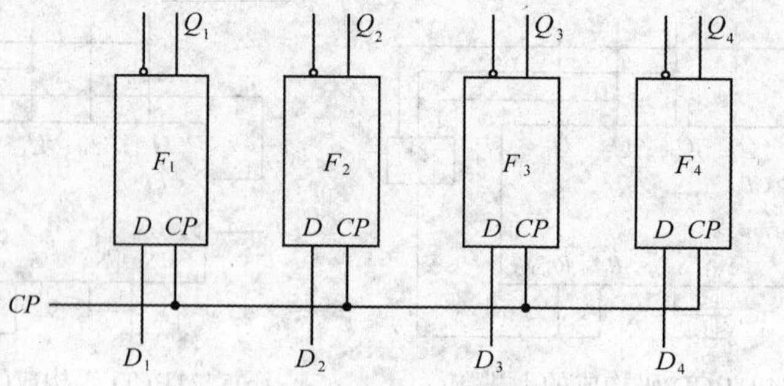

图 6-17　四位锁存器的逻辑图

（二）基本寄存器

基本寄存器即是通常所说的寄存器，它是由边沿触发的触发器构成的。图 6-18 是中规模集成四位寄存器 74LS175 的逻辑图，其功能表如表 6-9 所示。

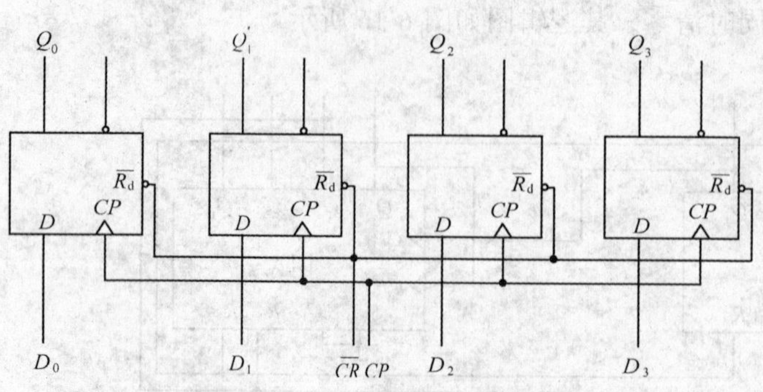

图 6-18　74LS175 逻辑图

表 6-9　功能表

$\overline{CR}$	CP	D	Q	$\overline{Q}$
0	×	×	0	1
1	↑	0	0	1
1	↑	1	1	0
1	0	×	保持	

当 $\overline{CR}=0$ 时，四位数码寄存器异步清零。当 $\overline{CR}=1$，CP 上升沿来时，数码 $D_0 \sim D_3$ 可并行输入到寄存器中去，四位数码从 $Q_0 \sim Q_3$ 并行输出，故该寄存器又可称为并行输入、并行输出寄存器。

二、移位寄存器

移位寄存器具有数码的寄存和移位两个功能。所谓移位功能，指的是寄存器中所存放的数码可以在移位脉冲作用下逐次左移或右移。

移位寄存器可分为单向移位寄存器和双向移位寄存器。

（一）单向移位寄存器

单向移位寄存器可分为左移移位寄存器和右移移位寄存器，若在移位脉冲的作用下，寄存器中的数码依次向左移动，则称左移移位寄存器，如依次向右移动，则称右移移位寄存器。

图 6-19 所示为右移移位寄存器，是由 D 触发器构成。其中每个触发器的输出端 Q 依次接到下一个触发器的 D 端，由第一个触发器的 D 端输入数据。S_R 表示右移输入数码，若输入数码为 1011，那么在移位脉冲 CP 作用下，移位寄存器中数码的移动情况如表 6-10 所示。从表 6-10 中可以看出，经四个移位脉冲作用后，1011 这四个数码全部移入寄存器中使 $Q_3Q_2Q_1Q_0=1011$。这时从四个触发器的 Q 端可以得到并行输出的数码 1011，这就是并行输出方式。只要再输入四个移位脉冲，便可依次从 Q_3 端输出 1011，这就是串行输出方式。

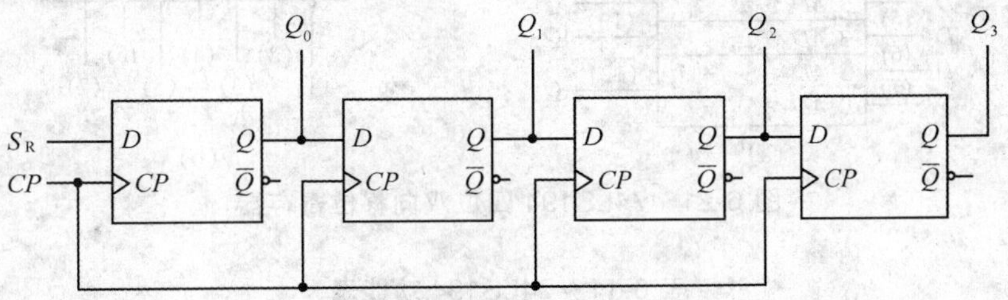

图 6-19　右移移位寄存器

表 6-10　右移移位寄存器状态表

CP	S_R	Q_0	Q_1	Q_2	Q_3
0	1	0	0	0	0
1	0	1	0	0	0
2	1	0	1	0	0
3	1	1	0	1	0
4	0	1	1	0	1

图 6-20 所示为左移移位寄存器，分析过程同右移类似，只是数据从最高位触发器的 D 端送入。

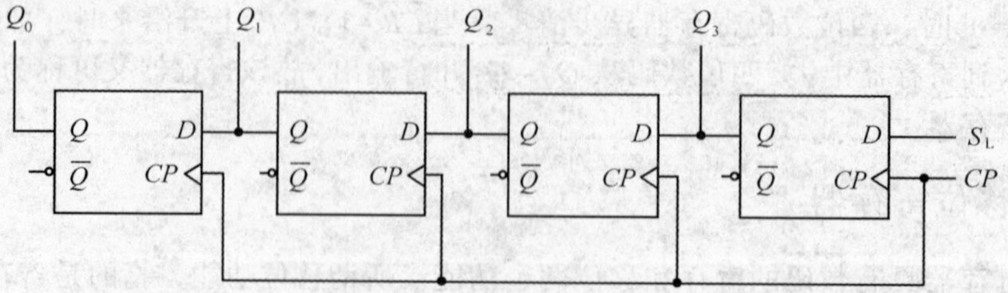

图 6-20　左移移位寄存器

（二）双向移位寄存器

数码既可以左移也可以右移的寄存器称为双向移位寄存器，现以集成双向移位寄存器 74LS194 为例加以介绍。

74LS194 是一种功能较强的集成双向移位寄存器，其逻辑符号和惯用画法如图 6-21 所示，功能表见表 6-11。

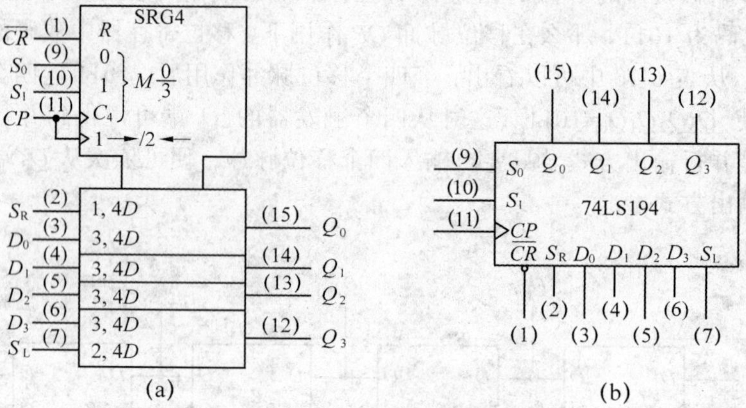

图 6-21　74LS194 四位双向移位寄存器

表 6-11　74LS194 功能表

功能	输入													
	$\overline{CR}$	S_1	S_0	CP	S_L	S_R	D_0	D_1	D_2	D_3	Q_0	Q_1	Q_2	Q_3
清除	0	×	×	×	×	×	×	×	×	×	0	0	0	0
保持	1	×	×	0	×	×	×	×	×	×	保持			
送数	1	1	1	↑	×	×	D_0	D_1	D_2	D_3	D_0	D_1	D_2	D_3
右移	1	0	1	↑	×	S_R	×	×	×	×	S_R	Q_0^n	Q_1^n	Q_2^n
左移	1	1	0	↑	S_L	×	×	×	×	×	Q_1^n	Q_2^n	Q_3^n	S_L
保持	1	0	0	×	×	×	×	×	×	×	保持			

由表 6-11 知，74LS194 有如下功能。

(1) 清零。$\overline{CR}$=0 时，各输出端为 0 态，与 CP 无关，因此是异步清零且低电平有效。

(2) 同步置数。在 $\overline{CR}$=1，S_1=S_0=1，CP 来上升沿时，并行数据 D_0、D_1、D_2、D_3 同时置入 Q_0、Q_1、Q_2、Q_3 端。

(3)右移。当 $\overline{CR}=1$，$S_1S_0=01$，CP 来上升沿时，将右移串行数据 S_R 送入 Q_0 端，依次为 Q_0^n 移入 Q_1 端，Q_1^n 移入 Q_2 端，Q_2^n 移入 Q_3 端，实现数码右移功能。

(4)左移。当 $\overline{CR}=1$，$S_1S_0=10$，CP 来上升沿时，将左移串行数据 S_L 移入 Q_3 端，依次为 Q_3^n 移入 Q_2，Q_2^n 送入 Q_1，Q_1^n 移入 Q_0 端，实现数码左移功能。

(5)保持。当 $\overline{CR}=1$，$CP=0$ 时，或 $\overline{CR}=1$，$S_1S_0=00$ 时，各触发器状态不变。

（三）移位寄存器的应用

移位寄存器除完成左移、右移、置数等功能外，在数字系统逻辑设计中还能用来构成计数器和实现串行、并行数据转换。

【例 7】 用 74LS194 四位双向移位寄存器构成模 4 计数器。计数状态 $Q_0Q_1Q_2Q_3$ 的变化序列为 1100→0110→0011→1001。

解：由 74LS194 的功能表可知，要满足计数状态变化序列，只需将 $D_0D_1D_2D_3$ 接 1100。由序列可以看出，相邻状态中数码是右移关系，且右移输入数据 $S_R=Q_3^n$。因此，将 S_R 与 Q_3 连接，以实现环形计数。其逻辑图如图 6-22 所示。

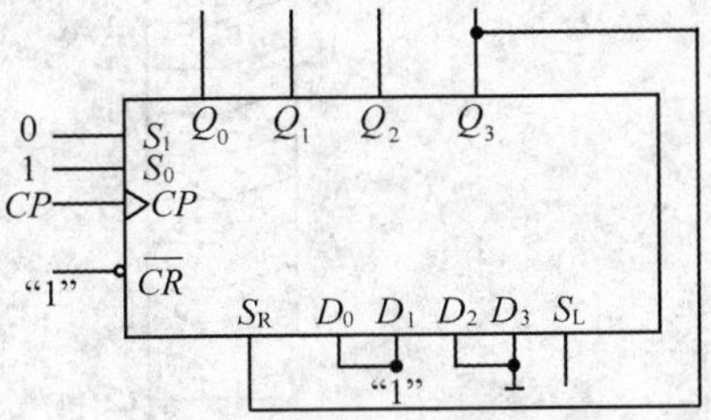

图 6-22　逻辑图

电路工作时，首先使 $S_1S_0=11$，在 CP 作用下将 1100 置入 $Q_0Q_1Q_2Q_3$ 中，然后再使 $S_1S_0=01$，在计数脉冲作用下，循环右移实现模 4 计数。

【例 8】 由 74LS194 构成的逻辑电路如图 6-23 所示，列出该电路的状态表、状态图，并指出其功能。

解：

$$S_R=\overline{Q_1^nQ_2^n}$$

由此可得如表 6-12 所示状态表。

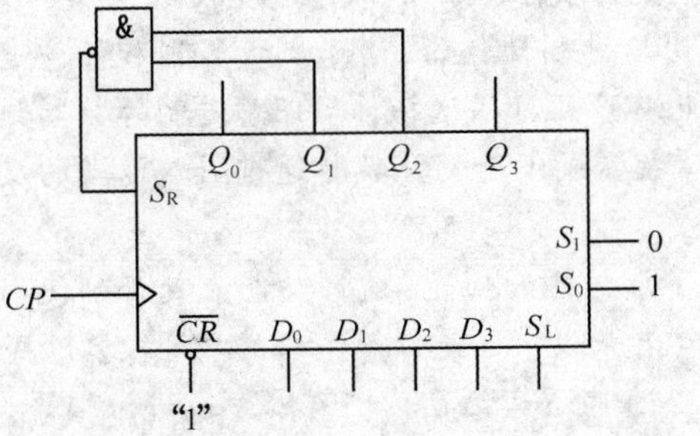

图 6-23　逻辑图

表 6-12　状态表

CP	Q_0	Q_1	Q_2	Q_3	S_R
0	0	0	0	0	1
1	1	0	0	0	1
2	1	1	0	0	1
3	1	1	1	0	0
4	0	1	1	1	0
5	0	0	1	1	1
6	1	0	0	1	1
7	1	1	0	0	1

状态图为

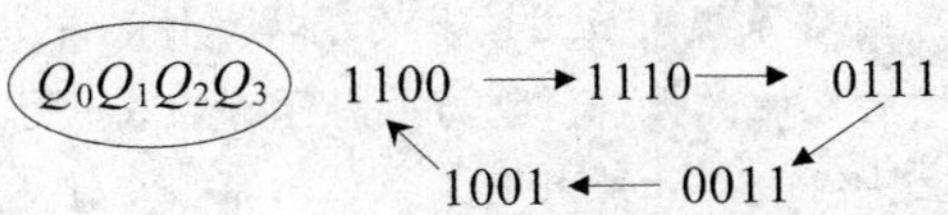

由状态表和状态图可看出是五个状态循环，故为五分频电路。

在数字系统中，如果将数据进行远距离传送，为使设备简单，发送端需要将并行数据转换为串行数据。接收端接收到数据以后，为使数据处理起来比较快捷，又需要将串行数据转换为并行数据。在一般的系统中，这种转换都由超大规模集成电路内部的移位寄存器来完成。图 6-24 为采用 74LS165 和 74LS164 两种移位寄存器组成的并入串出与串入并出的实用电路。

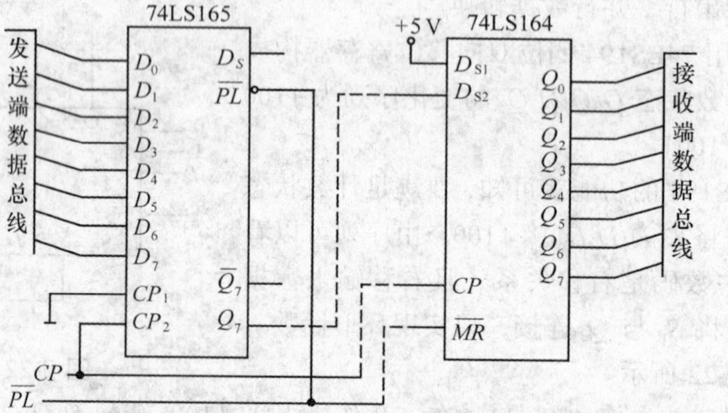

图 6-24　并串与串并转换电路

本章小结

计数器是组成数字系统的重要部件之一，它的功能就是计算输入脉冲的数目。根据计数脉冲输入方式的不同，可将计数器分为同步计数器和异步计数器两类。同步计数器工作速度较高，但控制电路较复杂，*CP* 脉冲的负载较重。异步计数器电路简单，对 *CP* 脉冲负载能力要求低，但工作速度较低。

计数器根据计数进制不同又可分为二进制计数器、十进制计数器和任意进制计数器。前两种计数器有许多集成电路产品可供选择，而任意进制计数器如果没有现成的产品，则可以将二进制计数器或十进制计数器通过引入适当的反馈控制信号来实现。

计数器的功能表较为全面地反映了计数器的功能，看懂功能表是正确使用集成计数器的第一步。因此，对于初学者来说，这是必须掌握的。计数器除了有计数脉冲输入端、计数值输出端外，通常还有预置端、清零端、进位端等，合理地利用这些控制端，可以用同一个计数器实现多种不同进制的计数功能。这一点十分重要，应重点掌握。同时，计数器的级联可以增加计数长度，在实际数字系统中经常采用，因此也要求掌握。

寄存器是数字电路系统中应用最多的逻辑部件之一。其基本原理是利用触发器来接收、存储和发送数据。一个触发器可以构成一个最基本的寄存一位数据的逻辑单元。基本寄存器一般具有置数、清零、存储等功能，它是构成各种寄存器的基础。

移位寄存器除能将数据存储外，还能将寄存的数据按一定方向传输。将几个 D 触发器的触发端连接到一起，输入、输出端首尾相接，就构成一个移位寄存器。移位寄存器有串行输入与并行输入及串行输出与并行输出两种不同的输入、输出形式，具有预置、左移、右移等多种功能。

寄存器寄存数据或对数据进行移位操作，都必须受时钟脉冲控制。其触发方式有时钟触发、边沿触发等多种形式。使用寄存器时，必须对其触发方式、输出方式等有足够的认识。

作为一种重要的逻辑器件，集成寄存器在数字电路中得到广泛的应用。如构成计数器、分频器、串并转换等。掌握各种集成寄存器的性能特点，能正确使用各种寄存器产品是学习集成寄存器的基本要求。

习 题

一、填空题

1. 时序逻辑电路与组合逻辑电路不同，它在任何时刻的输出不仅__________而且__________。

2. 从时序逻辑电路中各触发器的动作与 CP 的关系来分，时序逻辑电路可分为________时序逻辑电路和__________时序逻辑电路。

3. 驱动方程是指触发器________的逻辑表达式。将驱动方程代入触发器的特征方程中所得到的方程称为__________。

4. 分析时序逻辑电路的步骤为：第一步__________，第二步__________，第三步__________，第四步__________。

5. 按计数过程中数值的增减来分，计数器可分为_______、_______和_______。

6. 四位二进制计数器的输出状态有________种。某计数器有五个状态循环，则该计数器为______进制计数器，又称_______分频计数器。

7. 寄存器一般由______和______组成。按功能分，寄存器分为______和______两大类。

8. 74LS90 计数器具有________步清零、________步置 9 的功能。74LS161 计数器具有________步清零、________步置数功能。

二、选择题

1. 不能实现数码的串行输入、串行输出的寄存器有(　　)。

A. 数码寄存器　　B. 左移移位寄存器

C. 右移移位寄存器　　C. 双向移位寄存器

2. 计数器在电路组成上的特点是(　　)。

A. 有 CP 输入端，有外部输入端　　B. 有 CP 输入端，无外部输入端

C. 无 CP 输入端，无外部输入端　　D. 无 CP 输入端，有外部输入端

3. M 进制计数器状态转换的特点是，设初态后，每来(　　)个 CP 时，计数器

又重回初态。

A. $M-1$　　B. $M+1$　　C. M　　D. 10

4. 经过有限个 CP，可由任意一个无效状态进入有效状态的计数器是(　　)自启动的计数器。

A. 能　　B. 不能　　C. 不一定能　　D. 无法回答

5. 清零法是利用计数器芯片的(　　)构成任意进制计数器的方法。

A. 清零端　　B. 置数端　　C. 进位端　　D. 输出端

6. 用异步清零法构成 M 进制计数器，应将(　　)所对应的状态译码后反馈至清零端。

A. M　　B. $M-1$　　C. $M+1$　　D. $M+2$

7. 用两片 74LS161 四位二进制加法计数器能构成最大进制的计数器为(　　)进制计数器。

A. 2^4-1　　B. 2^8　　C. 2^8-1　　D. 2^8+1

8. n 位二进制加法计数器有(　　)状态，最大计数值是(　　)。

A. 2^n　　B. 2^n-1　　C. 2^{n-1}　　D. $2^{n-1}-1$

9. 下列集成器件，不属于组合逻辑器件的是(　　)。

A. 译码器　　B. 寄存器　　C. 数据选择器　　D. 编码器

三、计算题

1. 试分析图 6-25 所示电路逻辑功能。

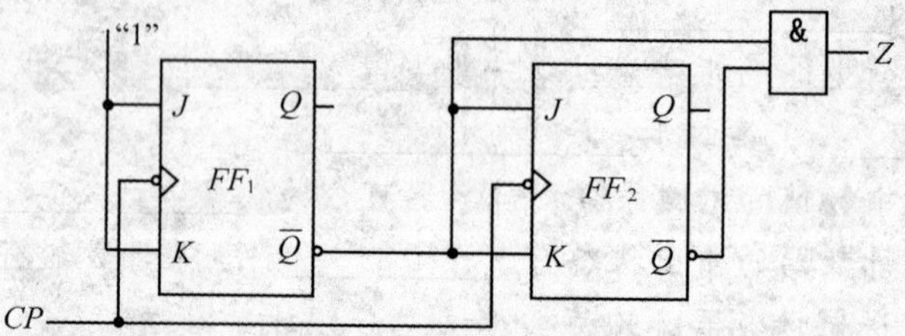

图 6-25　逻辑图

2. 分析图 6-26 所示电路逻辑功能。

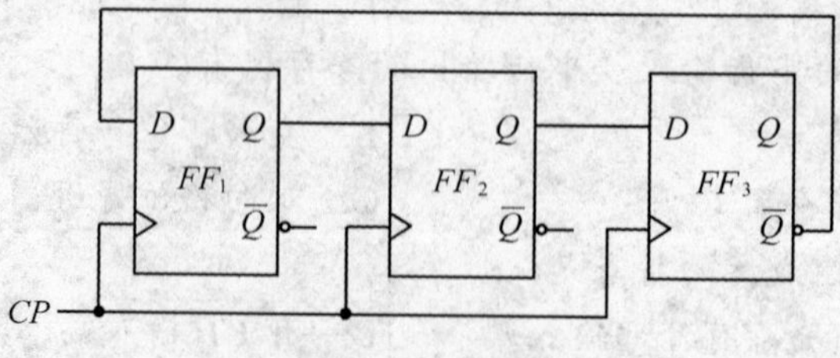

图 6-26　逻辑图

3. 分析图 6-27 所示电路逻辑功能。

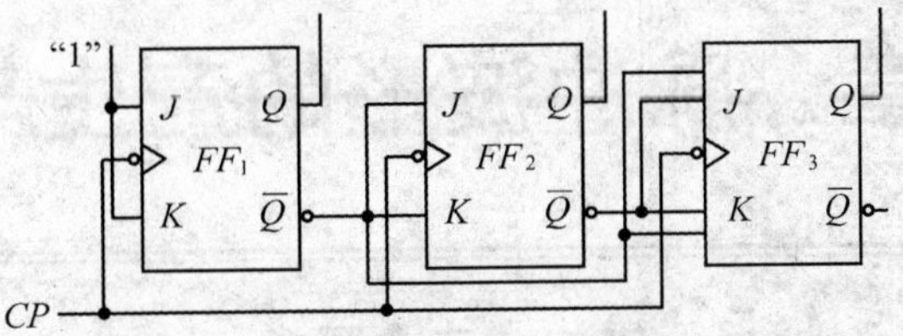

图 6-27　逻辑图

4. 由 74LS161 构成的电路如图 6-28 所示，指出它是几进制计数器。

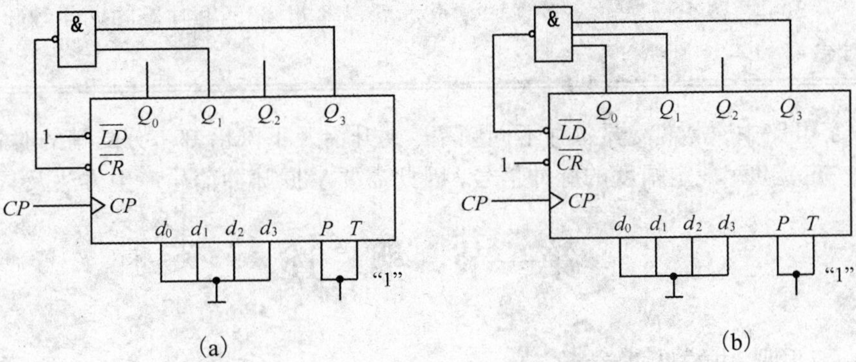

图 6-28　由 74LS161 构成的计数器

5. 用 74LS90 组成 8421BCD 七进制、二十四进制计数器。
6. 用 74LS90 组成 8421BCD 八十三进制计数器。
7. 用 74LS161 组成七进制、二十四进制计数器。
8. 用 74LS161 组成起始状态为 0100 的十一进制计数器。
9. 分析图 6-29 所示，由 74LS194 构成的电路，要求列出状态表并指出其功能。

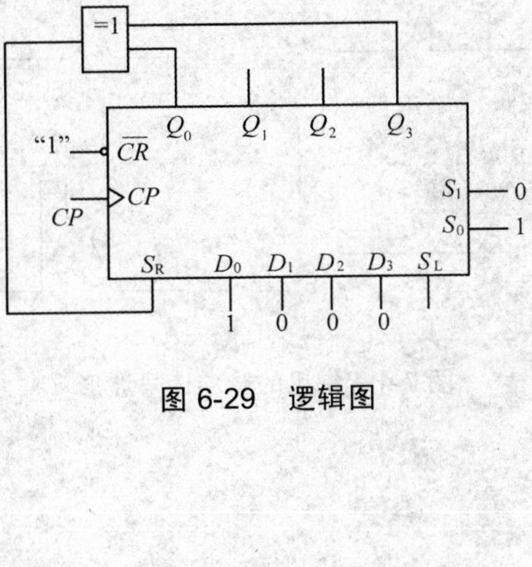

图 6-29　逻辑图

第七章 脉冲波形的产生与整形

应知、应会要求

1. 掌握单稳态触发器和多谐振荡器的工作原理以及主要波形参数的估算。

2. 掌握集成施密特触发器的构成原理、回差特性及其应用。

3. 掌握 555 集成定时器的构成原理以及用 555 定时器构成各种脉冲电路的工作原理。

在数字电路中，常常需要各种不同频率、上升沿及下降沿都十分陡峭的时钟脉冲信号，或者一定宽度、一定幅度的脉冲信号，因此需要掌握脉冲信号产生方法及具体电路。

第一节 概 述

一、矩形脉冲的性能参数

脉冲是指脉动和短促的意思。数字系统中的脉冲是指在短暂的时间内作用于电路的电压或电流。常见的脉冲信号波形有如下几种（如图 7-1 所示）。

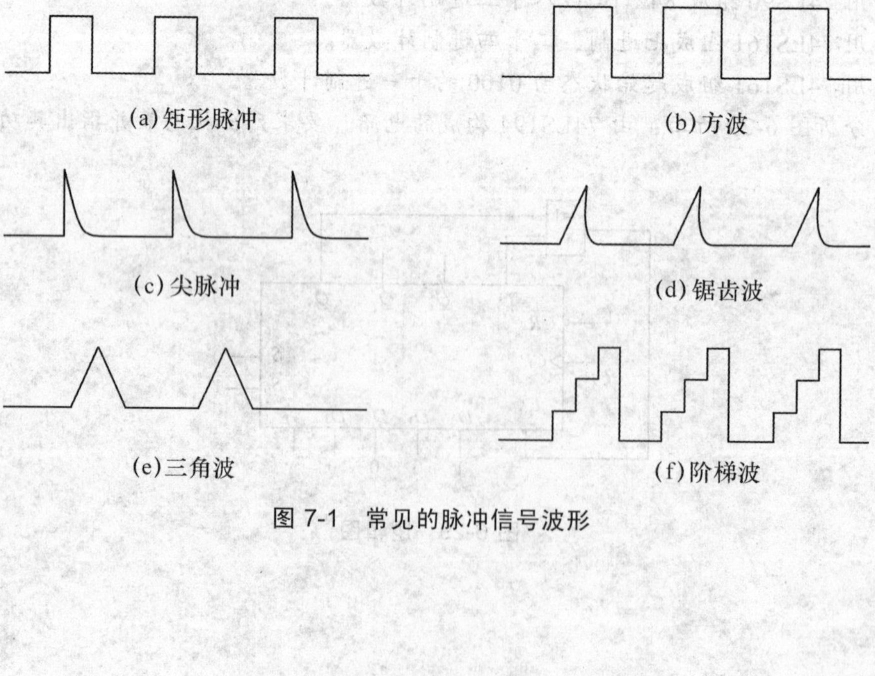

图 7-1 常见的脉冲信号波形

由于在数字电路中大量出现的都是矩形脉冲，所以在本章里只讨论矩形脉冲波形的产生和整形，其他形式脉冲波形的产生和变换电路将在模拟电子技术中讲解。矩形脉冲的产生和整形电路在数字电路以及各种检测、控制电路中有着广泛的应用。

为了定量描述矩形脉冲信号的性质，下面介绍矩形脉冲的几个主要性能参数。如图 7-2 所示。

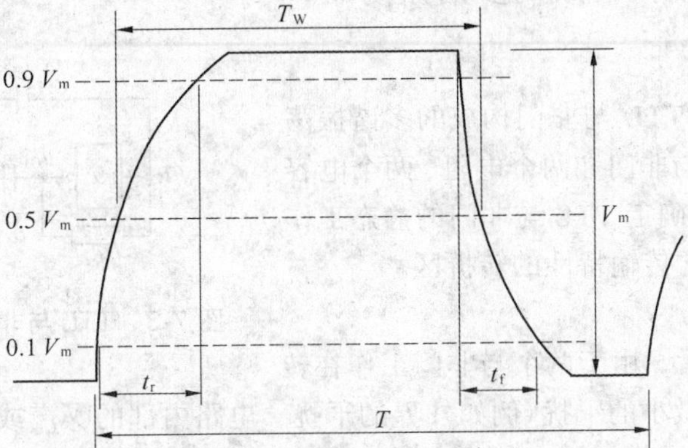

图 7-2　矩形脉冲参数

(1) 脉冲幅度 V_m。脉冲信号的最大变化幅度称为脉冲幅度。

(2) 脉冲周期 T。在周期性重复的脉冲信号中，两个相邻脉冲之间的时间间隔称为脉冲周期，通常用 T 表示。有时也使用频率 $f=1/T$ 表示单位时间内脉冲信号的重复次数。

(3) 脉冲宽度 T_W。脉冲信号前、后沿 $0.5V_m$ 处的时间间隔。其值越大，表明脉冲持续时间越长。

(4) 上升时间 t_r。脉冲信号幅值由 $0.1V_m$ 上升到 $0.9V_m$ 所需要的时间。其值越小，表明上升沿越陡。

(5) 下降时间 t_f。脉冲信号幅值由 $0.9V_m$ 下降到 $0.1V_m$ 所需要的时间。其值越小，表明下降沿越陡。

(6) 占空比 q。定义脉冲宽度与脉冲周期的比值为脉冲信号的占空比。

二、获得矩形脉冲的方法

获得矩形脉冲的方法通常有两种：一种是由脉冲振荡电路直接产生所需的矩形脉冲。这种电路在工作时不需要外加信号源，只要加上合适的电源电压，电路参数选取合适，就能自动产生脉冲信号，这种自激振荡电路称多谐振荡电路或多谐振荡器。另一种方法是利用整形电路，把一种非矩形脉冲或者性能不符合要求的矩形脉冲信号变换成符合要求的矩形脉冲信号。可见，整形电路本身并不能产生脉冲信号，只能把已有的一种脉冲“加工”成符合要求的矩形脉冲，这种电路有单稳态触发器和施密特触发器。

第二节　多谐振荡器

多谐振荡器是一种自激振荡电路，它没有稳定状态，只有两个暂稳态。工作时它不停地在这两个暂稳态之间转换。

一、TTL 与非门构成的多谐振荡器

（一）电路组成

图 7-3 所示是 TTL 与非门构成的多谐振荡器。它由两个 TTL 与非门和两个电阻、两个电容组成。R_1 与 R_2 用来确定 TTL 与非门的静态工作点，使与非门工作于传输特性的转折区。

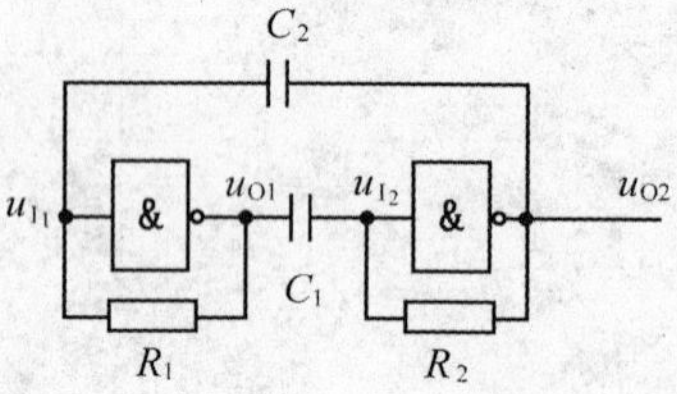

图 7-3　TTL 与非门构成的多谐振荡器

（二）工作原理

当电源接通之后，由于两个与非门工作在转折区，只要有一个微小的干扰(例如外界的干扰，电路内部的噪声或电源的波动等)，就会引起电路的振荡。例如，由于某种原因，使得 u_{I_1} 上升，就会产生下列正反馈的过程：

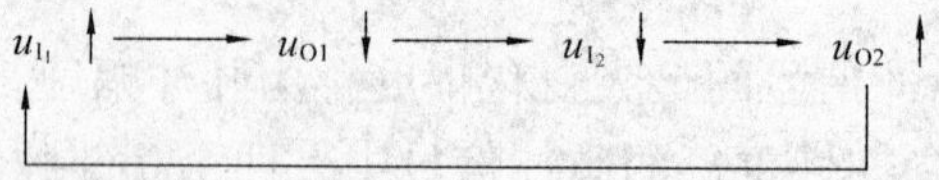

从而使 u_{O1} 迅速跳变至低电平，而 u_{O2} 跳变至高电平，电路进入第一个暂稳态。与此同时，u_{O2} 经 R_2 开始向 C_1 充电，C_2 开始经 R_1 放电。这个暂稳态是不能持久的。随着 C_1 的充电，u_{I_2} 逐渐上升，当 u_{I_2} 升高到阈值电压 V_{TH} 时，u_{O2} 开始下降并引起另一个正反馈过程：

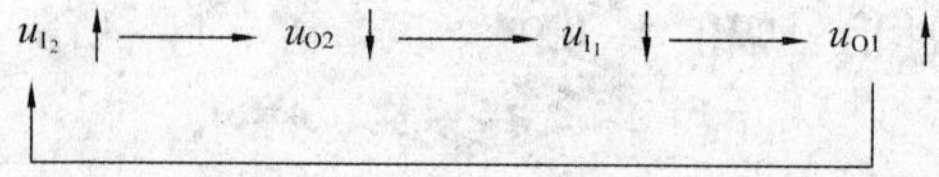

从而使 u_{O2} 迅速跳变至低电平，而 u_{O1} 跳变至高电平，电路转入第二个暂稳态。同时 C_2 开始充电而 C_1 开始放电。第二个暂态同样是不能持久的。随着 C_2 的充电进行，u_{I_1} 逐渐升高，当 u_{I_1} 上升到 V_{TH} 以后，电路又迅速返回第一个暂态。图 7-4 所示为 TTL 与非门多谐振荡器的工作波形图。

（三）振荡周期 T 的估算

从上面的分析中可以看到，输出脉冲的周期等于两个暂态持续时间之和，而每个暂态持续时间的长短是由 C_1、C_2 充电速度决定的。

若 $R_1=R_2=R$，$C_1=C_2=C$，$V_{OH}=3.4$ V，$V_{TH}=1.4$ V，$V_{OL}=0$ V，且 $R \ll R_1$ 的条件下，振荡周期 T 可由下式估算

$$T \approx 1.4RC$$

改变 R 和 C 的数值可以达到改变周期的目的。上面提到的 R_1 是 TTL 与非门多发射极基极电阻。

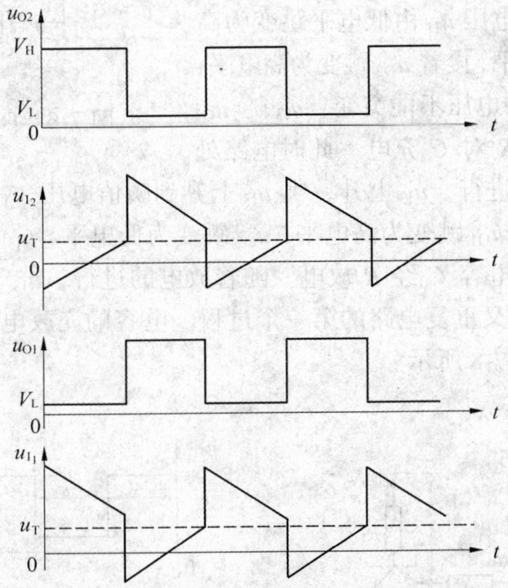

图 7-4　TTL 与非门多谐振荡器工作波形图

二、环形振荡器

（一）TTL 与非门组成的环形振荡器

如图 7-5(a)所示，电路是由奇数个与非门首尾相接形成一个闭环，构成环形振荡器，利用门的延迟时间，使三级门产生 180° 的相移，再加上每级门的倒相作用，则反馈回来的信号和原来输入的信号同相，就可产生自激振荡，并输出方波，如图 7-5(b)所示。

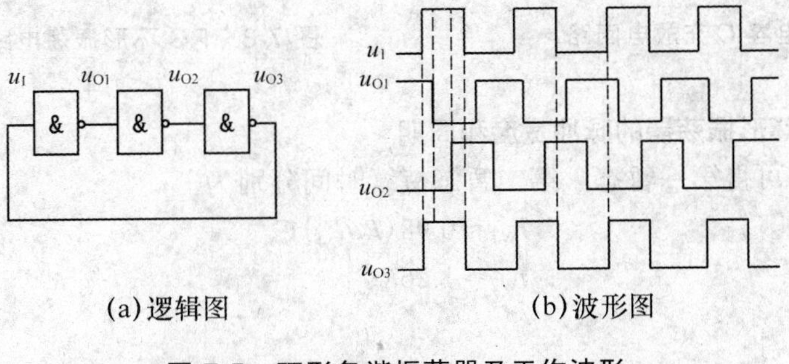

(a)逻辑图　　(b)波形图

图 7-5　环形多谐振荡器及工作波形

这种振荡器的优点是电路简单，但由于 TTL 与非门平均传输延迟时间 t_{pd} 很短，振荡频率很高且不可调，为了克服这一缺点，采用外加 RC 延时电路，构成 RC 环形多谐振荡器。

（二）RC 环形多谐振荡器

图 7-6 所示为 RC 环形多谐振荡器。电路的工作过程如下。

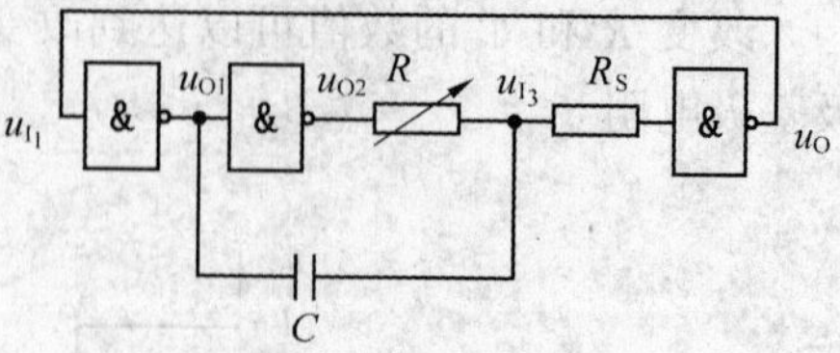

图 7-6　RC 环形多谐振荡器

在 t_0 时刻，设输入电压 u_{I1} 由低电平跳变为高电平时，u_{O1} 跳变为低电平，接着 u_{O2} 跳变为高电平，同时，由于电容 C 上的电压不能突变，u_{I3} 随 u_{O1} 跳变为低电平，u_{O2} 经 R 对 C 充电。此时电路处于第一暂态。随着充电进行，u_{I3} 上升，当 u_{I3} 上升到阈值电压 V_{TH} 时（R_S 远小于与非门关门电阻），u_O 为低电平，u_{O1} 跳变为高电平，u_{O2} 跳变为低电平，u_{I3} 随 u_{O1} 正跳同样的数值，电路处于第二个暂态，电容 C 经 R 放电。随着放电的进行，u_{I3} 下降，当 u_{I3} 下降到 V_{TH} 时，u_O 为高电平，于是又重复电路的第一个过程。电容的充放电回路如图 7-7 所示，电路中各点电压波形如图 7-8 所示。

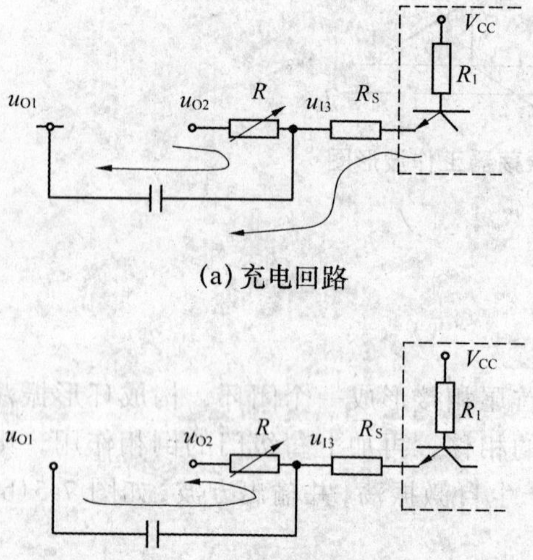

图 7-7　电容 C 充放电回路

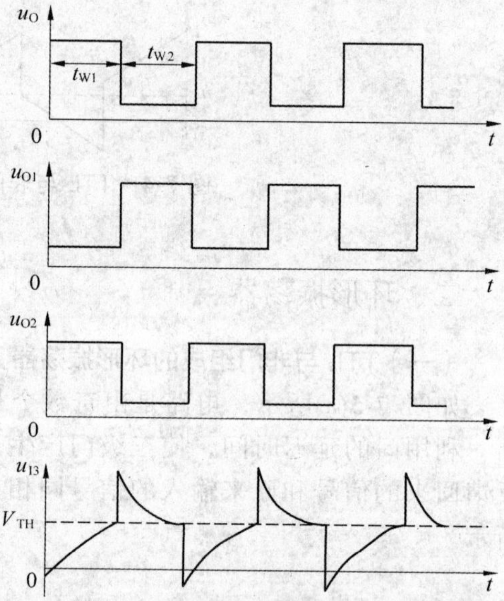

图 7-8　RC 环形振荡电路各点电压波形

（三）RC 环形振荡器的脉冲宽度和周期

通过分析，可得第一暂态、第二暂态持续时间分别为

$$t_{W1} \approx 0.98(R//R_1)C$$

$$t_{W2} \approx 1.26RC$$

周期为

$$T = t_{W1} + t_{W2} = 0.98(R//R_1)C + 1.26RC$$

当 $R_1 \gg R$ 时，上式进一步简化成

$$T = 2.2RC$$

由 $f=\frac{1}{T}=\frac{1}{2.2RC}$ 可知：调节 RC 值可调节振荡频率。其中 C 作为频率粗调，R 作为频率细调，但是 R 的取值不能太大，一般应小于关门电阻 R_{off}，C 的取值范围较宽，可在十几皮法以上的范围选择。因此，这种振荡器的振荡频率调节范围较宽，应用十分广泛。

三、石英晶体多谐振荡器

在许多数字系统中，都要用到频率十分稳定的脉冲信号。例如，在数字时钟电路里，计数脉冲频率的稳定性直接决定了计时的准确性。

然而无论是与非门构成的多谐振荡器还是环形振荡器，在频率稳定度和准确度上都难以满足这种要求。在这两种振荡电路中，振荡频率取决于电容充、放电过程中电阻 R 和电容 C 的数值及到达阈值电压的时间。我们知道，电阻、电容的数值在使用过程中会发生缓慢的变化，而且又受温度的影响；门电路的阈值电压容易随温度和电源的波动而产生一定的变化，这些因素都会严重影响振荡频率的稳定性。而石英晶体多谐振荡器具有很高的频率稳定度，通常可在多谐振荡器电路中接入石英晶体来构成这种振荡器。

图 7-9 给出了石英晶体的符号和阻抗频率特性曲线。

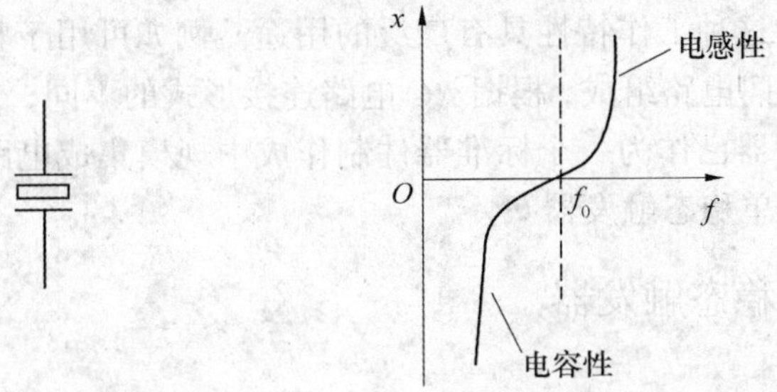

(a)符号　　(b)特性曲线

图 7-9　石英晶体的符号及阻抗频率特性

由图 7-9(b)的曲线可以看出，石英晶体有极好的选频特性，而且频率特性非常稳定。当信号频率 $f=f_0$（f_0 为石英晶体固有谐振频率）时，其等效阻抗最小，因而信号最容易通过，并在电路中形成正反馈。因此，若将石英晶体接入多谐振荡电路中，电路的振荡频率只决定于晶体的谐振频率 f_0，而与电路的其他元件(如 R、C)的参数无关。

图 7-10 为石英晶体多谐振荡器。图 7-10(a)为串联型石英晶体多谐振荡器，电阻 R 的作用是为 G_1、G_2 提供一个适当的静态工作点，使 G_1、G_2 工作在转折区，对于 TTL 门，R 的阻值一般在 700~2 000 Ω；对于 CMOS 门，R 的阻值则在 10~100 MΩ。C 是 G_1、G_2 的耦合电容。C_1 是微调电容，微调 C_1 可使电路产生振荡。图 7-10(b)为并联型石英晶体多谐振荡器。电阻 R 为反馈电阻，使 G_1 工作在转折区，R 一般在 5~10 MΩ (对于 CMOS 门)。C_1 和 C_2 的比值决定反馈系数大小，C_1 还可微调振荡频率。

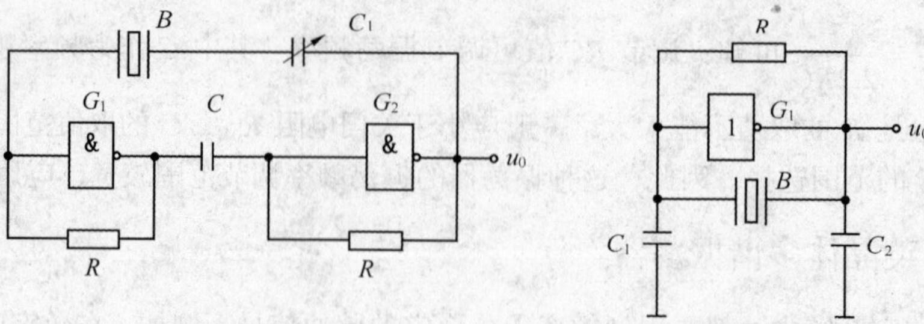

(a)串联型　　(b)并联型

图 7-10　石英晶体多谐振荡器

第三节　单稳态触发器

单稳态触发器具有如下的显著特点。

(1)它具有一个稳定状态和一个暂稳态两个不同的工作状态。

(2)无外加触发脉冲作用时，电路将保持稳定状态不变。当受到外加触发脉冲作用时，电路能从稳定状态翻转到暂稳态。在暂稳态维持一定时间后，再自动返回稳定状态。

(3)暂稳态维持时间的长短取决于电路本身的参数，与外加触发脉冲没有关系。

单稳态触发器的这种工作特性具有广泛的用途。例如可用于整形、定时、延时等。单稳态触发器可以用门电路组成，根据 *RC* 电路连接形式的不同，分为微分型和积分型两种。目前单稳态触发器已作为一个标准器件制作成中规模集成电路。在此只介绍微分型单稳态触发器和集成单稳态触发器。

一、微分型单稳态触发器

(一)电路组成

由两个与非门和 *RC* 微分电路组成，如图 7-11 所示。其中电阻 *R* 应小于与非门关门电阻 R_{off}。

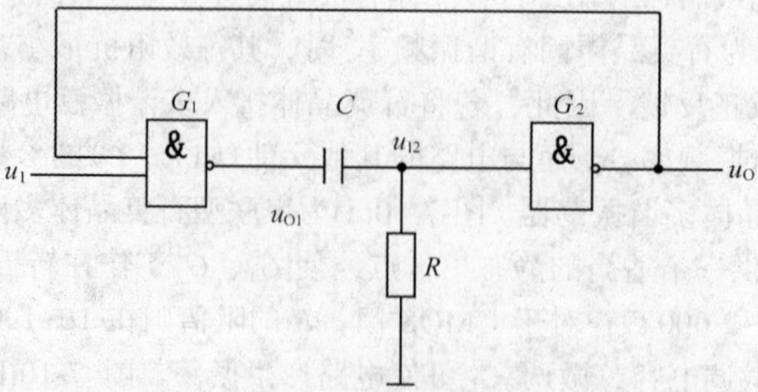

图 7-11　TTL 微分型单稳态触发器

（二）工作原理

当 u_I 为高电平时，由于 $R<R_{off}$，所以 $u_{I2}<V_{off}$，G_2 截止，u_O 为高电平，u_{O1} 为低电平，这时电路处于稳定状态。当输入端 u_I 加上负脉冲时，u_{O1} 跳变高电平，C 上电压不能突变，所以 u_{I2} 随 u_{O1} 正跳变相同值，从而 u_O 为低电平，高电压 u_{O1} 经电阻 R 对电容 C 充电。这时电路处于第二个状态暂稳态。随着电容 C 充电的进行，电阻上的电压 u_{I2} 逐渐下降，当降至阈值电压 V_{TH} 时，G_2 截止，u_O 为高电平。另外 u_I 的负脉冲触发完后已恢复到高电平，此时 G_1 导通，u_{O1} 跳变为低电平。由于电容 C 上电压不能突变，u_{I2} 随 u_{O1} 负向跳变相同值。电容 C 经 R 和 G_1 输出端形成放电回路，电路又自动返回到初始稳定状态。电路中各点工作波形如图 7-12 所示。

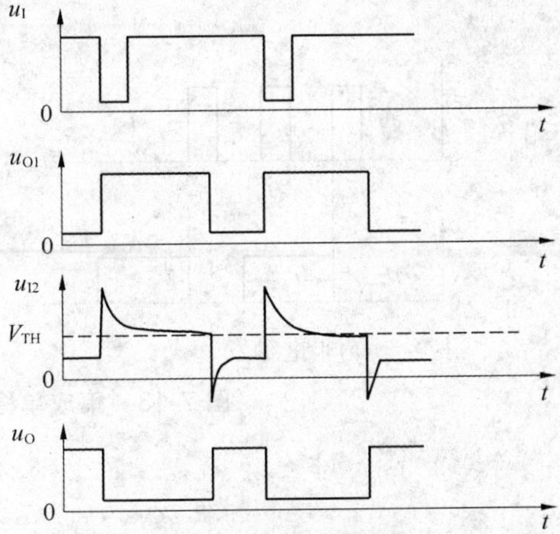

图 7-12　微分型单稳态触发器工作波形

（三）脉冲宽度

单稳态触发器输出脉冲宽度实际上是暂稳态维持的时间，用 t_W 表示。在实际使用中常用经验估算公式估算，然后组成电路进行调试。经验估算公式为

$$t_W \approx 0.7RC$$

上式表明，要对脉冲宽度 t_W 粗调节时可改变 C，细调节时可改变 R，但是 R 的最大值必须小于关门电阻 R_{off}。

在使用微分型单稳态触发器时，输入信号 u_I 的负脉冲宽度应小于输出脉冲的宽度，否则电路不能正常工作。

二、集成单稳态触发器

由于集成单稳态触发器具有脉冲展宽范围大、外接元件少、温度特性好、功能全、抗干扰能力强、对电源电压变化的稳定好、触发方式灵活、使用十分方便等特点，因此有着广泛的应用。

集成单稳态触发器又可分为非重触发和可重触发两种。单稳态触发器在外界触发信号作用下，进入暂稳态。在暂稳态期间，外界再输入触发信号，并不影响电路的暂稳态。只有当暂稳态过程结束，电路又进入原来的稳态之后，新的触发信号才能使电路再次进入暂稳态，即暂稳态持续时间 t_W 是不变的。这就是非重触发单稳态电路。可重触发单稳态电路则不同，当外界输入触发信号使电路进入暂稳态之后，再输入新的触发信号，就可延长暂稳态的持续时间，输出脉宽可任意展宽。波形如图 7-13 所示。

下面以 TTL 非重触发型单稳态 74121 为例说明它的逻辑功能。

（一）电路结构

图 7-14(a)所示为单稳态触发器 74121 的逻辑图，图 7-14(b)为逻辑符号。它由单稳态电路和门 1、门 2 组成的触发输入电路两部分组成。门 1 为低电平输入有效的或非门，门 2 为施密特触发器触发的与门。电阻 2 kΩ是单稳态电路的内部定时电阻，A_1、A_2和B

是触发信号输入端，Q 和 $\overline{Q}$ 是两个互反输出端，C_{ext}、R_{ext} / C_{ext} 为外接定时电容和电阻的外引线端，R_{int} 是内部定时电阻引出端。

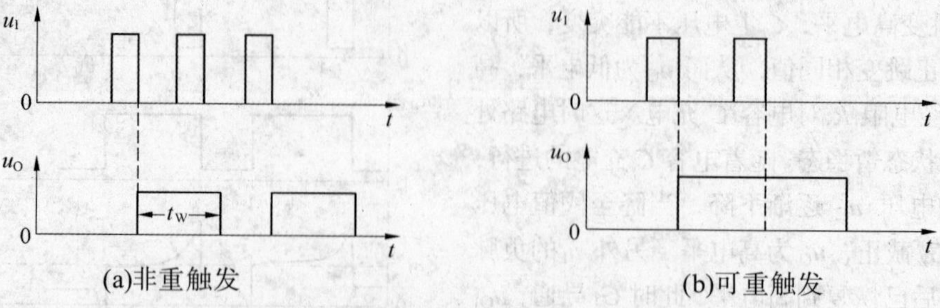

图 7-13　集成单稳态触发器工作波形图

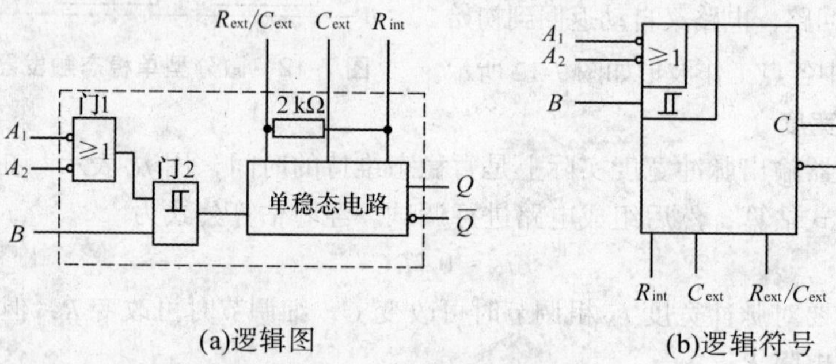

图 7-14　单稳态触发器 74121

（二）逻辑功能

单稳态触发器 74121 使用时的接线图如图 7-15 所示，其功能见表 7-1。

由表 7-1 可以看出，前四行表明，在稳定状态下（Q=0，$\overline{Q}$ =1），A_1、A_2 和 B 的任何状态组合都不会使电路触发。第五、六、七行表明，如果选用输入信号的下降沿触发，则应将输入脉冲接到 A_1 或 A_2 上（同时把另一个接高电平），也可以将 A_1 和 A_2 并联起来接输入信号，这时 B 端应保持高电平。最后两行表明，如果选用输入信号的上升沿触发，则应将输入脉冲接到 B 上，同时 A_1 和 A_2 之中至少应当有一个保持为低电平。

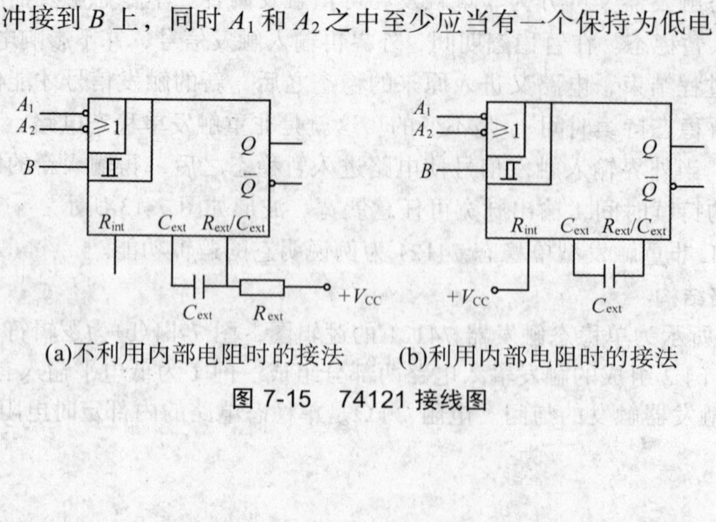

图 7-15　74121 接线图

表 7-1　74121 功能表

输入			输出	
A_1	A_2	B	Q	$\overline{Q}$
0	×	1	0	1
×	0	1	0	1
×	×	0	0	1
1	1	×	0	1
1	↓	1	⊓	⊔
↓	1	1	⊓	⊔
↓	↓	1	⊓	⊔
0	×	↑	⊓	⊔
×	0	↑	⊓	⊔

（三）输出脉冲宽度的估算

单稳态触发器 74121 的输出脉冲宽度 t_W 仅取决于外接元件 R_{ext} 和 C_{ext} 的数值，其估算公式为

$$T_W \approx 0.7R_{ext}C_{ext}$$

通常 R_{ext} 的数值取在 2 ~ 30 kΩ，C_{ext} 的数值取在 10 pF ~ 10 μF。在输出脉冲宽度不大时，可利用内电阻 R_{int}=2 kΩ 取代 R_{ext}，这样可以简化外部接线。当要求输出脉宽较大时，仍需要外接电阻 R_{ext}。

对于 74121，在电路进入暂稳态以后，再加入触发信号也不会对电路的工作过程产生影响，直到这一次暂稳态结束以后，电路才能再次被触发而进入暂稳态，因此 74121 为非重触发单稳态触发器。

三、单稳态触发器的应用

单稳态触发器是常见的脉冲基本单元电路之一，它被广泛用做脉冲波形的整形、定时和延时。

（一）脉冲的整形

由于信号传输过程中不可避免地会受到各种干扰信号的侵扰，使得脉冲波形畸变。经单稳态触发器处理后，又可以得到幅度和宽度都相同的脉冲信号。

（二）脉冲的延时

如图 7-16 所示，u_I 为下降沿触发信号，u_O 为非重触发单稳态触发器输出波形。从图中可以看出，输出脉冲 u_O 下降沿滞后于输入脉冲 u_I 的下降沿时间正好为暂态持续时间 t_W，因此利用 u_O 下降沿去触发其他电路，就比直接用 u_I 的下降沿触发延迟了 t_W 时间，这就是脉冲的延时作用。

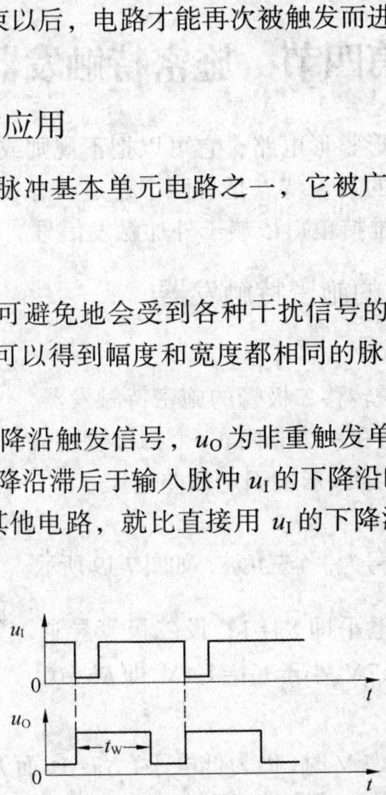

图 7-16　单稳态触发器的延时作用波形图

（三）脉冲的定时

单稳态触发器能产生 t_W 脉宽的矩形脉冲，用该脉冲去控制电路在 t_W 时间内完成某些动作，这就是脉冲的定时作用。如图 7-17 所示，用计数器来完成对所限定时间内的 CP 个数计数的例子。单稳态触发器 Q 端输出脉宽为 t_W 的控制信号控制计数器的复位端 $\overline{R}_d$。显然，在暂态 t_W 时间内，$\overline{R}_d$=1，计数器对 CP 个数正常计数，暂态过后，进入稳态，Q=0，使 $\overline{R}_d$=0，计数器复位，从而起到定时控制作用。

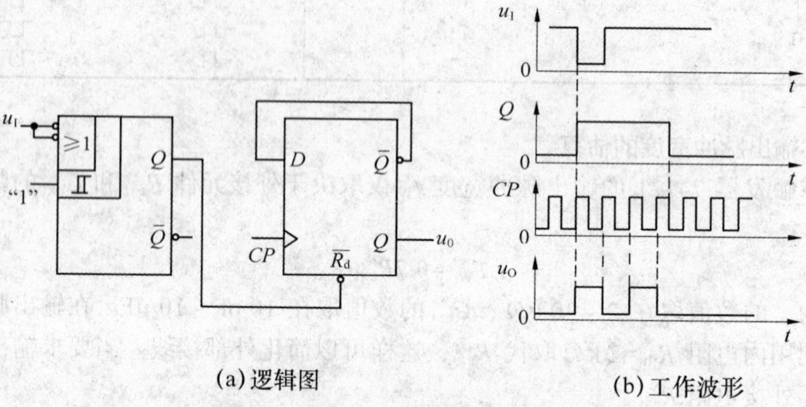

图 7-17　单稳态触发器的定时作用

第四节　施密特触发器

施密特触发器是一种波形整形电路，它可以把不规则或周期性其他形状的波形整形为比较理想的矩形脉冲。它的显著特点是有两个稳定状态，两个稳定状态转换需要外加触发信号，而且稳定状态的维持也得依赖于外加触发信号。因此，它是一种电平触发。

一、集成门电路构成的施密特触发器

（一）电路结构

如图 7-18 所示为带电平转移二极管的施密特触发器，由一个与非门基本 RS 触发器和一个非门、一个二极管组成。二极管 V_D 起电平转移作用，用以形成固定回差电压。

（二）工作过程

为了方便分析，假设输入信号为一个三角波，如图 7-19 所示。

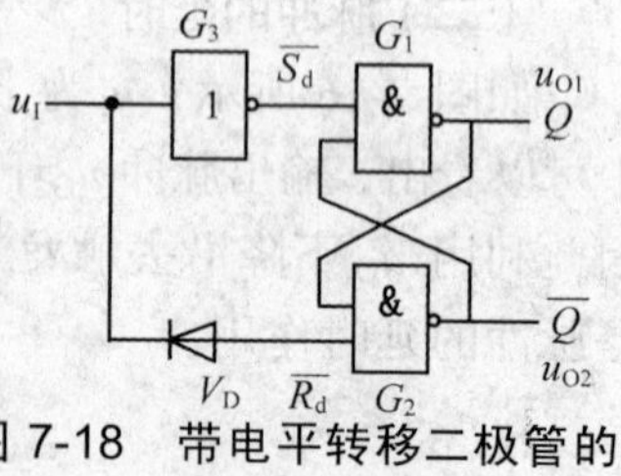

图 7-18　带电平转移二极管的施密特触发器

当 u_I=0 V 时，门 G_3 输出高电平即 $\overline{S}_d$=1，设二极管导通压降为0.7V，则 $\overline{R}_d$ 端电压为0.7V，小于 V_{TH}=1.4V，即 $\overline{R}_d$=0，故 Q=0，$\overline{Q}$=1。

当 u_I 逐渐增加，增加到 0.7 V 时，仍为低电平，$\overline{S}_d$=1，而 $\overline{R}_d$ 端电压为 0.7 V+0.7 V=1.4 V，则为高电平，即 $\overline{R}_d$=1，故 Q 保持原态。

当 u_I 再增加，增加到 1.4 V 时，即为输入高电平，$\overline{S}_d=0$，而 $\overline{R}_d$ 仍为 1，故 $Q=1$，$\overline{Q}=0$。u_I 再增加，大于 1.4 V 以后，$\overline{S}_d$、$\overline{R}_d$ 的状态不变，输出端 Q 与 $\overline{Q}$ 也不再变化。

当 u_I 上升到最大值，然后逐渐减小，当减到略小于 1.4 V 时，则 $\overline{S}_d=1$，$\overline{R}_d=1$，Q 将保持原态。

当 u_I 继续下降，降到略小于 0.7 V 时，则 $\overline{S}_d=1$，$\overline{R}_d=0$，故 $Q=0$，$\overline{Q}=1$。

当 u_I 继续下降，$\overline{S}_d$ 和 $\overline{R}_d$ 的状态不变，输出 Q、$\overline{Q}$ 也不变，其对应的工作波形如图 7-19 所示。

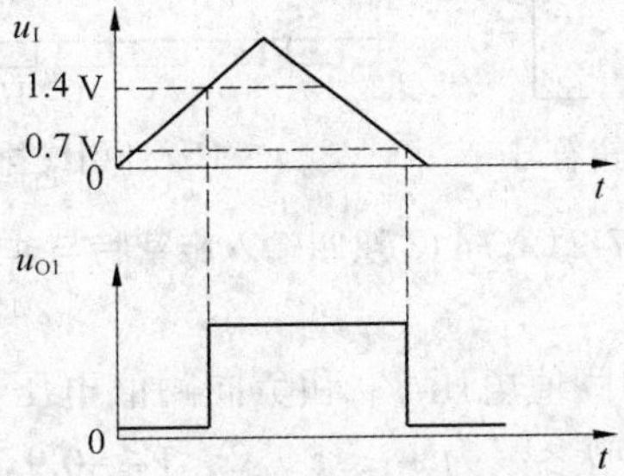

图 7-19 施密特触发器工作波形

由图 7-19 可以看出，输出 u_{O1} 由低电平变为高电平发生在 u_I=1.4 V 处，此时的输入电压 u_I 称为正向阈值电压，用 V_{T+} 表示。输出 u_{O1} 由高电平变为低电平发生在 u_I=0.7 V 处，此时输入电压 u_I 称为负向阈值电压，用 V_{T-} 表示，$V_{T+}-V_{T-}$ 的差值称为回差电压，用 ΔV_T 表示。施密特触发器的电压传输特性如图 7-20 所示。

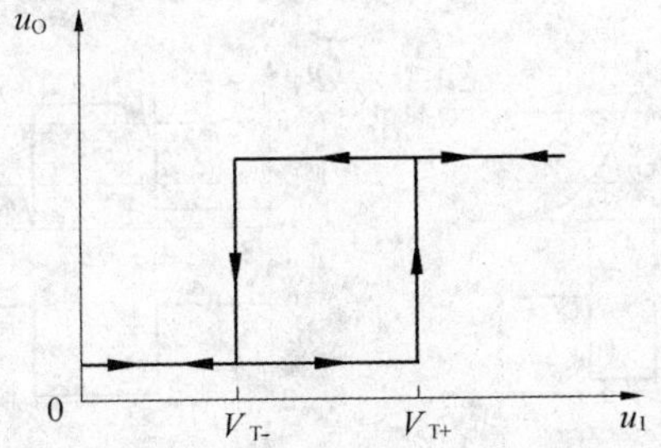

图 7-20 施密特触发器的电压传输特性

由图 7-20 可以看出，当施密特触发器的输入信号 u_I 上升到 V_{T+} 时，电路从第一稳态翻到第二稳态，可是当 u_I 下降到低于 V_{T+} 的 V_{T-} 时，电路才能从第二稳态翻回到第一稳态。这种两次翻转所需输入电压不同的现象叫回差现象。回差现象是施密特触发器的固有特性，在实际应用中，可根据实际要求减小或增大回差电压 ΔV_T。

二、集成施密特触发器

集成施密特触发器和门电路一样，都有与非门、反相器等功能。常用的集成施密特触发器有：六反相器 7414 和 74LS14，四 2 输入与非门 74132 和 74LS132，双四输入与非门 7413 和 74LS13 等。下面给出了 7413 的逻辑符号和外引线排列图，如图 7-21 所示。7413 集成施密特触发器，也可以称为施密特与非门。其内部电路结构和 TTL 与非门类同，只是增加一级施密特触发器。在此不再介绍。

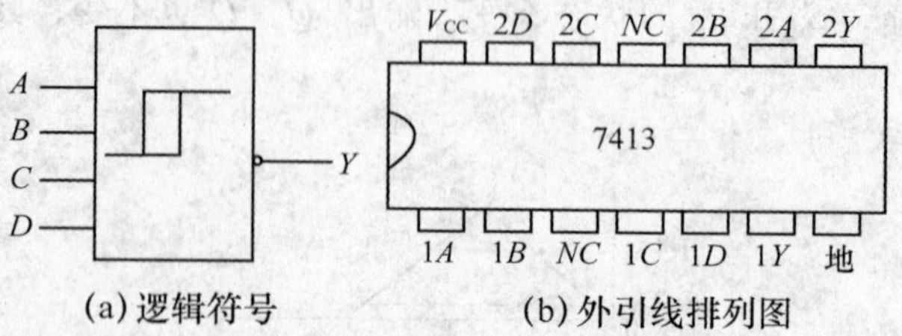

(a) 逻辑符号　　(b) 外引线排列图

图 7-21　7413 双四输入施密特与非门

集成施密特触发器的正向阈值电压 V_{T+}和负向阈值电压 V_{T-}的具体数值可以从产品手册中查到。例如，74132 的典型参数为 V_{T+}=1.7 V，V_{T-}=0.9 V，$\Delta V_T=V_{T+}-V_{T-}$=0.8 V。

三、施密特触发器的应用

施密特触发器用途十分广泛，它常被用做脉冲的整形、波形变换、信号的鉴幅等。

（一）脉冲的整形

在数字系统中，矩形脉冲信号经过传输以后往往发生畸变，其中常见的有图 7-22 所示的几种情况。

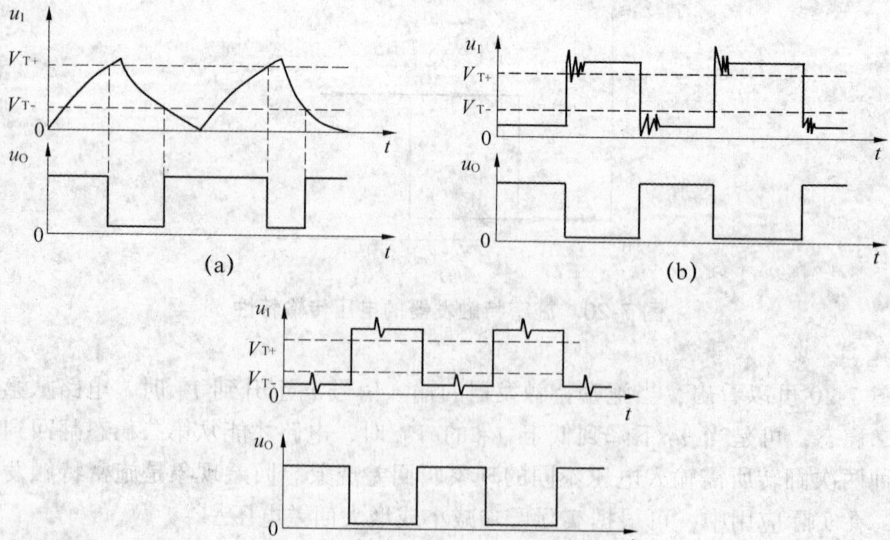

图 7-22　利用施密特反相器整形

第一种情况是由于传输线接有较大电容，使得脉冲信号的前、后沿变坏，如图 7-22(a)所示。

第二种情况是由于负载和传输线不匹配，在边沿达到负载时，将发生振荡现象如图 7-22(b)所示。

第三种情况是由于分布电容和内部噪声等干扰信号叠加在脉冲信号上，形成附加干扰，如图 7-22(c)所示。

无论哪种情况，只要恰当地选择 V_{T+}和 V_{T-}的数值，利用施密特反相器进行整形，都能获得满意的整形效果。

（二）波形变换

利用施密特触发器可以把其他形状的周期性电压波形变换成矩形脉冲，如图 7-23(a)所示是一个能把正弦电压波形转换为矩形脉冲的电路。图 7-23(a)中二极管 D 和电阻 R 组成下限幅电路，其作用是避免输入施密特触发器出现很大的负电压。波形图如图 7-23(b)所示。

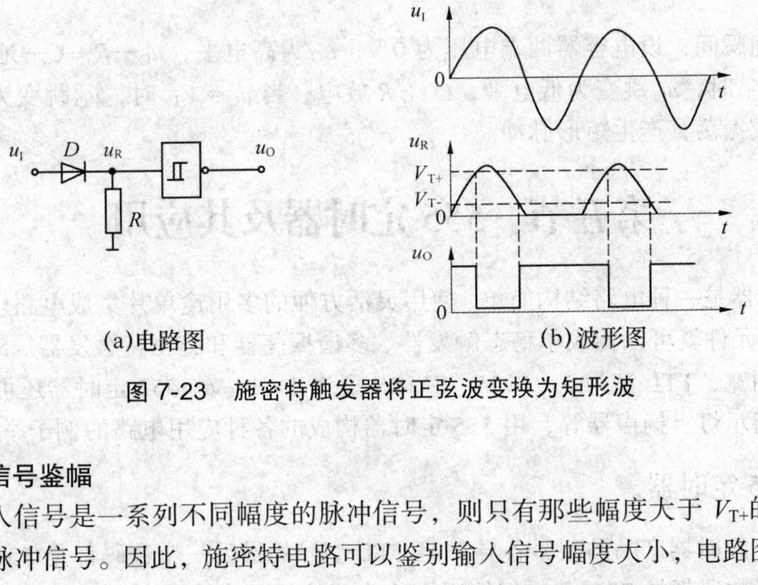

(a)电路图　　(b)波形图

图 7-23　施密特触发器将正弦波变换为矩形波

（三）信号鉴幅

如果输入信号是一系列不同幅度的脉冲信号，则只有那些幅度大于 V_{T+}的脉冲才能在输出端产生脉冲信号。因此，施密特电路可以鉴别输入信号幅度大小，电路图和波形图如图 7-24 所示。

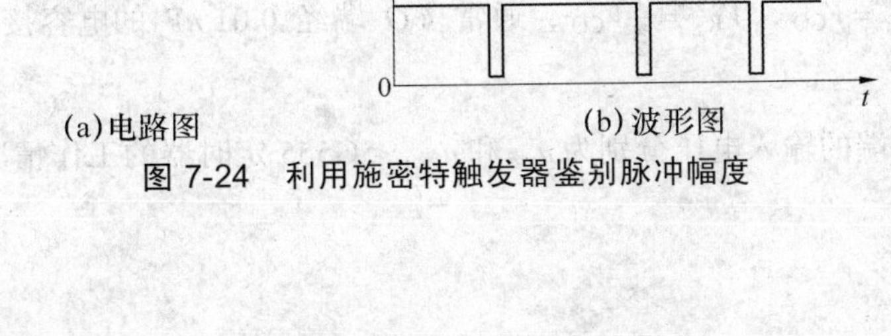

(a)电路图　　(b)波形图

图 7-24　利用施密特触发器鉴别脉冲幅度

（四）构成多谐振荡器

利用施密特反相器也可以构成多谐振荡器，电路如图 7-25(a)所示。波形图如图 7-25(b)所示。

电源接通瞬间，设电容器两端电压为 0 V，u_O为高电平，u_O—R—C—地对电容 C 充电，当 $u_C = u_{T+}$时，u_O跳变为低电平，C 经 R 放电，当 $u_C = u_{T-}$时，u_O跳变为高电平。如此反复，形成振荡，产生矩形脉冲。

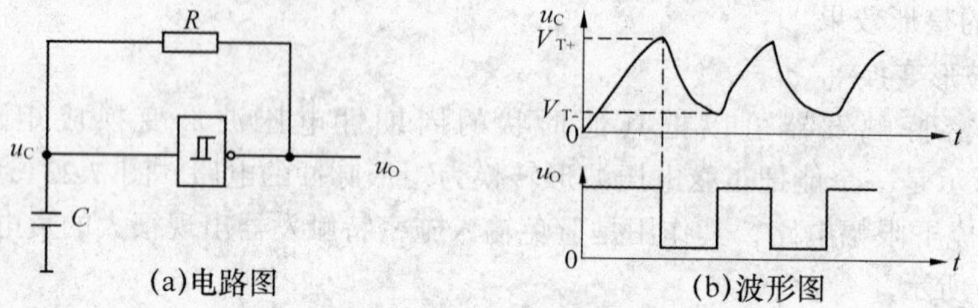

图 7-25　施密特反相器构成多谐振荡器

电源接通瞬间，设电容器两端电压为 0 V，u_O为高电平，u_O—R—C—地对电容 C 充电，当 $u_C = V_{T+}$时，u_O跳变为低电平，C 经 R 放电；当 $u_C = V_{T-}$时，u_O跳变为高电平。如此反复，形成振荡，产生矩形脉冲。

第五节　555 定时器及其应用

555 定时器是一种电路结构简单、使用灵活方便的多用途单片集成电路。只需外部配上几个 R、C 元件就可以构成单稳态触发器、多谐振荡器和施密特触发器。555 定时器的电源电压范围宽，TTL 型为 5 ~ 16 V，CMOS 型为 3 ~ 18 V。555 定时器还可输出一定功率，可驱动指示灯、扬声器等，用 555 定时器构成的各种应用电路的例子举不胜举。

一、555 定时器

目前 555 定时器产品的型号各异，但 TTL 型号的最后三个数码都是 555，CMOS 型号的最后四个数码都是 7555。它们的逻辑功能和外部引线排列完全相同。

图 7-26 所示为 TTL 型 5G555 定时器的逻辑图，它由电压比较器 C_1 和 C_2、基本 RS 触发器、电阻分压器和放电三极管 V 等部分组成。

图中 TH 和 $\overline{TR}$ 是两个输入端，C_1 和 C_2 的比较电压 V_{R_1} 和 V_{R_2} 是由 V_{CC} 和三个 5 kΩ 电阻串联分压而得到的。当 CO 端悬空时，$V_{R_1} = \frac{2}{3}V_{CC}$，$V_{R_2} = \frac{1}{3}V_{CC}$。如果 CO 端外接固定电压 V_{CO}，则 $V_{R_1} = V_{CO}$，$V_{R_2} = \frac{1}{2}V_{CO}$，通常 CO 端经 0.01 uF 的电容接地，以减少高频干扰。

设 TH 和 $\overline{TR}$ 端的输入电压分别为 u_{TH} 和 $u_{\overline{TR}}$，5G555 定时器的工作情况如下。

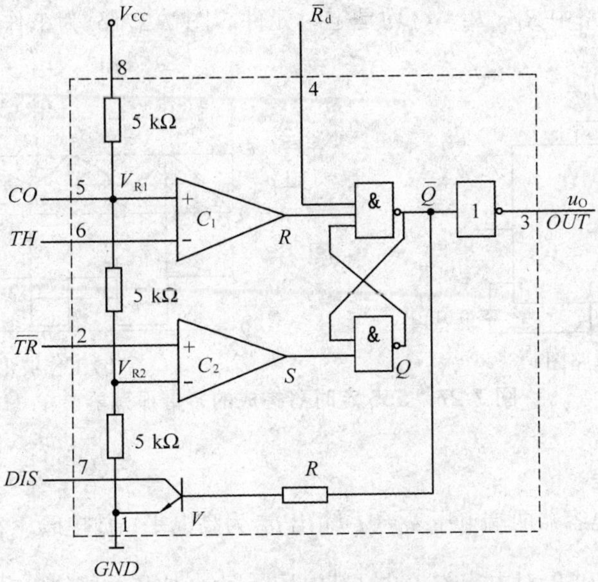

图 7-26　5G555 定时器的逻辑图

(1) 当 $u_{TH} > V_{R_1}$，$u_{\overline{TR}} > V_{R_2}$ 时，比较器 C_1 和 C_2 的输出 R=0，S=1，基本 RS 触发器被置 0，Q=0，$\overline{Q}$=1，输出 u_O=0，同时三极管 V 饱和导通。

(2) 当 $u_{TH} < V_{R_1}$，$u_{\overline{TR}} < V_{R_2}$ 时，两比较器输出 R=1，S=0，基本 RS 触发器被置 1，Q=1，$\overline{Q}$=0，输出 u_O=1，同时三极管 V 截止。

(3) 当 $u_{TH} < V_{R_1}$，$u_{\overline{TR}} > V_{R_2}$ 时，R=1，S=1，基本 RS 触发器和三极管 V 保持原状态不变，输出 u_O 保持不变。

综上所述，5G555 定时器的基本功能如表 7-2 所示。

表 7-2　5G555 定时器功能表

输入			输出	
u_{TH}	$u_{\overline{TR}}$	$\overline{R}_D$	u_O	V
×	×	0	0	导通
$>\frac{2}{3}V_{CC}$	$>\frac{1}{3}V_{CC}$	1	0	导通
$<\frac{2}{3}V_{CC}$	$<\frac{1}{3}V_{CC}$	1	1	截止
$<\frac{2}{3}V_{CC}$	$>\frac{1}{3}V_{CC}$	1	不变	不变

二、由 555 定时器形成多谐振荡器

（一）电路构成

图 7-27(a) 给出 5G555 定时器构成的多谐振荡器。将 TH 和 $\overline{TR}$ 两端短接，在放电回

路中还串接 R_2，电路中 R_1、R_2、C 均是定时元件。图 7-27(b)为工作波形。

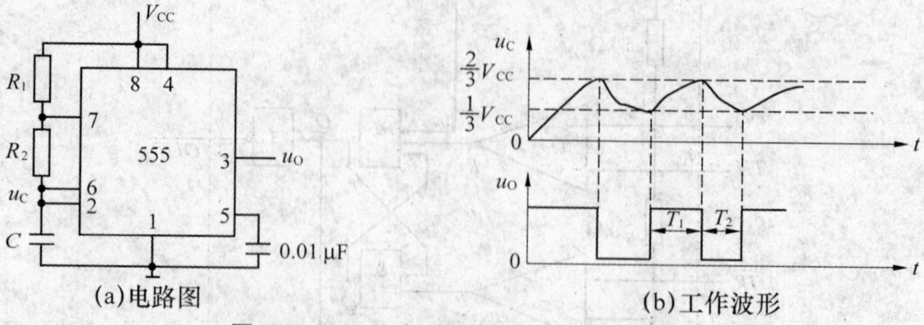

图 7-27　555 定时器构成的多谐振荡器

(二) 工作过程

接通电源前，电容器两端电压 u_C=0，输出 u_O 为高电平，放电管 V 截止，所以，电源接通后，V_{CC} 经电阻 R_1 和 R_2 对电容 C 充电，其电压 u_C 由 0 按指数规律上升，当 $u_C \geqslant \frac{2}{3}V_{CC}$ 时，输出 u_O 跳到低电平，同时，放电管 V 导通，电容 C 经 R_2 和放电管 V 到地，构成放电回路。电路进入第一个暂稳态。

随着电容 C 放电进行，当 $u_C \leqslant \frac{1}{3}V_{CC}$ 时，输出 u_O 跳变为高电平，同时放电管 V 截止，V_{CC} 经电阻 R_1 和 R_2 对 C 充电，此时电路进入第二个暂稳态。随着充电的进行，当 $u_C \geqslant \frac{2}{3}V_{CC}$ 时，输出 u_O 跳变到低电平。电路又回到第一个暂稳态，如此反复，可输出矩形脉冲。

(三) 周期

由图 7-27 可知多谐振荡器振荡周期计算如下

$$T=T_1+T_2$$

而 T_1 和 T_2 分别为

$$T_1=(R_1+R_2)C\ln\frac{V_{CC}-\frac{1}{3}V_{CC}}{V_{CC}-\frac{2}{3}V_{CC}}=(R_1+R_2)C\ln 2\approx 0.7(R_1+R_2)C$$

$$T_2=R_2C\ln\frac{0-\frac{2}{3}V_{CC}}{0-\frac{1}{3}V_{CC}}=R_2C\ln 2=0.7R_2C$$

所以，多谐振荡器的振荡周期 T 为

$$T=T_1+T_2=0.7(R_1+2R_2)C$$

三、由 555 定时器形成单稳态触发器

（一）电路构成

图 7-28(a)给出 5G555 定时器构成的单稳态触发器。将 *TH* 和 *DIS* 两端短接，输入信号从 $\overline{TR}$ 端送入。电路中 *R*、*C* 均是定时元件。图 7-28(b)为工作波形。

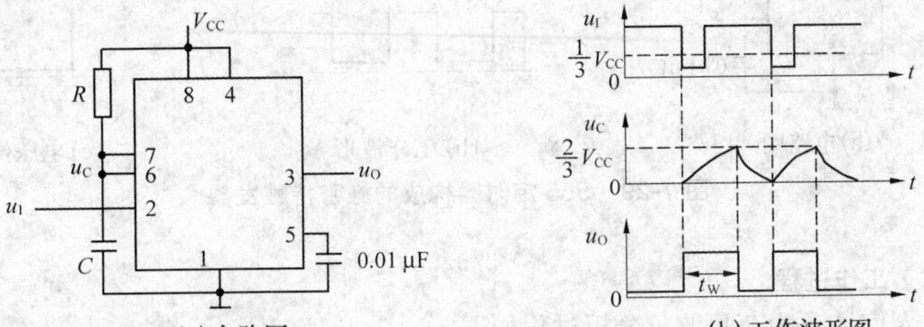

(a)电路图　　(b)工作波形图

图 7-28　555 定时器构成的单稳态触发器

（二）工作过程

当触发信号到来时，u_I 为小于 $\frac{1}{3}V_{CC}$ 的低电平，电容 *C* 上的电压为 0，则比较器的输出 *R* 为 1，*S* 为 0，从而基本 RS 触发器输出 *Q* 为 1，$\overline{Q}$ 为 0，输出电压 u_O 为高电平，放电管处于截止状态，电源 V_{CC} 经 *R* 对 *C* 充电，电路进入暂稳态。

随着充电进行，电容 *C* 上电压按指数规律逐渐增大。当 u_C 略大于 $\frac{2}{3}V_{CC}$ 时，而触发脉冲低电平早已消失，恢复为大于 $\frac{1}{3}V_{CC}$ 的高电平，这时，比较器的输出 *R* 为 0，*S* 为 1，从而基本 RS 触发器输出 *Q* 为 0，$\overline{Q}$ 为 1，输出电压 u_0 为低电平，放电管导通，电容 *C* 经放电管迅速放电，电路进入稳定状态过程。

（三）脉冲宽度 t_W

由于外界触发脉冲加进来，电路输出 u_O 由低电平变为高电平到再次变为低电平这段时间就是暂稳态时间，用 t_W 表示。

$$t_W = RC\ln\frac{V_{CC}-0}{V_{CC}-\frac{2}{3}V_{CC}} = RC\ln 3 \approx 1.1RC$$

为了使电路能正常工作，要求外触发脉冲的低电平宽度小于输出电压 u_O 的脉冲宽度 t_W，且负脉冲的数值一定要低于 $\frac{1}{3}V_{CC}$。

四、由 555 定时器形成施密特触发器

（一）电路构成

图 7-29(a)给出 555 定时器构成的施密特触发器，将 *TH* 和 $\overline{TR}$ 两端短接作为触发信号

u_I输入端。图 7-29(b)为工作波形，图 7-29(c)为电压传输特性。

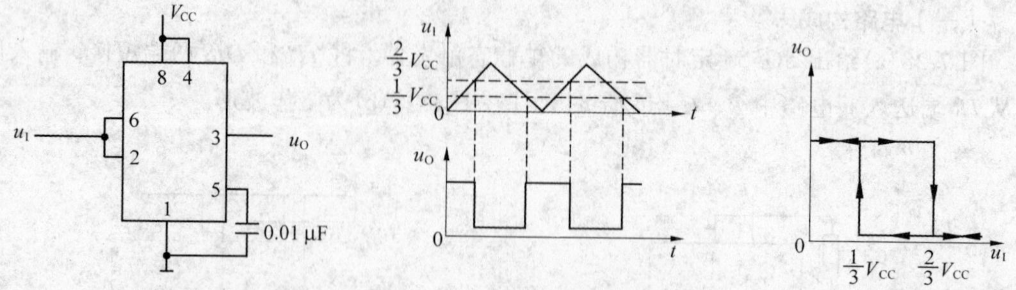

(a)电路图 (b)工作波形 (c)电压传输特性

图 7-29 555 定时器构成的施密特触发器

（二）工作过程

设输入信号 u_I为三角波，分析过程如下。

(1)当 $u_I \leqslant \frac{1}{3}V_{CC}$时，两比较器的输出 R=1，S=0，基本 RS 触发器输出 Q=1，$\overline{Q}$=0，则输出电压 u_O为高电平。

(2)当$\frac{1}{3}V_{CC} < u_I < \frac{2}{3}V_{CC}$时，基本 RS 触发器状态不变，因此输出电压 u_O保持不变。

(3)当 $u_I \geqslant \frac{2}{3}V_{CC}$时，两比较器输出 R=0，S=1，基本 RS 触发器输出 Q=0，$\overline{Q}$=1，则输出电压 u_O为低电平。

由以上分析可知，施密特触发器的回差电压为

$$\Delta U_T = U_{T+} - U_{T-} = \frac{2}{3}V_{CC} - \frac{1}{3}V_{CC} = \frac{1}{3}V_{CC}$$

五、555 定时器应用电路举例

（一）组成模拟声响电路

图 7-30 所示为多谐振荡器组成的模拟声响电路。A、B 两个 555 电路均为多谐振荡

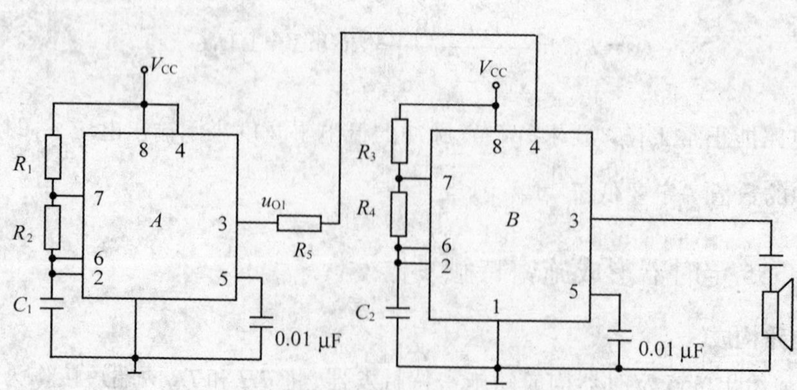

图 7-30 模拟声响电路

器。如调节 A 的振荡频率为 1 Hz，B 的振荡频率为高频率 1 kHz，由于 A 输出接至 B 的 R_d 复位端，故只有 u_{O1} 输出高电平时，B 才能正常工作，而当 u_{O1} 输出为低电平时，由于 R_d 此时为 0，故 B 停振，使扬声器发出 1 kHz 间歇声响，间歇频率为 1 Hz。

（二）定时灯控电路

如图 7-31 所示，是利用 555 定时器组成的定时灯控电路。图 7-31 中的 A 是按钮，J 是继电器线圈，L 是照明灯泡，K 是电源开关。每次按动按钮 A 之后电灯点亮，经过一段固定的时间后自行熄灭。这里的 555 定时器接成了单稳态触发器。

在没有按动按钮 A 时，$u_I=V_{CC}$，电路处于稳态，u_O 为 0，继电器线圈 J 中没有电流，它控制的触点 $1J$ 断开，电灯 L 不亮。当按动 A 时，u_I 被短接地，u_I 产生一个低电平触发信号，电路进入暂态，u_O 为 1，于是 J 中有电流，触点 $1J$ 闭合，电灯点亮，等到暂稳态结束时，u_O 回到 0，电灯随之熄灭。二极管 D 在此起保护作用，防止继电器线圈突然断电时在线圈两端产生瞬时的高压破坏 555 定时器。

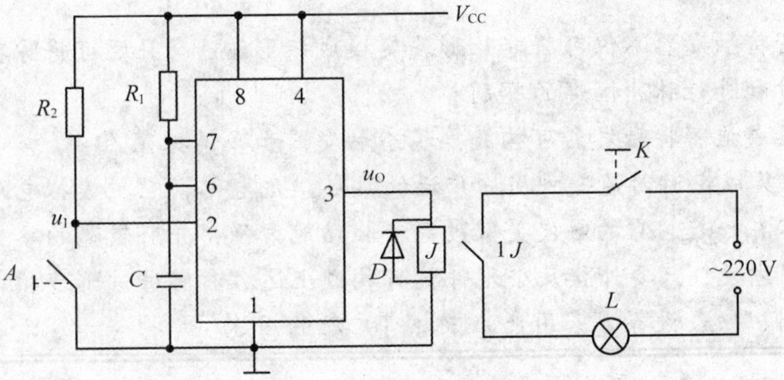

图 7-31　定时灯控电路

本章小结

本章主要讨论由集成单元电路构成的、用于产生矩形脉冲的各种电路，如多谐振荡器、单稳态触发器、施密特触发器和定时器，其中，有一类电路虽然不能自动产生脉冲信号，但能把其他形状的周期性信号变换成矩形脉冲信号。

多谐振荡器，它无需外加触发信号，只要接通电源，就可产生连续的矩形脉冲信号，常用做信号源。

多谐振荡器从工作原理上可分为三类：

(1) 利用闭合回路的正反馈过程产生振荡。如由二级反相器构成的对称式(或非对称式)多谐振荡器和石英晶体多谐振荡器。

(2) 靠闭合回路的延迟负反馈作用产生振荡，如环形振荡器。

(3) 利用施密特触发器的回差特性产生振荡，如由施密特触发器构成的多谐振荡器。

单稳态触发器是一种常用的波形变换电路。它只有一个稳定状态，另一个是暂稳状态。

单稳态触发器可将输入触发脉冲变为一定宽度的输出脉冲，输出脉冲的宽度（暂稳态持续时间）仅取决于电路本身的参数，而与输入触发信号无关，输入信号仅起触发作用。

集成单稳态触发器的特点是：温度漂移小，稳定性高，有较宽的脉宽调节范围，使用方便。

单稳态触发器不仅用于波形变换，还可用做对脉冲的展宽、延时、整形，也可用来构成自激多谐振荡器。

施密特触发器是一种波形变换电路，它有两个稳定状态、两个触发电平，因此具有回差特性。电路的输出状态取决于输入信号。只有当输入信号电平处于回差范围内时，电路才能保持状态，电路输出脉冲的宽度是由输入信号所决定。

施密特触发器不仅可将非矩形波变换成矩形波，而且还可将脉冲波形展宽、延时和进行脉冲幅度的鉴别。

用集成施密特触发器可构成单稳态触发器和多谐振荡器。

555 集成定时器是一种用途广泛的集成单元电路，它把模拟电路和数字电路兼容在一起。它的触发灵敏度高，驱动能力强，并有较宽的参数选择范围，使用方便，只要外接几个元件就可构成上述各种脉冲波形变换电路。在自动控制、仪表设备、家用产品中都有广泛的用途。

习　题

一、填空题

1. 多谐振荡器有________个稳态________个暂态。单稳态触发器有________个稳态，______个暂态。施密特触发器有______个稳态______个暂态。

2. 单稳态触发器被广泛用做脉冲波形的______、______和______。

3. 多谐振荡器能产生______脉冲。用 555 定时器构成的单稳态触发器的稳定输出状态为______，其暂态时间计算公式为______。施密特触发器是常用的一种波形______电路。

4. ____________属自激振荡电路，只要接通电源，它就能自动产生输出脉冲。

5. 获得矩形脉冲通常有________________和________________两种方法。

6. 集成单稳态触发器 74121，如外接电容 C_{ext}=0.01 μF，输出脉冲宽度的调节范围为 10 μs～1 ms，则外接电阻 R_{ext} 的取值范围为____________。

二、选择题

1. 555 定时器的输出状态有(　　)。

A. 高阻态　　B. 0 和 1 状态　　C. 二者皆有

2. 对于 TTL 型 555 定时器芯片电源电压 V_{CC} 的取值范围是(　　)。

A. 3～12 V　　B. 5～16 V　　C. 12～18 V　　D. 3～18 V

3. 555 定时器电路 $\overline{R}_d$ 端不用时应(　　)。

A. 接高电平　　B. 通过小于 500 Ω的电阻接地

C. 接低电平　　D. 通过 0.01 μF 的电容接地

4. 下列电路中能起定时作用的是(　　)。

A. 施密特触发器　　B. 译码器

C. 多谐振荡器　　D. 单稳态触发器

5. 单稳态触发器具有(　　)功能。

A. 计数　　B. 寄存　　C. 定时、延时、整形　　D. 产生波形

6. 按输出状态论，施密特触发器属于(　　)触发器。

A. 无稳态　　B. 单稳态　　C. 双稳态　　D. 三稳态

7. 施密特触发器常用于对脉冲波形的(　　)。

A. 计数　　B. 寄存　　C. 定时与延时　　D. 整形与变换

8. 多谐振荡器能产生(　　)。

A. 尖脉冲　　B. 正弦波　　C. 三角波　　D. 矩形脉冲

9. 设多谐振荡器的输出脉冲宽度和脉冲间隔时间分别为 T_H 和 T_L，则脉冲波形的占空比为(　　)。

A. $T_H / (T_H+T_L)$　　B. $T_L / (T_H+T_L)$　　C. T_H / T　　D. T_L / T_H

10. 555 定时器电路 CO 控制端不用时，应当(　　)。

A. 接高电平　　B. 接低电平

C. 通过 0.01 μF 的电容接地　　D. 直接接地

11. 为把 50 Hz 的正弦波变成周期性矩形脉冲，应当选用(　　)。

A. 施密特触发器　　B. 单稳态触发器

C. 多谐振荡器　　D. 译码器

12. 555 定时器构成的多谐振荡器输出波形的占空比大小取决于(　　)。

A. 电源 V_{CC}　　B. 充电电阻 R_1、R_2　　C. 定时电容 C　　D. 前三者

三、计算题

1. 555 定时器的接线如图 7-32 所示，设图中 R=500 kΩ，C=10 μF，已知 u_I 的波形，解答下列问题：①说出 555 定时器构成电路的名称。②该电路正常工作时，画出与 u_I 相应的 u_C 和 u_O 的波形。③输出脉冲下降沿比输入脉冲下降沿延迟了多少时间?

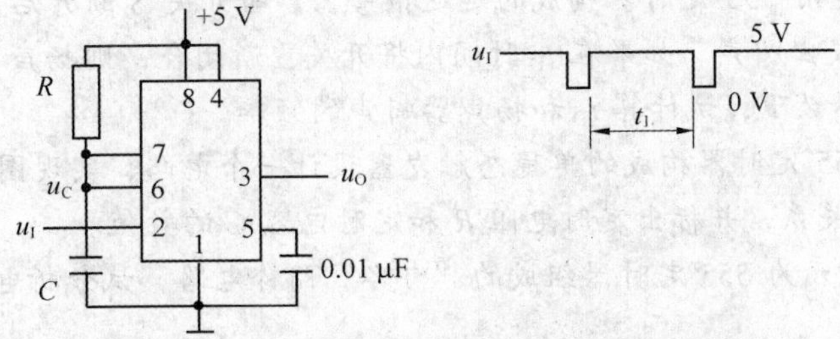

图 7-32　555 定时器构成电路及输入波形

2. 图 7-33 为 555 定时器构成的多谐振荡器，已知 V_{CC}=10 V，C=0.1 μF，R_1=20 kΩ，R_2=80 kΩ。求振荡周期 T，并画出相应的 u_C 和 u_O 波形。

3. 画出由 555 定时器构成的施密特电路的电路图。若输入波形如图 7-34 所示，V_{CC}=15 V，试画出电路的输出波形。如 5 脚接 5 kΩ 电阻，再画出输出波形。

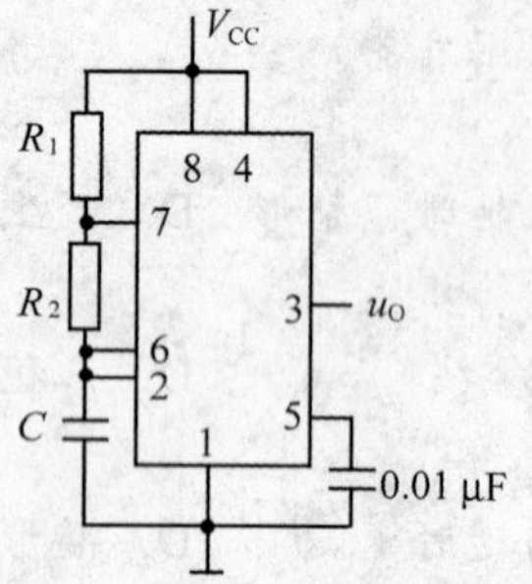

图 7-33　多谐振荡器

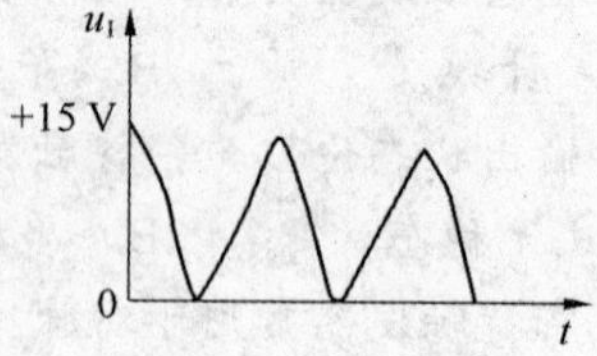

图 7-34　波形图

4. 图 7-35(a)是用 555 定时器接成的脉冲鉴幅器。为了从图 7-35(b)的输入信号中将幅度大于 5 V 的脉冲检出，电源电压 V_{CC} 应取几伏？

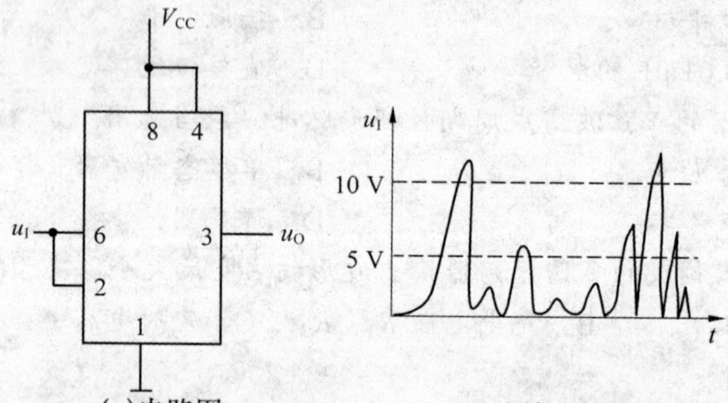

(a) 电路图　　(b) 输入波形

图 7-35　脉冲鉴幅器电路图及输入波形

5. 图 7-36 是用 555 定时器构成的延迟报警器。当开关 S 断开后，经过一定的延迟时间 t_D 后扬声器发出叫声。如果在 t_D 时间内将开关重新闭合，则扬声器不会发出声音。在图中所标注的参数下，试计算 t_D 和扬声器叫声的频率。

6. 用二级 555 定时器构成的单稳态触发器设计一个电路，实现图 7-37 所示输入 u_I 和输出 u_O 的波形关系，并标出定时电阻 R 和定时电容 C 的数值。

7. 图 7-38 所示为 555 定时器组成的“叮咚”门铃电路，试分析电路工作原理。

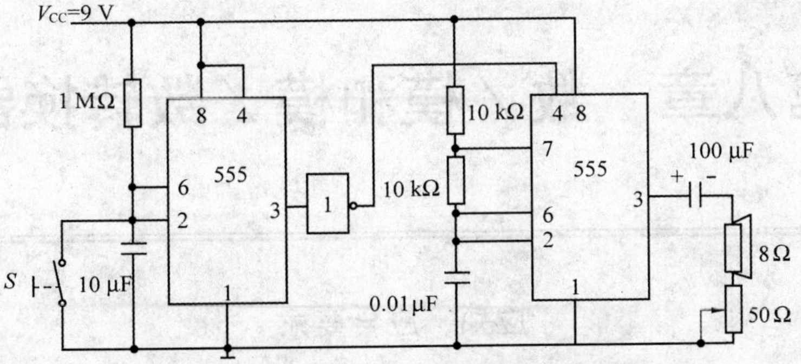

图 7-36　由 555 定时器构成的延迟报警器

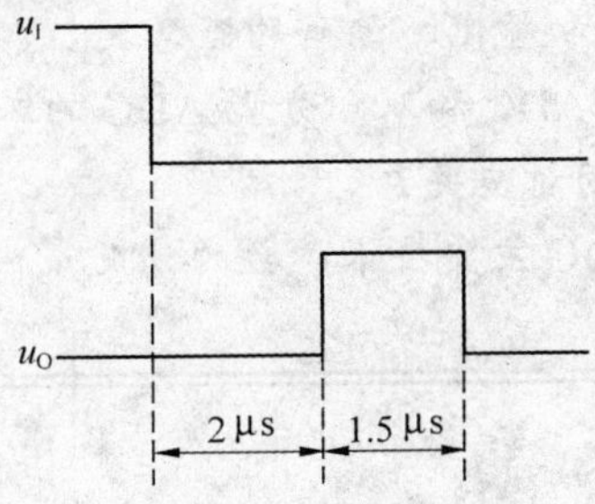

图 7-37　输入波形

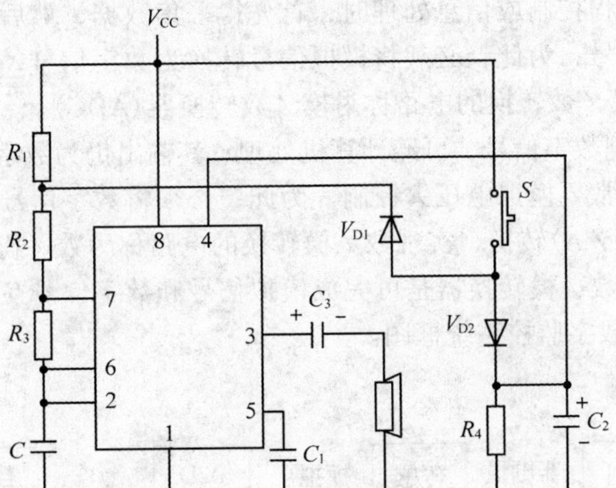

图 7-38　“叮咚”门铃电路

第八章　数／模和模／数转换器

应知、应会要求

1. 熟悉 T 形电阻网络 DAC 的电路结构、工作原理及特点，掌握输入数字量与输出模拟量的对应关系。

2. 熟悉采样、保持和量化、编码的概念。

3. 熟悉逐次逼近型 ADC 和双积分型 ADC 的工作原理及特点。掌握输入模拟量与输出数字量的对应关系。

4. 了解 DAC 和 ADC 主要技术参数的意义。

随着数字电子技术的迅速发展，尤其是以计算机为代表的各种数字系统的广泛应用，模拟信号与数字信号的相互转换已是电子技术中不可缺少的重要组成部分。数字电路、数字计算机应用于过程控制或信息处理时，首先得采集数据，然后才能处理。通常，采集到的信号为模拟信号，为此，必须将模拟信号转换为数字信号，这一过程就是模／数(A／D)转换，实现模／数转换的电路称为模／数转换器(ADC)。

经 ADC 转换得到数字信号，再经计算机处理，其输出仍为数字信号。可是，过程控制中的执行机构，常常要模拟电压去控制。为此，必须将数字信号转换为模拟信号，这一过程就是数／模(D／A)转换，实现数／模转换的电路称为数／模转换器(DAC)。

模／数转换器和数／模转换器是可完成模拟信号和数字信号互相转换的大规模集成电路。图 8-1 是一个数字监控系统框图。

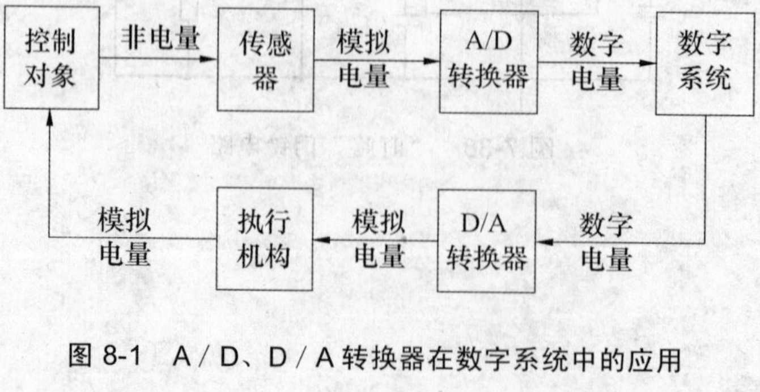

图 8-1　A／D、D／A 转换器在数字系统中的应用

第一节　D／A 转换器

一、D／A 转换器的基本概念

D／A 转换器的作用是将输入的二进制数字信号转换为相应的模拟信号，以电压或电流的形式输出。如果 D／A 转换器输入的是 n 位二进制数字信息 $D(D_{n-1}D_{n-2}\cdots D_1D_0)$，其最低位 D_0 和最高位 D_{n-1} 的权分别为 2^0 和 2^{n-1}，故 $(D)_2$ 按权展开式为

$$D = D_{n-1}2^{n-1}+D_{n-2}2^{n-2}+\cdots+D_12^1+D_02^0$$
$$=\sum_{i=0}^{n-1}D_i2^i$$

则 D／A 转换器电路输出的是与输入数字量成正比例的模拟电压 u（或电流 i），即

$$u = Du_{\mathrm{R}} = (D_{n-1}2^{n-1}+D_{n-2}2^{n-2}+\cdots+D_12^1+D_02^0)\,u_{\mathrm{R}}$$
$$=\sum_{i=0}^{n-1}D_i2^i\,u_{\mathrm{R}}$$

式中：u_{R} 为转换比例系数。

D／A 转换器的一般结构方框图如图 8-2 所示，图中数据锁存器用来暂时存放输入的数字信号。电阻解码网络是一个加权求和电路，通过它把输入数字量 D 中的各位 1 按位权变换成相应的电流，再经过运算放大器求和，最终获得与 D 成正比的模拟电压 u。

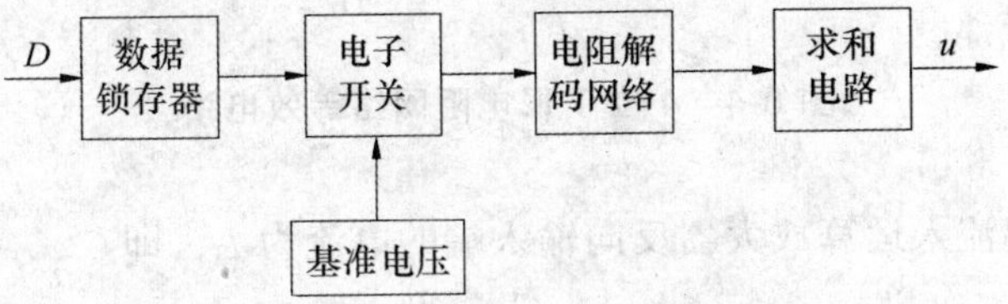

图 8-2　D／A 转换器方框图

二、T 形电阻网络 D／A 转换器

D／A 转换器按电阻解码网络结构的不同分为权电阻网络、权电流网络、T 形电阻网络、倒 T 形电阻网络等，本节仅以 T 形电阻网络为例介绍 D／A 转换器工作原理。

（一）电路结构

如图 8-3 所示为 T 形电阻网络 D／A 转换器。该电路仅用 R 和 $2R$ 两种阻值的电阻。模拟开关 S_3~S_0 分别由数字信号 D_3~D_0 控制，当 D_i=0 时，开关 S_i 接地，而 D_i=1 时，开关 S_i 接向基准电压 V_{REF}。

（二）工作原理

这种网络的特点是任一个输入端 D_i 看进去(其余输入端接地时)的电阻均等于 $3R$，即各位对基准电压的负载均为 $3R$。例如 D_3=1，D_2=D_1=D_0=0，即 S_3 接+V_{REF}，S_2~S_0 接地，

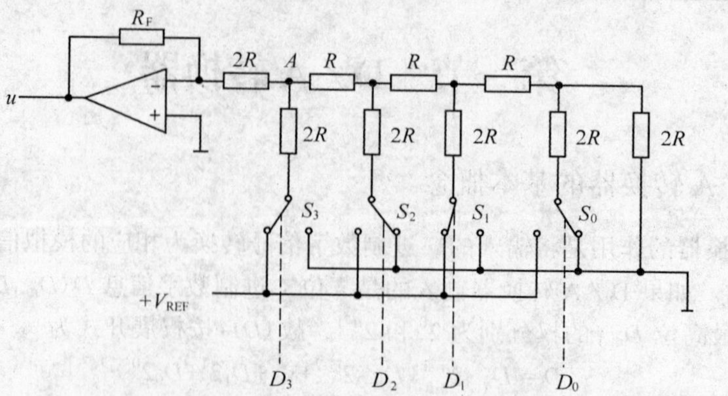

图 8-3　4 位 T 形电阻网络 D／A 转换器

其等效电路如图 8-4 所示。A 点的右边和左边等效电阻均为 $2R$，故其等效电阻为 $3R$，基准电压提供的电流 $I=\dfrac{V_{REF}}{3R}$。

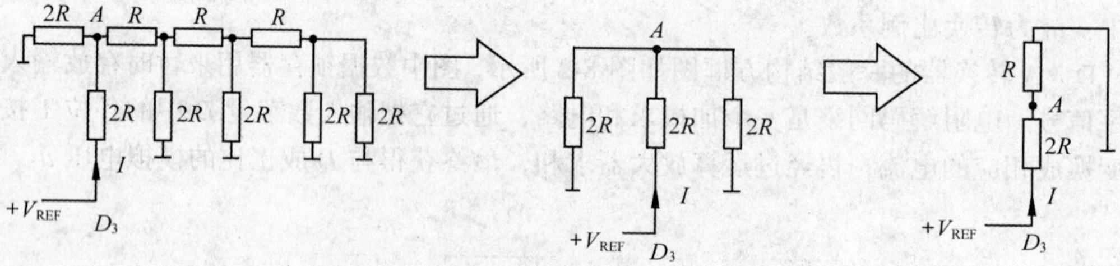

图 8-4　4 位 T 形电阻网络等效电路

则由 $D_3=1$ 引起流入运算放大器反向输入端的电流为 I_3，即

$$I_3=\frac{1}{2}I=\frac{1}{2}\cdot\frac{V_{REF}}{3R}$$

若 $D_3=0$，S_3 接地，则 $I_3=0$，所以对 D_3 不同取值时，I_3 可写成

$$I_3=\frac{1}{2}\frac{V_{REF}}{3R}\cdot D_3$$

同理，考虑 D_2、D_1、D_0 单独作用的情况下，分流至反向输入端去的电流时，其等效电路如图 8-5 所示。在三种情况中，基准电压提供的电流 $I=\dfrac{V_{REF}}{3R}$ 均相同，它们分别经两次、三次、四次分流得电流 I_2、I_1、I_0 为

$$I_2=\frac{1}{2^2}\frac{V_{REF}}{3R}D_2$$

$$I_1=\frac{1}{2^3}\frac{V_{REF}}{3R}D_1$$

$$I_0=\frac{1}{2^4}\frac{V_{REF}}{3R}D_0$$

因为此 T 形网络是线性网络，所以利用叠加原理，则流入反向输入端的电流为

$$I_\Sigma=I_3+I_2+I_1+I_0$$
$$=\frac{V_{REF}}{3R}\left(\frac{1}{2^1}D_3+\frac{1}{2^2}D_2+\frac{1}{2^3}D_1+\frac{1}{2^4}D_0\right)$$
$$=\frac{V_{REF}}{3R\times 2^4}\ (2^3D_3+2^2D_2+2^1D_1+2^0D_0)$$

其输出模拟电压为

$$u=-I_\Sigma R_F$$
$$=-\frac{V_{REF}R_F}{3R\times 2^4}\ (2^3D_3+2^2D_2+2^1D_1+2^0D_0)$$

若 $R_F=3R$，输入数字量为 n 位时，输出模拟电压为

$$u=-\frac{V_{REF}}{2^n}\ (2^{n-1}D_{n-1}+2^{n-2}D_{n-2}+\cdots+2^1D_1+2^0D_0)$$

由上式可见，输出模拟电压 u 的绝对值正比于输入数字量，比例系数 $u_R=\frac{V_{REF}}{2^n}$。

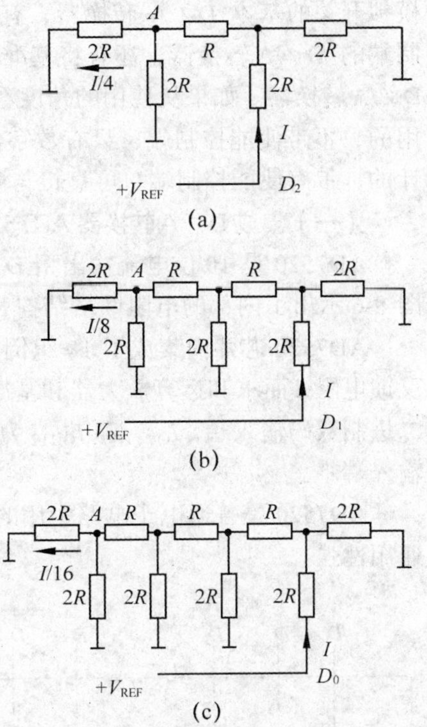

图 8-5　D_2~D_0 单独作用时等效电路

（三）主要技术指标

(1) 分辨率。分辨率是分辨最小输出电压的能力。所谓最小输出电压是指输入数字量仅最低位为 1 时的输出电压。分辨率定义为最小输出电压与最大输出电压的比值，所以分辨率用 $\frac{1}{2^n-1}$ 表示。另外，有的器件也用输入数字量的有效位数来表示分辨率。

(2) 转换精度。精度是实际输出值与理论计算值之差。这种差值是由转换过程中的各种误差引起的。

(3) 转换时间。从数字信号送入 D / A 转换器起，到输出电压达到稳定值所需的时间称为 D / A 转换器的转换时间。

【例 1】　有一个 8 位 T 型电阻网络 D / A 转换器，V_{REF}=10V，$R_F=3R$，$(D)_2$=01010101 时，求这时模拟输出电压及 D / A 转换器的分辨率。

解：

$$u=-\frac{V_{REF}}{2^8}\cdot(2^6+2^4+2^2+2^0)$$
$$=-\frac{10}{256}\ (64+16+4+1)=-3.32\text{V}$$

$$\text{分辨率}=\frac{1}{2^n-1}=\frac{1}{2^8-1}=0.0039$$

三、集成 D / A 转换器及其应用

集成 D / A 转换器品种繁多，如果从内部结构上看，有只包括电阻解码网络和电子

模拟开关的基本 D／A 转换器，有在内部电路中增加了数据锁存器、寄存器的带使能控制端的 D／A转换器，还有将基准电压源、求和运算放大器等均集成在芯片上的完整的D／A转换器。如果从使用的角度看，D／A转换器可分两大类：一类是在电子电路中使用的，不带使能控制端，只有数字信号输入和模拟信号输出；另一类是为微机应用而设计的，带有使能控制端，可直接与微机及单片机接口。

（一）集成 D／A转换器 AD7520

AD7520是10位电流输出型D／A转换器，转换时间500 ns，电源电压+5～+15 V。图8-6示出了内部的电阻网络结构。

AD7520芯片内集成了10组倒T形电阻网络、CMOS电子模拟开关和一个10 kΩ的反馈电阻，而求和运算放大器和基准电压必须外接。图8-7是外引线图，$D_0 \sim D_9$为10个二进制数码输入端，I_{OUT1}和I_{OUT2}为电流输出端，R_F为反馈电阻引出端，V_{REF}为基准电压输入端。

AD7520是普通电子电路中用的D／A转换器，它电路简单，功耗低，转换速度快，通用性强。

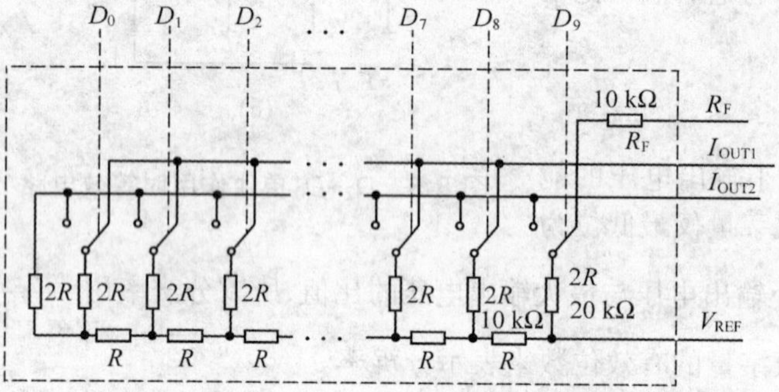

图 8-6　AD7520 内部电阻网络结构

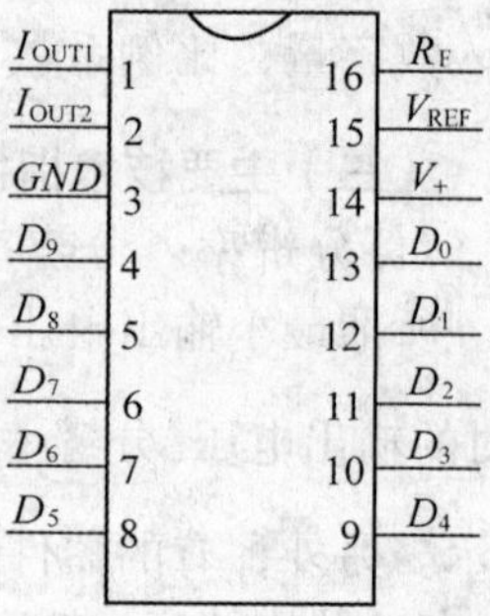

图 8-7　AD7520 外引线图

（二）AD7520应用

(1) 单极性输出典型D／A转换电路。图8-8是由AD7520组成的单极性输出数／模转换应用电路。电路由AD7520与求和运算放大器组成，此电路的转换关系为

$$u_O = -\frac{R_F V_{REF}}{2^{10} R}(2^9 D_9 + 2^8 D_8 + \cdots + 2^0 D_0)$$

$$= -\frac{V_{REF}}{2^{10}}(2^9 D_9 + 2^8 D_8 + \cdots + 2^0 D_0)$$

式中：$R_F = R = 10\ \text{k}\Omega$。

(2) 可编程增益放大器。用AD7520可以构成可编程增益放大器，电路如图8-9所示。电路中运算放大器接成反相比例电路形式，u_I为输入，u_O为输出，R_F作为电路的输入电阻，而倒T形电阻网络的总等效电阻作为放大器的反馈电阻。由电路及运算放大器的原理可得出电路增益如下：

$$\frac{u_I}{R_F}=-\frac{u_O}{2^{10}R}(2^9D_9+2^8D_8+\cdots+2^0D_0)$$

$$A_u=\frac{u_O}{u_I}=\frac{-2^{10}}{2^9D_9+2^8D_8+\cdots+2^0D_0}$$

可以看出，只要调整数字信号 D_i 的数值，即可改变放大器的增益，做到增益可编程。

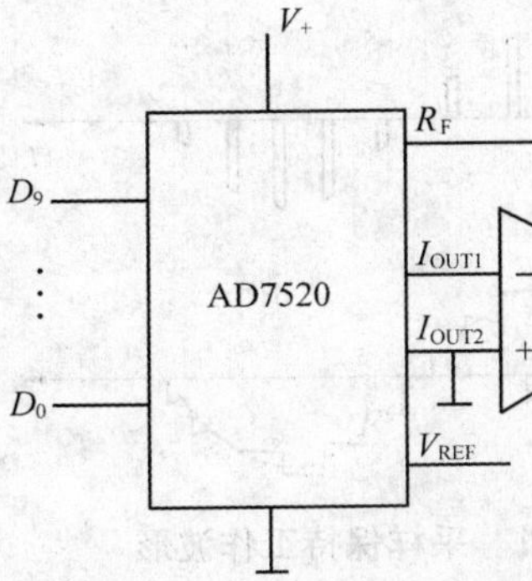

图 8-8　单极性输出数／模转换应用电路

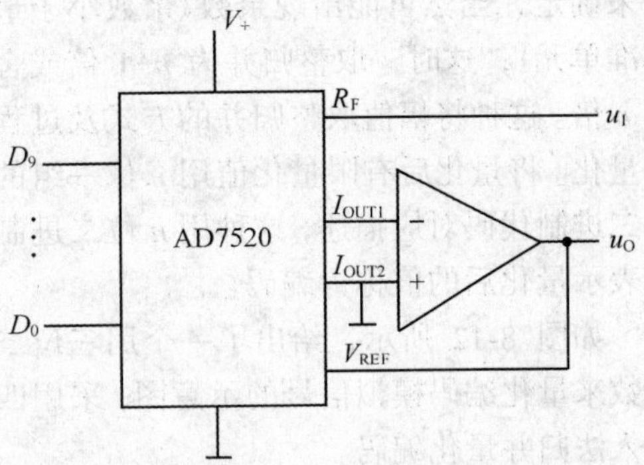

图 8-9　可编程增益放大器

第二节　A／D 转换器

一、A／D 转换器基本概念

A／D 转换器能将模拟信号转换成数字信号。输入的模拟信号在时间上是连续变化的信号，而输出信号则是在时间上、幅度上都是离散的数字量。转换过程通过采样、保持、量化和编码四个步骤完成。

（一）采样和保持

采样就是对连续变化的模拟信号作等间隔的抽取样值。通过采样，将模拟量转换成时间上离散的模拟量。保持是指将采样脉冲保持一段时间，以便进行转换。如图 8-10 所示为采样保持电路。场效应管 T 为采样门，高质量的电容器 C 为保持元件，运算放大器作为跟随器起缓冲隔离负载作用。在采样脉冲 $s(t)$ 到来的时间 τ 内，场效应管 T 导通，输入模拟量 u_I 向电容 C 充电。假定充电时间常数远小于 τ，那么电容 C 上的充电电压能及时跟上 u_I 的采样值，采样结束，T 迅速截止，电容 C 上的充电电压就保持了前一采样时间 τ 的输入 u_I 的值，一直保持到下一个采样脉冲到来为止。当下一个采样脉冲到来，电容 C 上的电压再按输入 u_I 变化，在输入一连串采样脉冲序列后，采样保持电路的缓冲放大器输出电压 u_O。如图 8-11 所示为采样保持工作波形。

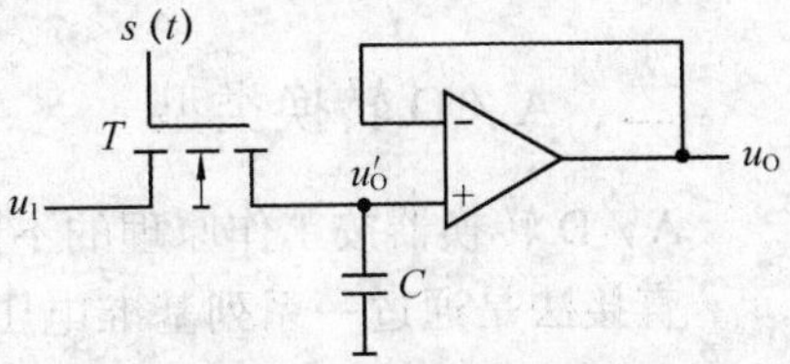

图 8-10　采样保持电路

（二）量化和编码

采样保持后的信号已成为在时间上离散的阶梯信号，而阶梯信号的幅值是连续可变的，有无限多个值。要把这无限多个值与数字量一一对应是不可能的，因此必须将采样保持后的值，用一个规定的最小基准单元电平(称量化单位)去度量，其值用这个最小基准单元的 n 倍来确定，当然可能出现余数(余数小于最小基准单元)，这时，取整归并为 $n+1$ 倍或舍弃成 n 倍。这种将幅值取整归并的方式及过程称为量化。将量化后有限量化值用 n 位一组的某种二进制代码对应描述，这种用 n 位二进制代码表示量化后的值称为编码。

如图 8-12 所示，给出了一个用三位二进制数来量化编码模拟信号的示意图，采用四舍五入法归并量化编码。

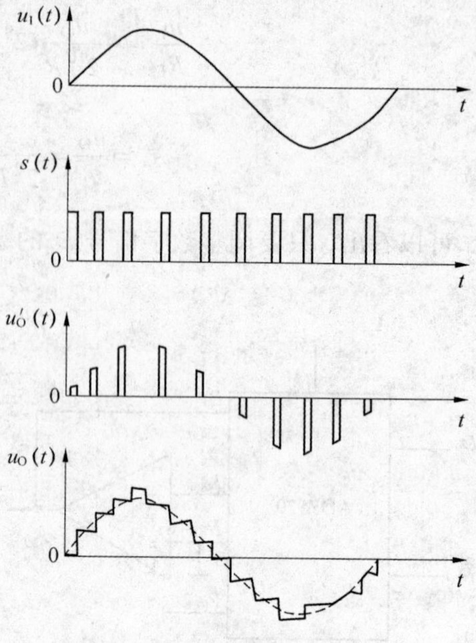

图 8-11　采样保持工作波形

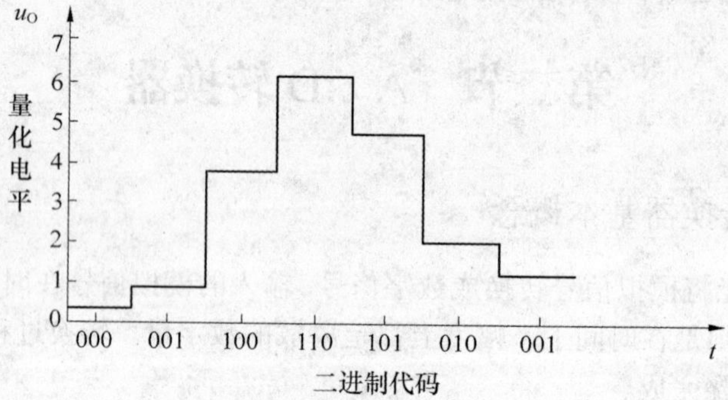

图 8-12　量化编码波形

二、A／D 转换类型

A／D 转换器按工作原理的不同分为直接法和间接法。

直接法是通过一系列基准电压与取样保持电压进行比较，从而直接转换成数字量。其特点是工作速度高，转换精度容易保证。直接 A／D 转换器有逐次逼近型和并行比较型等多种方式。

间接法是将采样后的模拟信号转换成时间 t 或频率 f，然后再将 t 或 f 转换成数字量。其特点是工作速度较低，转换精度较高，一般在测试仪表中用的较多。常用的是双积分型 A／D 转换器。

（一）逐次逼近型 A／D 转换器

逐次逼近型 ADC 是直接式 ADC 中最常见的一种，其方框图如图 8-13 所示，它由电压比较器，D／A 转换器、逐次逼近寄存器与控制逻辑等部分构成。

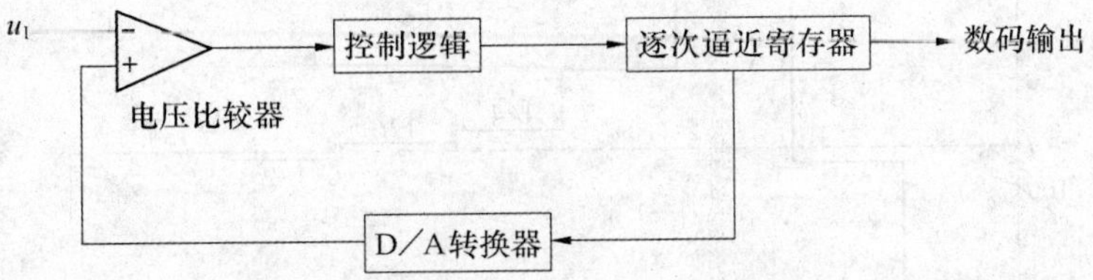

图 8-13　逐次逼近型 A／D 转换器

这种转换器是将转换的模拟电压 u_I 与一系列的基准电压比较。比较是从高位到低位逐位进行的，并依次确定各位数码是 1 还是 0。转换开始前，先将逐位逼近寄存器清零，开始转换后，控制逻辑将逐位逼近寄存器的最高位置 1，使其输出为 100…000，这个数码被 D／A 转换器转换成相应的模拟电压 u_O，送至比较器与输入 u_I 比较。若 $u_O > u_I$，说明寄存器输出的数码大了，应将最高位改为 0(去码)，同时设次高位为 1；若 $u_O \leqslant u_I$，说明寄存器输出的数码还不够大，因此需将最高位设置的 1 保留(加码)，同时也设次高位为 1。然后，再按同样的方法进行比较，确定次高位的 1 是去掉还是保留(即去码还是加码)。这样逐位比较，一直到最低位为止，比较完毕后，寄存器中的状态就是转化后的数字输出。例如，一个待转换的模拟电压 u_I=134 mV，逐次逼近寄存器的数字量为八位，其整个比较过程如表 8-1 所示，D／A 转换器输出的 u_O 反馈电压变化波形如图 8-14 所示。

表 8-1　u_I=134 mV 的逐次比较过程

步骤	逐位逼近寄存器设定的数码								十进制读数	比较判别	结果
	128	64	32	16	8	4	2	1			
1	1	0	0	0	0	0	0	0	128	$u_I \geqslant u_O$	留
2	1	1	0	0	0	0	0	0	192	$u_I < u_O$	去
3	1	0	1	0	0	0	0	0	160	$u_I < u_O$	去
4	1	0	0	1	0	0	0	0	144	$u_I < u_O$	去
5	1	0	0	0	1	0	0	0	136	$u_I < u_O$	去
6	1	0	0	0	0	1	0	0	132	$u_I \geqslant u_O$	留
7	1	0	0	0	0	1	1	0	134	$u_I = u_O$	留
结果	1	0	0	0	0	1	1	0	134		

从以上分析可见，逐次逼近型 A／D 转换器的数码位数越多，转换结果精度越高，但转换时间越长。

（二）并行比较型 A／D 转换器

并行比较型 A／D 转换器转换速度快，但输出数字信号位数越多，电路越复杂，不易做成高分辨率 A／D 转换器。其方框图如图 8-15 所示，图中电阻分压器将基准电压 V_{REF} 分为 2^n-1 个量化比较电平，加到各自电压比较器的反相输入端，经采样保持电路输出的模拟电压 u_I 并行加到每个比较器同相输入端，对于每个比较器来说，如模拟输入小于其量化电平，则比较器输出为 0，反之为 1。经比较器输出的信号被送到数码寄存器存放，然后送入优先编码器，得到 n 位二进制数字信号输出。

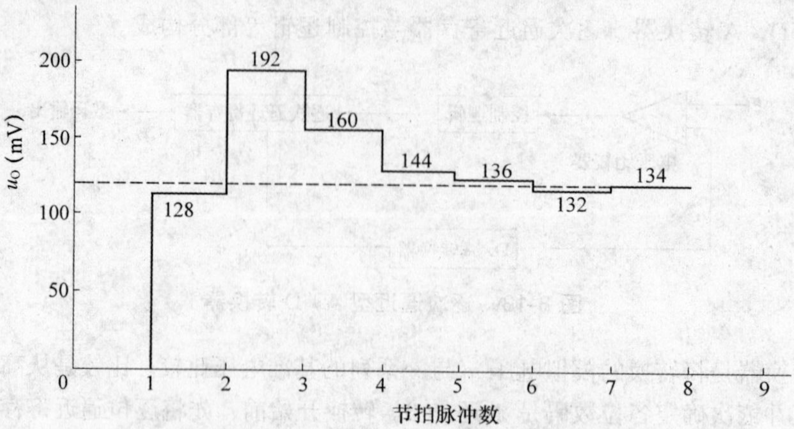

图 8-14　u_I=134 mV 逐次比较 u_O 波形图

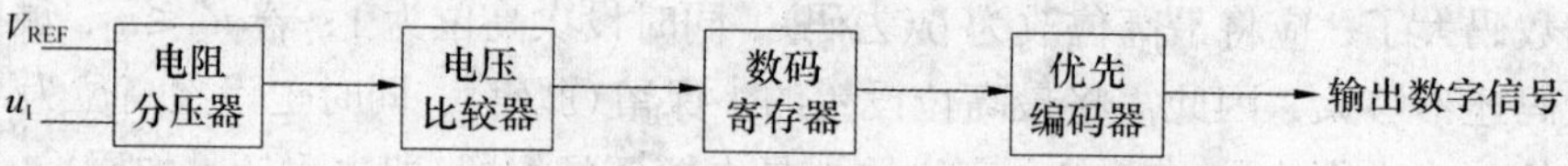

图 8-15　并行比较型 A／D 转换器方框图

（三）双积分型间接 A／D 转换器

图 8-16 所示电路为双积分 A／D 转换器原理框图。它由基准电压、积分器、过零比较器、计数器和逻辑控制电路等部分组成。u_I 为采样保持输入模拟电压，$-V_{REF}$ 为基准电压。工作过程如下：首先使计数器复零，积分电容 C 完全放电，变换开始，使开关 S_1 与输入 u_I 接通，积分器输出线性上升，经过零比较器获得过零指示方波，打开门 G，计数器开始计数。当计数器计到最位高 Q_n=1 时，通过开关控制电路使开关 S_1 转接到基准电压 V_{REF}，同时计数器状态为 100…0。当开关 S_1 转接到$-V_{REF}$ 后，积分器中的电容 C 开

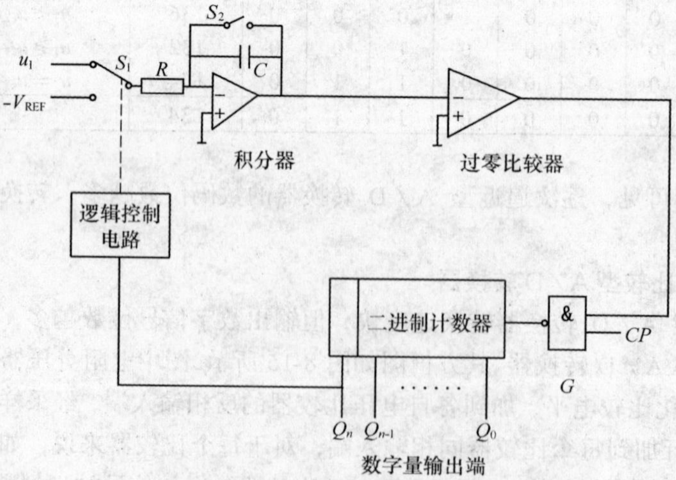

图 8-16　双积分 A／D 转换器原理框图

始放电，积分器输出线性下降，这时计数器重新开始计数，直到下降过零，比较器输出负方波结束，此时计数器中的暂存二进制数字就是与 u_I 相对应的二进制码，变换过程的波形如图 8-17 所示。

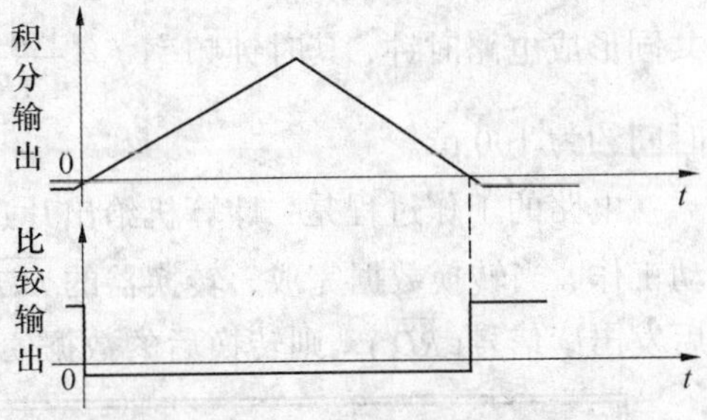

图 8-17　双积分 ADC 波形图

三、集成 A／D 转换器及其应用

目前一般使用的多是单片集成 A／D 转换器，其种类很多，例如 AD571、ADC0804、ADC0809 等。如从使用的角度上看也可分为两大类：一类在电子电路中使用，不带使能控制端；另一类带有使能端，可与微机直接相连。下面以 ADC0804 为例，简单介绍其结构和使用。

（一）集成 A／D 转换器 ADC0804

ADC0804 是逐次逼近型单通道 CMOS8 位 A／D 转换器，其转换时间小于 100 μs，电源电压为+5 V，输入输出都和 TTL 兼容，输入电压范围 0 ~ +5 V 模拟信号，内部含有时钟电路。图 8-18 为外引线图。图 8-18 中，$\overline{CS}$、$\overline{RD}$、$\overline{WR}$ 是控制输入端，*CLKI* 和 *CLKR* 是时钟电路引出端，$\overline{INTR}$ 是中断输出，V_{IN+} 和 V_{IN-} 为模拟电压输入，*AGND* 和 *DGND* 分别为模拟地和数字地。V_{REF}／2 为参考电压输入端，其值对应输入电压范围的 1／2，如果此脚悬空，则由内部的分压电路设置 $+V_{CC}$／2，此时对应的输入电压范围为 0 ~ $+V_{CC}$。

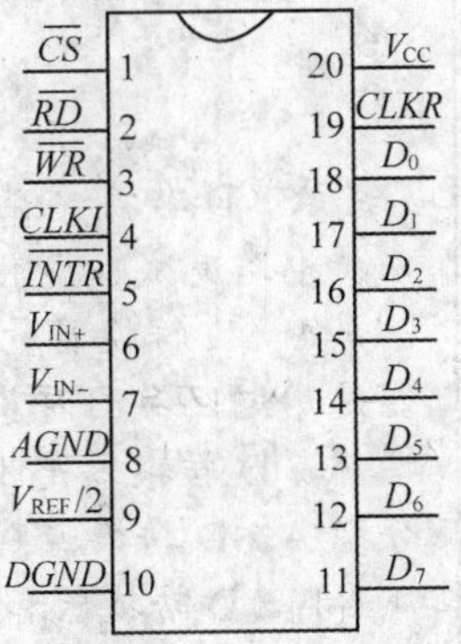

图 8-18　ADC0804 外引线图

（二）ADC0804 的应用

图 8-19 是其典型应用电路。图 8-19 中 4 脚和 19 脚外接 *RC* 电路，与内部时钟电路

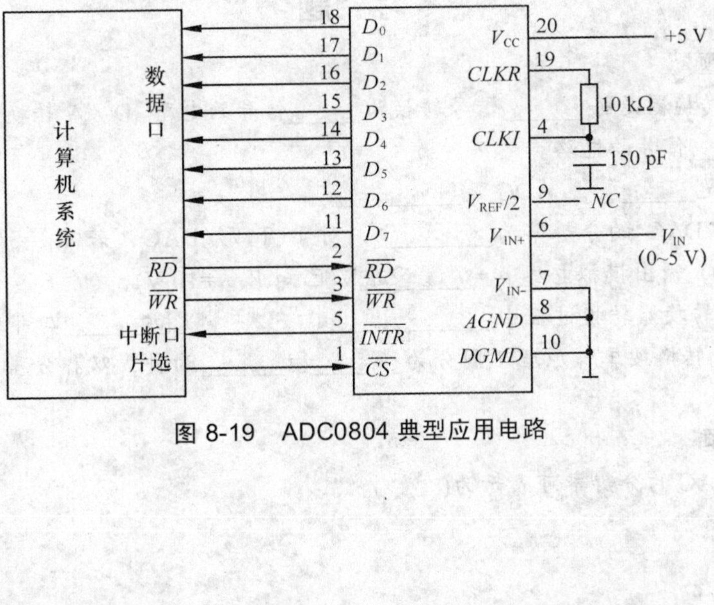

图 8-19　ADC0804 典型应用电路

共同形成电路时钟，其时钟频率 $f=\frac{1}{1.1RC}=\frac{1}{1.1\times10\times10^3\times150\times10^{-12}}=606\ \text{kHz}$，对应转换时间约为 100 μs。

电路的工作过程是：计算机给出片选信号($\overline{CS}$)及写入信号($\overline{WR}$)，使 A/D 转换器启动工作，当转换数据完成，转换器的 $\overline{INTR}$ 端向计算机发出低电平中断信号，计算机接受后发出读信号($\overline{RD}$)，则转换后的数据便出现在 $D_0\sim D_7$ 数据端口上。

本章小结

在电子系统不断数字化的今天，D/A 转换器和 A/D 转换器作为沟通模拟量和数字量的桥梁，就显得更为重要，因此应对本章内容给予足够的重视。

D/A 转换的基本思想是“权电流相加”。用数字量控制各位的电子开关，决定是否加入该位的权电流。其基本转换公式是

$$u=\sum_{i=0}^{n-1}D_i 2^i u_R \qquad (\text{一般}u_R=\frac{-V_{REF}}{2^n})$$

A/D 转换要经采样、保持、量化和编码四步实现。采样、保持由采样、保持电路完成；量化、编码由 A/D 转换器实现。

A/D 转换器量化编码的基本思想是“比较”。并行比较型 A/D 转换器是用电阻链同时获得各量化级的比较电压，并同时和 u_I 比较；逐次逼近型 A/D 转换器是用 D/A 转换器依次产生比较电压和 u_I 逐次比较。双积分型 A/D 转换器则用两次积分的时间作比较。

A/D 转换器和 D/A 转换器的应用很广、种类繁多，本章只选出几种最基本、最常用的讲述，以期掌握其基础知识。

习　题

一、填空题

1. A/D 转换器是将______信号转换为_____信号的电路。D/A 转换器是将_____信号转换为______信号的电路。

2. DAC 是________，ADC 是_________。

3. 10 位 DAC 的分辨率为_________，对于 T 形 DAC，若 $R_F=3R$，输入数字量 D=1000010000，输出模拟电压 u_0=_________V(已知 V_{REF}=10 V)。

4. A/D 转换器转换过程由_______、_______、_______和_______四部分组成。

5. A/D 转换按工作原理不同分为_______和_______两种，双积分型 A/D 转换属于________。

二、选择题

1. n 位 DAC 的分辨率可表示为(　　)。

A. $\frac{1}{2^n}$　　B. $\frac{1}{2^n-1}$　　C. $\frac{1}{2^{n-1}}$　　D. $\frac{1}{2^{n-1}-1}$

2. 在下面位数不同的 D / A 转换器中，分辨率最低的是(　　)。

A. 4 位　　B. 8 位　　C. 10 位　　D. 12 位

3. T 形电阻 D / A 转换器，n=10，$R_F=3R$，$V_{REF}=-10.24$ V，要求输出电压 u_O=4 V，输入的二进制数应是(　　)。

A. 0110010000　　B. 0100110000　　C. 0000100001　　D. 0111011100

三、计算题

1. 已知 T 形电阻网络 D / A 转换器中的 $R_F=3R$，V_{REF}=10 V，试分别求出 4 位和 8 位 DAC 的输出最小电压，并说明这种 D / A 转换器最小输出电压绝对值与位数的关系。

2. 对逐次逼近 D / A 转换器解答下列问题。

(1)若 ADC 中 8 位 D / A 转换器的最大输出 u_{Omax}= 9.945 V，当输入模拟电压 u_I=6.436 V 时，电路的输出状态 $D=Q_7Q_6\cdots Q_0$ 是多少？

(2) u_I 和 u_O 的波形如图 8-20 所示，求对应的输出状态 $Q_7Q_6\cdots Q_0$ 是多少？

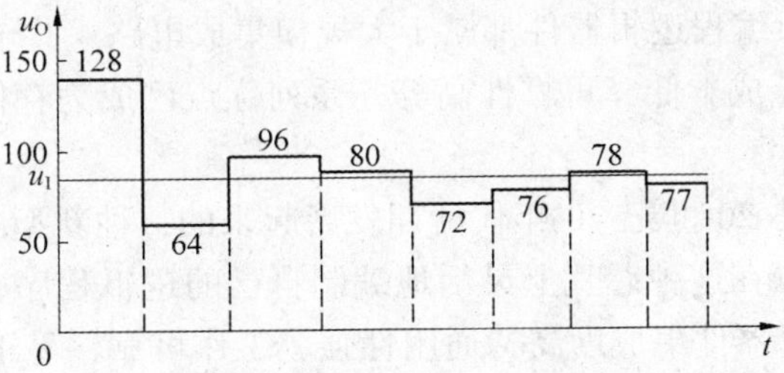

图 8-20　逐次比较 u_O 波形

第九章　半导体存储器与可编程逻辑器件

应知、应会要求

1. 熟悉 RAM 的结构和操作过程。
2. 熟悉 RAM 和 ROM 的字扩展和位扩展方法。
3. 熟悉 PLD 器件简化阵列图的画法。
4. 了解 PLD 器件 PROM、PLA、PAL、GAL 的特点。了解用 PLD 实现逻辑函数的方法。

半导体存储器和可编程逻辑器件都属于大规模集成电路。半导体存储器以其容量大、存储速度快、体积小、成本低、可靠性高等一系列优点已成为存储器中不可缺少的主导器件。

可编程逻辑器件是 20 世纪 70 年代后期发展起来的一种新型的逻辑器件，用户使用相应编程器和软件可以在这种芯片上灵活地编制自己的逻辑程序，完成大规模复杂数字系统的设计。这种逻辑器件集成度高、通用性强、工作可靠、易于编程。

本章首先介绍了只读存储器和随机存储器的基本结构与工作原理，然后简要介绍可编程逻辑器件的结构原理和简单应用。

第一节　半导体存储器概述

半导体存储器是现代数字系统特别是计算机系统中的重要组成部件，它可用来存储数据、资料和运算程序等二进制信息。它的种类很多，从存储功能上可以分为只读存储器(Read-only Memory,简称 ROM)和随机存储器(Random Access Memory，简称 RAM)两大类。ROM 是一种非易失性的存储器，正常工作时一般只能读出信息，而不能写入信息。RAM 是一种易失性的存储器，正常工作时可以随时向存储器里写入或读出数据。从构成元件上可分为双极型存储器和 MOS 型存储器。双极型存储器速度快，但功耗大，主要用于对速度要求高的场合，MOS 型存储器速度较慢，但功耗小，集成度高，工艺简单。

存储器的存储容量和存取时间是反映系统性能的两个重要指标。存储容量指存储器所能存放的信息是多少，存储容量越大，说明存储的信息越多，系统的性能越强。存储器的容量一般用字数 N 和字长 M 的乘积 $M \times N$ 来表示，如 1 k×8 表明该存储器有 1024 个地址存储单元，每一单元存放八位二进制信息。存取时间一般用读／写周期来描述。读／写周期越短，即存取时间越短，存储器的工作速度就越高。

第二节　只读存储器 ROM

只读存储器 ROM 属于非易失性存储器，它预先将信息写入存储器中，在正常工作状态下只能读出数据，不能写入数据。ROM 的优点是电路结构简单，而且在断电以后数据不会丢失，常用来存放固定的资料及程序。

ROM 器件按制造工艺的不同分为二极管、双极型和 MOS 型三种；按存储内容存入方式的不同可分为掩膜 ROM 和可编程 ROM，可编程 ROM 又分为一次可编程 ROM(PROM)、紫外线擦除可编程 ROM(EPROM)、电擦除可编程 ROM(E^2PROM)和闪存 ROM(Flash Memory)。

一、ROM 的结构框图

ROM 的一般结构如图 9-1 所示。它主要由地址译码器、存储矩阵及输出缓冲器组成。

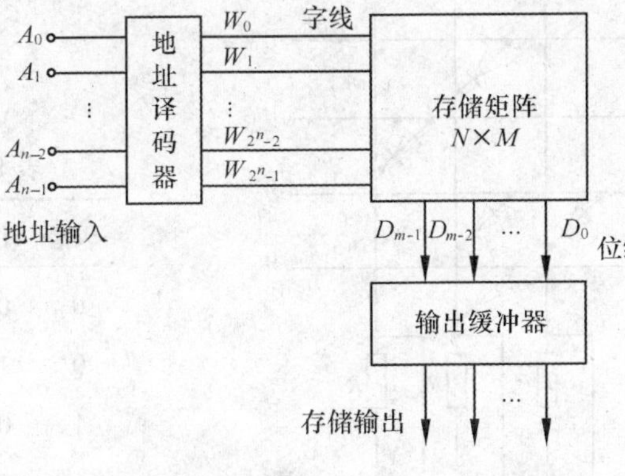

图 9-1　$N\times M$ ROM 结构框图

存储矩阵是存储器的主体，由大量存储单元排列组成。一个存储单元存放一位二进制数码“1”或“0”，若干个存储单元组成一个字，存储器以字为单位进行存储。在存储器中，为了存入和取出信息方便，必须给每组存储单元(字单元)以确定的标号，这个标号称为地址，不同的字单元具有不同的地址。地址译码器有 n 条地址输入线 A_0~A_{n-1}，则译码器输出线有 2^n 条 W_0~W_{2^n-1}，每一条译码输出线 W_i 称为“字线”，它与存储矩阵中的一个“字”相对应。因此，每当给定一组输入地址时，译码器只有一条输出字线 W_i 被选中，即 W_i=1，该字线可以在存储矩阵中找到一个相应的字，并将字中的 m 位信息 D_{m-1}~D_0 送至输出缓冲器。此时三态控制端使缓冲器工作，读出 D_{m-1}~D_0 的数据。每条输出线 D_i 又称为“位线”，每个字中信息的位数称为“字长”。

输出缓冲器是 ROM 的数据读出电路，通常用三态门构成，它不仅可以实现对输出数据的三态控制，以便与系统总线连接，还可提高存储器的负载能力。

二、掩膜 ROM

掩膜 ROM 是指所存储的信息是由生产厂家在制造芯片时，采用掩膜工艺将程序固化在芯片中，使用者只能读取数据而不能改变芯片中数据的内容，通常只用来存放固定数据、固定程序和函数表等。ROM 的存储单元可以用二极管、双极型三极管或 MOS 管构成。图 9-2 所示为二极管掩膜 ROM 结构图，具有两位地址输入和四位数据输出。

图 9-2 中地址译码器是一个 2–4 线地址译码器，将两个地址 A_1、A_0 译成 4 个地址 W_0~W_3，分别用来选择存储矩阵中的四个字，每个字存放四位信息。制作时，若在某个字的某一位存入“1”，则在该字的字线 W_i 与位线 D_i 之间接入二极管；反之，就不接二极管。

读出数据时，当译码器输出所对应的 W_i(字线)为高时，在线上的二极管导通，将相应的 D_i(位线)与 W_i 相连，使 D_i 为 1，无二极管的 D_i 为 0。例如，当 A_1A_0=00 时，W_0=1，W_1=W_2=W_3=0，所以 W_0 被选中，读出 W_0 对应字中的数据 $D_3D_2D_1D_0$=1010。该 ROM 存储的数据如表 9-1 所示。

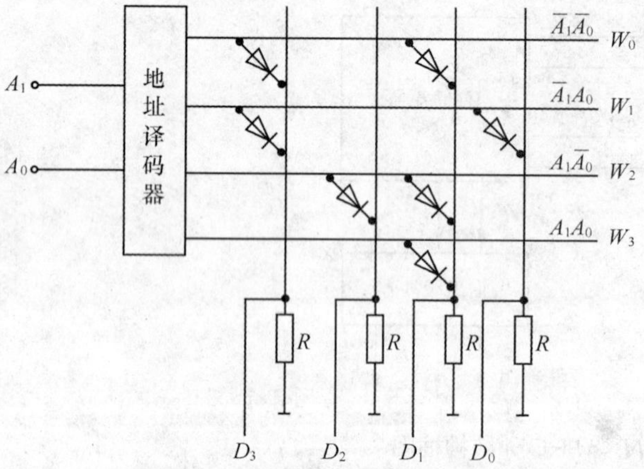

图 9-2　二极管掩膜 ROM 结构图

表 9-1　ROM 数据表

A_1	A_0	D_3	D_2	D_1	D_0
0	0	1	0	1	0
0	1	1	0	0	1
1	0	0	1	1	0
1	1	0	0	1	0

掩膜 ROM 除二极管掩膜外，还有 TTL ROM 和 MOS ROM 等，它们虽然工艺不同，但原理相似，在此不详细介绍。

三、可编程 ROM

（一）一次可编程 ROM(PROM—Programmable ROM)

掩膜 ROM 里的程序是由厂商运用照相掩膜技术使硅膜感光而设计的，其开发时间长、费用高，只有生产量较大时才能降低其成本。在实际应用中，常需要用户自己编程写入数据，由此而设计出了一种通用器件——可编程 ROM(PROM)，其缩短了开发时间且费用较低，改正程序错误和更新产品也容易得多。

可编程 ROM 的基本原理如图 9-3 所示。在存储器的每个存放数据的结点上加上一个熔断丝(相当于通常电工上的保险丝)，这样该器件在出厂时每个单元内容全部为 1，如果希望某一单元存放数据 0，只需将该结点对应的熔断丝烧断即可。

该种存储器也存在一些不足：由于在半导体电路中加入了金属丝，使生产工艺变得复杂；其次，由于可编程的部分是由熔断丝构成的，属于一次性编程芯片，一旦将程序写错，其芯片只能报废。

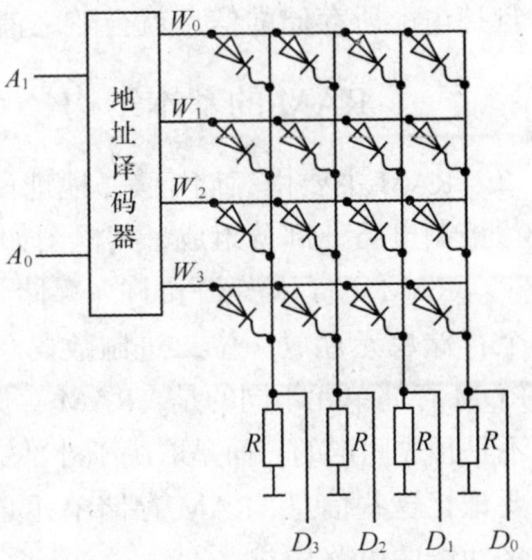

图 9-3　可编程 ROM（PROM）

（二）紫外线可擦除 ROM（EPROM—Erasable PROM）

PROM 的一次性编程给实际使用带来许多不便，可重复编程的芯片更适合实际使用。用户只需用 EPROM 编程器（写入器）就可对 EPROM 进行编程，最早出现的是用紫外线照射擦除的 EPROM。如果要对 EPROM 重复使用或重复编程，就可以使用芯片顶部的特设石英窗口，将紫外线（UV）直接照射到 EPROM 芯片上的窗口大约 5 分钟，通过紫外线把所有的存储单元设置为逻辑 1 来擦除 EPROM，此后，可对 EPROM 重新写入程序。

EPROM 存储的信息可以安全保存 20 年以上，但为了防止平时日光中紫外线的照射，在其玻璃窗上贴上黑纸。

EPROM 的优点是其内容可以擦除后重新写入数据，但其缺点是其重新改写时需将其拆下来用专门的编程器进行改写。但由于其价格较低，使用方法简单，所以现在使用还是相当广的。

（三）电可擦除 ROM（EEPROM—Electrically Erasable PROM）

EEPROM 也称 E^2PROM，它是在 EPROM 的基础上开发出现的，其可以在加电的情况下擦除存储器的全部或某一部分内容，然后在电路上直接改写其擦除过的单元内容。EEPROM 的存储单元有两种结构，一种为双层栅介质 MOS 管，另一种为浮栅隧道氧化层 MOS 管，其擦写次数可达 1 万次以上。

（四）闪存 EPROM（Flash EPROM）

闪存 EPROM 是新一代电信号擦除的可编程 ROM，它与 E^2PROM 不同之处在于它是整个芯片被擦除或重写程序，而不能像 E^2PROM 那样对单个字节进行重写。闪存既吸收了 EPROM 结构简单、编程可靠的优点，又保留了 E^2PROM 用隧道效应擦除快捷的特性，而且集成度可以做得很高。

闪存 EPROM 自 1988 年推出以来，以其高集成度、大容量、低成本和使用方便等特点得到广泛的应用。随着存储容量不断扩大，工作速度不断加快，闪存将会逐渐取代磁盘等存储器，并在计算机及其他数字领域得到广泛应用。

第三节　随机存储器 RAM

随机存储器 RAM 也称为读 / 写存储器。RAM 工作时可以随时从任何一个指定的地址写入（存入）或读出（取出）信息。RAM 最大的优点是读 / 写方便，但信息容易丢失，一旦掉电，所存储的信息就会随之消失，不利于数据的长期保存。

一、RAM 的基本结构

RAM 主要由存储矩阵、地址译码器和读 / 写控制电路三部分组成，其框图如图 9-4 所示。

RAM 的存储矩阵由许多存储单元构成，每个存储单元存放一位二进制数码（0 或 1），与 ROM 存储单元不同的是，RAM 存储单元的数据不是预先固定的，而是取决于外部输入的信息。要记忆这些信息，RAM 存储单元必须由具有记忆功能的电路构成。

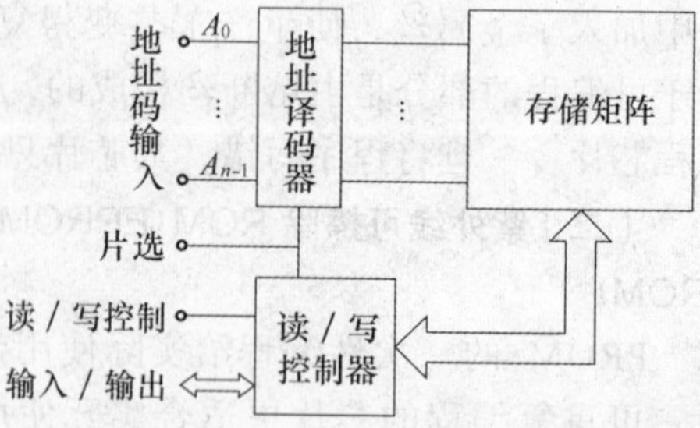

图 9-4　RAM 的结构框图

地址译码器将外部给出的地址进行译码，找到唯一对应的存储单元使之与数据线相通，以便实现读写操作。根据存储单元所排列的矩阵形式，通常将地址译码器分成行地址译码器和列地址译码器两部分。行地址译码器将输入地址代码的若干位 A_0~A_i 译成某一条字线有效，从存储矩阵中选中一行存储单元；列地址译码器将输入地址代码的其余若干位（A_{i+1}~A_{n-1}）译成某一根输出线有效，从字线选中的一行存储单元中再选一位（或 n 位），使这些被选中的单元与读写电路和 I / O 接通。

读 / 写控制电路用于对电路的工作状态进行控制。$\overline{CS}$ 为片选信号，$\overline{CS}$=0 时，RAM 工作；当 $\overline{CS}$=1 时，所有输入 / 输出端呈高阻状态，不能与总线交换数据。R / $\overline{W}$ 为读 / 写控制信号，R / $\overline{W}$=1 时，执行读操作，将存储单元中的信息送到 I / O 端口上；当 R / $\overline{W}$=0 时，执行写操作，将 I / O 端口上的数据写入存储单元中。

二、RAM 的存储单元

RAM 的存储单元的结构有双极型和 MOS 型。双极型速度快，但功耗大，集成度不高。大容量的 RAM 一般都采用 MOS 型。RAM 可分为静态存储器 SRAM（Static Random Access Memory）和动态存储器 DRAM（Dynamic Random Access Memory）两类。DRAM 的存储单元结构非常简单，其集成度远高于 SRAM，但它的存取速度不如 SRAM 快。

（一）静态 RAM

静态 RAM 的存储单元如图 9-5 所示。T_1、T_2 构成的反相器与 T_3、T_4 构成的反相器交叉耦合构成基本 RS 触发器作基本存储单元，可存储一位二进制信息。T_5、T_6 是行选通管，由行选择线 X（相当于字线）控制其导通或截止，将所存储信息分别送至位线 B 和 $\overline{B}$。T_7、T_8 为列选通管，由列选择线 Y 控制其导通或截止，将位线上的信息送至数据线，从而使位线上的信息与外部数据线相通。读写操作时，X=1、Y=1、T_5、T_6、T_7、T_8 均导通，触发器的状态与位线上的数据一致。

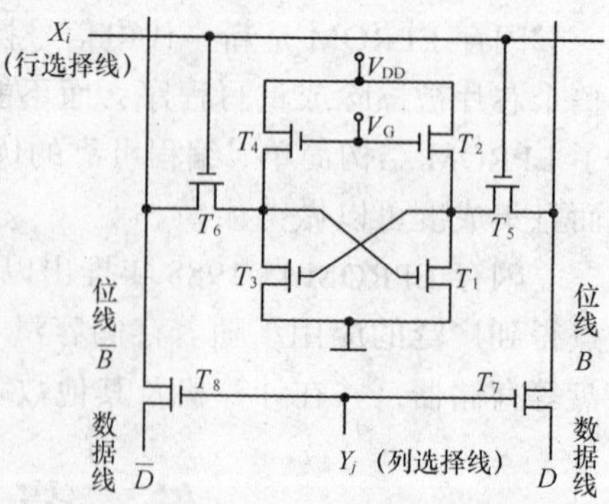

图 9-5　SRAM 存储单元

当 X=0 时，T_5、T_6 截止，触发器的输出端与位线断开，保持状态不变。当 Y=0 时，T_7、T_8 截止，不进行读写操作。

由于 SRAM 存储电路中，MOS 管数目多，故集成度低。而 T_1、T_3 管组成的双稳态触发器必有一个是导通的，功耗比 DRAM 大，这是 SRAM 的两大缺点。其优点是不需刷新电路，从而简化了外部电路。SRAM 一般用于小于 64 kB 数据存储器的小系统或作为大系统中高速缓冲存储器，有时还用于需要用电池作为后备电源进行数据保护的系统中。

（二）动态 RAM

图 9-6 所示是一只用 NMOS 管组成的动态 RAM 基本存储单元，MOS 电路 C_S 用于存储二进制信息，数据 1 或 0 是以电容上有无电荷来区分的，NMOS 管 V 是读写控制门，以控制数据的输入和输出。

读写操作时，字线 X=1，使 MOS 电容 C_S 与位线相连。写入时，数据从位线存入 C_S 中，写 1 充电，写 0 放电。读出时，数据从 C_S 中传至位线。

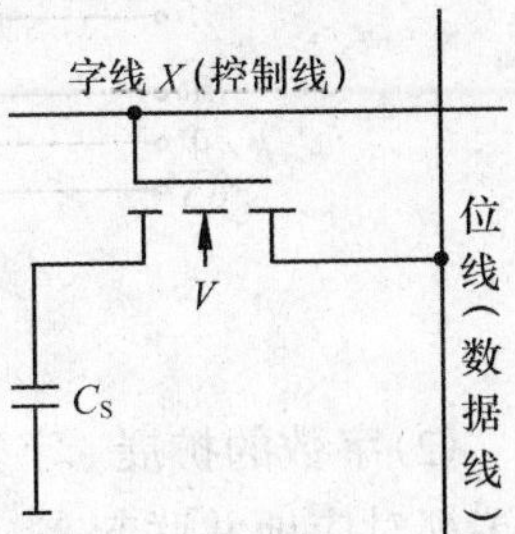

图 9-6　单管动态存储单元

DRAM 利用 MOS 存储单元分布在电容上的电荷存储一个数据位。由于电容电荷会泄漏，为了保持信息不丢失，DRAM 需要不断周期性地进行刷新。DRAM 存储单元所用 MOS 管少，因此 DRAM 集成度高，功耗低。DRAM 常用于大于 64 kB 的大系统。

三、集成 RAM 简介

（一）集成静态存储器 2114

2114 静态 RAM 是一个通用的 MOS 集成静态存储器，其外引线排列如图 9-7 所示。2114 的容量是 1024×4 位。有 10 条输入地址线 A_9~A_0（2^{10}=1024），4 条数据线 I/O_3~I/O_0。$\overline{CS}$ 为片选信号，$\overline{CS}$=0 时，选中该芯片。$R/\overline{W}$ 为读写允许控制输入端，$R/\overline{W}$=0 时，RAM 处于写模式，$R/\overline{W}$=1 时，RAM 处于读模式。2114 电源电压为+5 V。

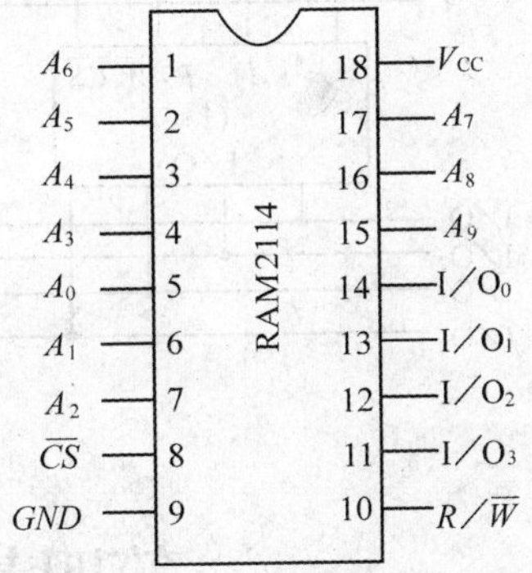

图 9-7　RAM2114 外引线排列图

（二）RAM 的扩展

在数字系统中，当使用一片 ROM 或 RAM 器件不能满足存储容量要求时，必须将多片存储器连在一起以扩展存储容量。扩展的方法可以通过增加位数或字数来实现。

(1)位数的扩展。存储器芯片的字长多数为一位、四位、八位等。当实际的存储系统的字长超过存储器芯片的字长时，需要进行位扩展。

位扩展可以利用芯片的并联方式实现，图 9-8 是用八片 1024×1 位的 RAM 扩展为 1024×8 位 RAM 的存储系统框图。图中八片 RAM 的所有地址线、$R/\overline{W}$、$\overline{CS}$ 分别对应并接在一起，而每一片的 I/O 端作为整个 RAM 的 I/O 端的一位。

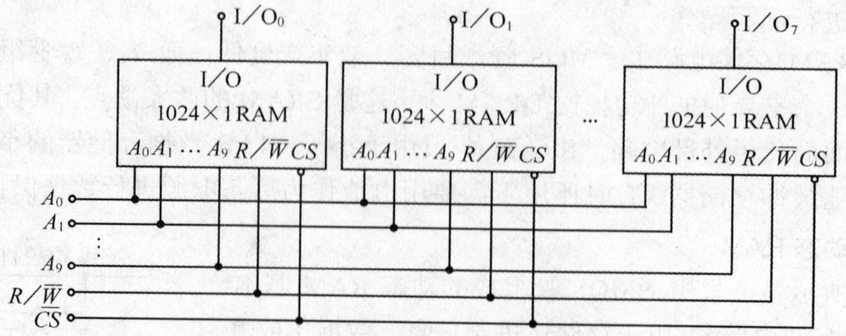

图 9-8　RAM 的位扩展连接法

(2) 字数的扩展。字数扩展的方法是将 n 片 RAM 的 I/O 端、读/写控制端、地址输入端都对应地并联起来，再用一个译码器控制各 RAM 芯片的片选端即可。图 9-9 是由四片 RAM2114 组成的存储器字数扩展电路，组成 4096 字 ×4 位的 RAM。

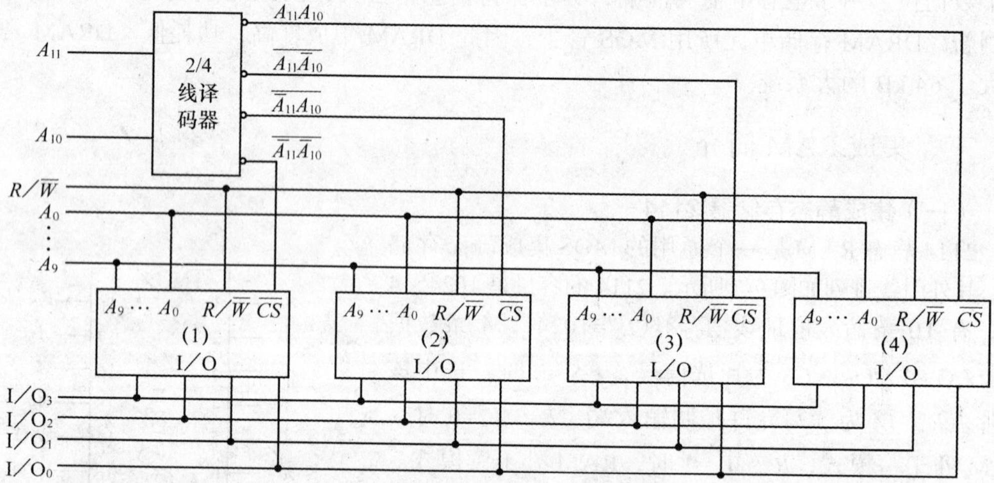

图 9-9　RAM 的字扩展连接法

第四节　可编程逻辑器件 PLD

可编程逻辑器件 PLD (Programmable Logic Device) 是 20 世纪 80 年代蓬勃发展起来的专用集成电路，用户可以利用软、硬件开发工具对器件进行设计和编程，使之实现所需要的逻辑功能。由于它是用户可配置的逻辑器件，使用灵活，设计周期短，费用低，承担风险小，特别适合于系统样机的研制，因此很快得到普遍应用，发展非常迅速。

可编程逻辑器件的出现使数字系统的设计方法发生了崭新的变化。传统的系统设计方法采用 SSI、MSI 标准通用器件对电路板进行设计，由于器件的种类、数量多，连线复杂，因而制成的系统往往体积大、功耗大、可靠性差。采用 PLD 设计系统时，则可以将原来在电路板上的设计工作放到芯片设计中进行，而且所有的设计工作都可以利用电子设计自动化(EDA)工具来完成，从而极大地提高了设计效率，增强了设计的灵活性。同时，基于芯片的设计可以减少芯片的数量，缩小系统体积，降低功耗，提高系统的速度和可靠性。

一、PLD 的基本结构

PLD 的基本结构框图如图 9-10 所示。电路的主体由与逻辑阵列和或逻辑阵列组成，通过对与、或两个逻辑阵列进行编程，实现所需要的逻辑功能。输入电路由缓冲器组成，可以使输入信号具有足够的驱动能力，并产生互补输入信号。输出电路可以提供不同的输出结构，如直接输出(组合方式)，或通过寄存器输出(时序方式)。此外输出端口通常有三态门，可通过三态门控制数据直接输出或反馈至输入端。

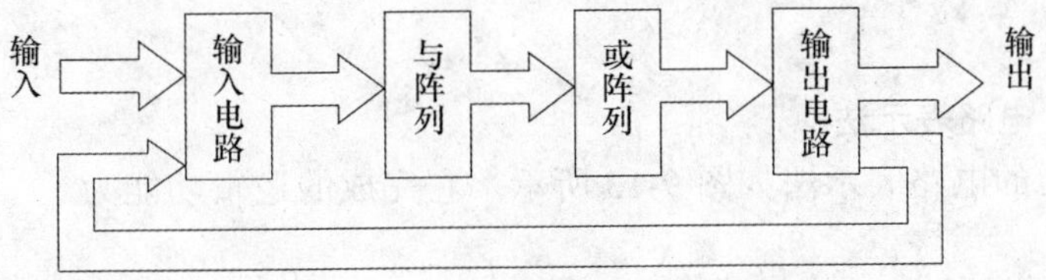

图 9-10 PLD 基本结构框图

二、PLD 的表示方法

PLD 阵列庞大，所以对其进行描述采用了一种与传统方法不同的简化方法。

(一) 连接方式

PLD 的门阵列交叉点的连接方式分为固定连接、可编程连接和断开连接，如图 9-11 所示。

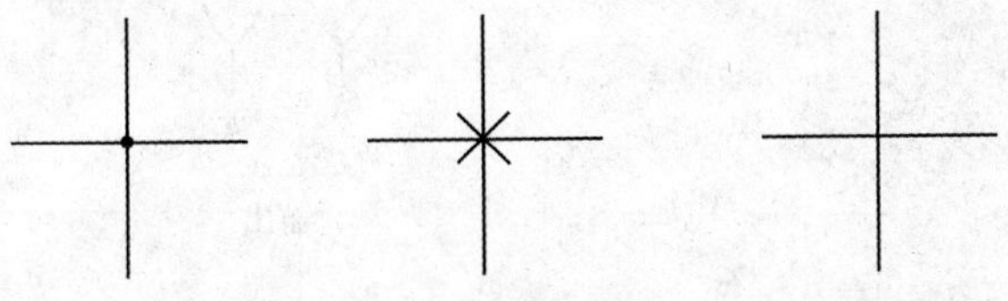

(a) 固定连接 (b) 可编程连接 (c) 断开连接

图 9-11 PLD 交叉点的连接方式

(二) 逻辑门表示方式

PLD 中逻辑门表示如图 9-12 所示。

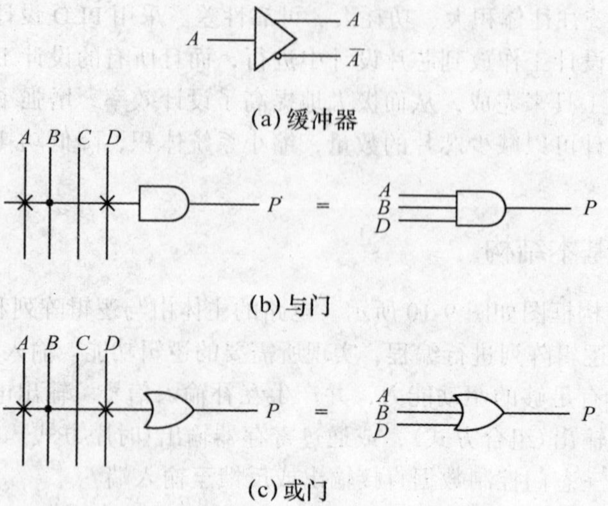

图 9-12　PLD 逻辑门表示法

（三）PLD 电路表示法

PLD 编程后的电路表示法如图 9-13 所示。它完成的逻辑功能为

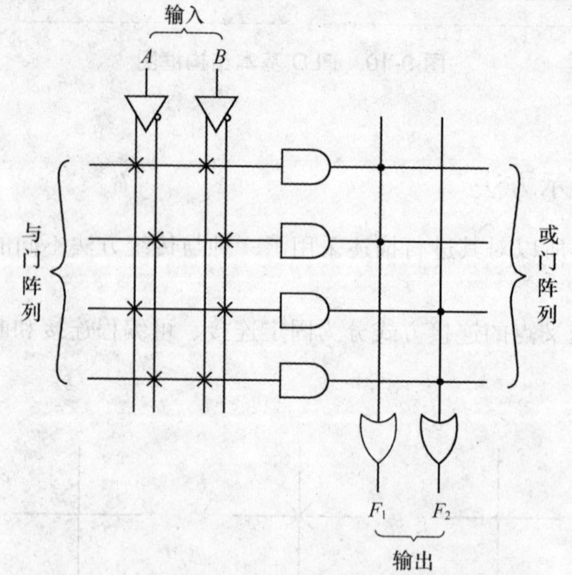

图 9-13　PLD 电路表示法

$$F_1=AB+\overline{A}\,\overline{B}$$
$$F_2=\overline{A}B+A\overline{B}$$

它们分别是同或门和异或门。

三、PLD的分类

PLD 的主要组成部分是与阵列和或阵列，按各阵列的编程方式及输出电路方式可将 PLD 划分成可编程只读存储器(PROM)、可编程逻辑阵列(PLD——Prgrammable Logic Array)、可编程阵列逻辑(PAL——Progammable Array Logic)和通用阵列逻辑(GAL——Generic Array Logic)四大类，各类特点如表 9-2 所示。

表 9-2　PLD 分类

分类	与阵列	或阵列	输出电路
PROM	固定	可编程	固定
PLA	可编程	可编程	固定
PAL	可编程	固定	固定
GAL	可编程	固定	可组态

需要说明的是，GAL 器件中有个别型号或阵列可编程，绝大多数主流产品其或阵列是固定的。

四、通用阵列逻辑 GAL

GAL 是 Lattice 公司于 1985 年首先推出的新型低密度可编程逻辑器件。它采用电擦除、电可编程的 E^2COMS 工艺制作，数秒内即可完成芯片的擦除和编程过程，并反复编程上百次。GAL 器件采用灵活的可编程 I／O 结构，输出端设有可编程的输出逻辑宏单元 OLMC(Output Logic Macro Cell)，可实现多种输出电路工作模式，因此也称为通用可编程逻辑器件。

(一)GAL 的基本结构

按门阵列的可编程结构，可把现有的 GAL 器件分为两大类：一类是与阵列可编程，或阵列是固定连接的，如 GAL16V8 和 GAL20V8，称为普通型 GAL 器件；另一类是与阵列和或阵列都可编程，如 GAL39V18，称为新型 GAL 器件。现主要以 GAL16V8 为例，简要介绍 GAL 器件的结构，其结构图如图 9-14 所示。它由以下四部分组成。

(1)8 个输入缓冲器和 8 个输出反馈／输入缓冲器。

(2)8 个输出逻辑宏单元 OLMC 和 8 个三态缓冲器，每个 OLMC 对应 1 个 I／O 引脚。

(3)由 8×8 个与门构成的阵列，共形成 64 个乘积项，每个与门有 32 个输入项，由 8 个输入的原变量、反变量和 8 个反馈信号的原变量、反变量组成，故可编程与阵列共有 32×8×8=2048 个可编程单元。

(4)系统时钟 CK 和三态输出选通信号 OE 的输入缓冲器。

由图 9-14 看出，引脚 2～9 只能做输入端，而引脚 12～19 由三态门控制，因此可以做输出也可以做输入，是一种 I／O 引出结构。引脚 1 用做时钟输入，引脚 11 是输出的使能信号 OE 输入端。

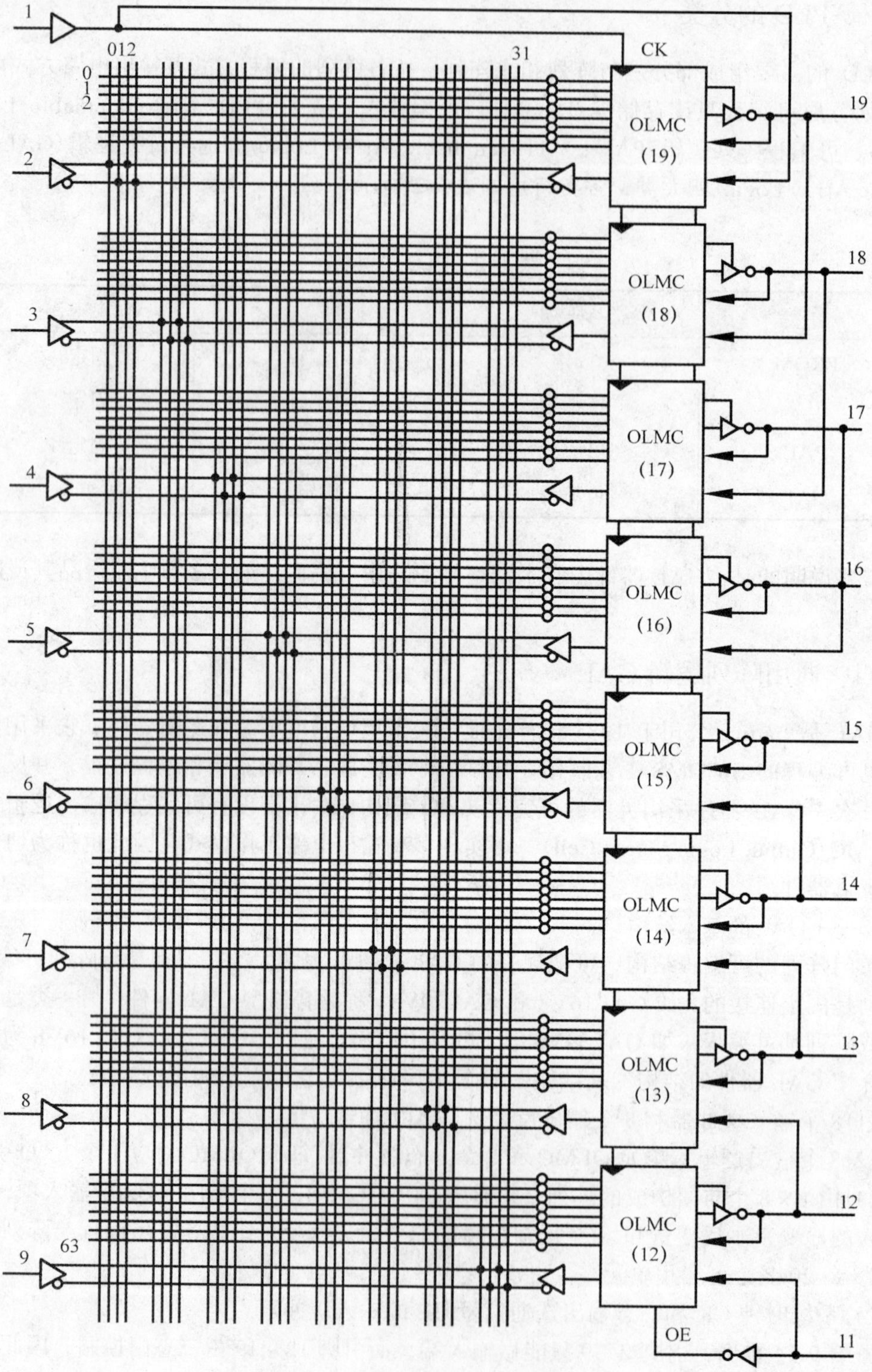

图 9-14　GAL16V8 逻辑框图

GAL 器件没有独立的或阵列结构，各个或门放在各自的输出逻辑宏单元中。

（二）输出逻辑宏单元（OLMC）的结构

OLMC 由或门、异或门、D 触发器和 4 个 MUX 组成，其内部结构如图 9-15 所示。

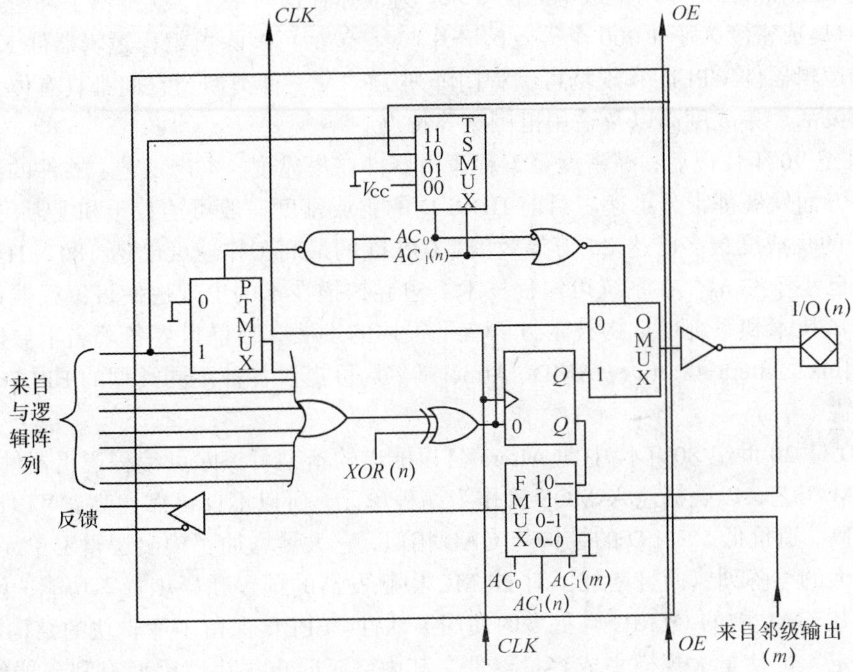

图 9-15　OLMC 的内部结构

每个 OLMC 包含或门阵列中的一个或门。一个或门有 8 个输入端，和来自与阵列的 8 个乘积项相对应。其中 7 个直接相连，第一个乘积项（图 9-15 中最上边的一项）经 PTMUX 相连，或门输出为有关乘积项之和。

异或门的作用是选择输出信号的极性。当 $XOR(n)$ 为 1 时，异或门起反相器作用，否则起同相器作用。$XOR(n)$ 是控制字中的一位，n 为引脚号。

4 个多路数据选择器受结构控制字中的信号 AC_0、$AC_1(n)$、$AC_1(m)$ 的控制。乘积项选择器 PTMUX 决定或门的第 1 个输入是否来自阵列中的一个乘积项。三态控制选择器 TSMUX 用于控制三态门的选通信号，从 V_{CC}、地、OE 或第一乘积项中选择 1 个作为输出缓冲器的使能信号。输出选择器 OMUX 用于选择输出信号是组合的还是寄存的。若选择异或门输出则适用于构成组合电路，若选择 D 触发器输出则适用于时序电路。反馈源选择器 FMUX 决定反馈信号的来源将 D 触发器的 $\overline{Q}$ 、本级 OLMC 输出、邻级 OLMC 输出或地电平作为反馈源送回到与阵列作为输入信号。

OLMC 有五种可编程的工作组态，每个宏单元的工作组态由结构控制字中的 SYN、AC_0、$AC_1(n)$ 和 $XOR(n)$ 等信号决定。在五种工作组态中，三种为组合电路类型，它们是专用输入模式、组合输出模式、选通组合输出模式，另外两种为时序电路类型，即时序电路中的组合输出模式和时序输出模式。具体说明见其他专业文献。

五、高密度可编程逻辑器件 HDPLD

由于 GAL 器件规模小，每片相当于几十个等效门电路，只能代替 2~4 片 MSI 器件，远达不到 LSI 和 VLSI 专用集成电路的要求。为了弥补这一缺陷，就推出了高密度可编程逻辑器件(集成密度大于 1 000 个等效门 / 片)，它包括可擦除可编程逻辑器件 EPLD、复杂可编程逻辑器件 CPLD 和现场可编程门阵列 FPGA 三种类型。它们都具有体系结构和逻辑单元灵活、集成度高以及适用范围宽等特点。

20 世纪 90 年代以后，高密度可编程逻辑器件在集成度、生产工艺、器件的编程和测试技术等方面发展都十分迅速。目前 HDPLD 的集成密度一般可达数千和上万门，CPLD 和 FPGA 的集成度最多已达 25 万等效门。CPLD 的最高工作速度已达 180 MHz，FPGA 的门延迟已小于 3 ns。在系统可编程技术、边界扫描技术的出现也使可编程器件在编程技术、测试技术和系统可重构技术方面有了很快的发展。目前世界各著名半导体器件公司，如 Xilinx、Altera、Lattice、AMD、Atmel 等，均可提供各种不同类型的 EPLD、CPLD、FPGA 产品。

EPLD 是 20 世纪 80 年代中期 Altera 公司推出的新型可擦除可编程逻辑器件。它采用 UVEPROM 工艺，以叠栅注入 MOS 管作为编程单元，所以不仅可靠性高，可以改写，而且集成度高，造价低。EPLD 的结构与 GAL 相似，它大量增加了输出逻辑宏单元的数目，提供了更大的与阵列，而且增加了对 OLMC 中触发器的预置和异步置零功能，因此它的 OLMC 要比 GAL 中的 OLMC 有更大的使用灵活性。EPLD 保留了逻辑块的结构，内部连线相对固定，即使是大规模集成容量器件，其内部延时也很小，因而有利于器件在高频率下工作，但 EPLD 的互连能力很弱。

CPLD 是在 EPLD 基础上发展起来的器件。与 EPLD 相比，它增加了内部连线，对逻辑宏单元和 I / O 单元都作了重大改进。CPLD 采用 E^2COMS 工艺制作，有些 CPLD 内部还集成了 RAM、FIFO 或双口 RAM 等存储器，兼有 FPGA 的特性，许多 CPLD 还具备在系统编程能力，因此它比 EPLD 功能更强，使用更灵活。

FPGA 是 20 世纪 80 年代中期出现的高密度可编程逻辑器件。它不受与或阵列结构上的限制以及含有触发器和 I / O 端数量上的限制，可以靠内部的逻辑单元以及它们的连接构成任何复杂的逻辑电路，更适合实现多级逻辑功能，并且具有更高的密度和更大的灵活性。目前，FPGA 已成为设计数字系统的首选器件之一。

六、PLD 编程概述

对 PLD 编程，有原理图和硬件描述语言两种输入方法。通常采用原理图和语言描述的方法来设计，顶层框图采用原理图，每一个功能模块采用语言描述，其设计过程分为以下几步。

(1) 设计准备。设计准备的目的是选择合适的 PLD 器件。首先考虑器件的 I / O 资源是否够用，所以设计准备工作的第一步是定义 I / O 端口；其次考虑该器件的逻辑资源也即 GLB 数量是否能满足系统需要，是否够用。

(2)设计输入。设计输入就是将设计者所设计的电路以开发软件要求的某种形式表达出来，并输入计算机。根据需要将所设计的电路划分为几个模块，采用原理图或硬件描述语言(HDL)两种方式进行输入。

(3)设计检验、优化。将设计文件输入以后，应对输入的文件进行检验。这一步除了对输入文件的语法和规范情况进行检查外，还应对逻辑方程作最小化处理。检验通过后，软件自动将输入的逻辑映射到 GLB 和 IOC 中去。

(4)设计仿真。按照开发软件的需求输入一定的测试序列，软件可以将电路在这种序列作用下的输出波形显示出来，检查输出是否满足设计要求。

(5)布局和布线。布局布线工作是由软件自动完成的，它能以最优的方式对逻辑元件布局，并准确地实现元件间的互连。

(6)熔丝图生成。输入的文件由计算机自动将其生成一个熔丝图(JEDEC)。文件在熔丝图生成过程中，凡设计中未使用的 I / O 端，皆被自动地放上有源上拉电阻。设计者可对使用的 I / O 端选择有源上拉电阻的方式。

(7)下载编程。下载编程是将设计阶段生成的 JEDEC 文件(熔丝图)烧入到器件中，完成整个器件的编程任务。

本章小结

半导体存储器与高密度可编程逻辑器件都是大规模或超大规模逻辑器件，前者多用在电子计算机中，而后者则是电子电路的理想开发器件。

随机存储器 RAM 是可随时进行读 / 写的存储器件，根据基本存储单元的构成可分为静态 RAM（SRAM）和动态 RAM（DRAM）两大类。其中 DRAM 集成度高、成本低，多用于超大规模的 RAM 中；而 SRAM 电路复杂、成本高、集成度低，但不用刷新，多用于微型机中。

只读存储器 ROM 种类较多，包括固定 ROM、一次可编程的 PROM、紫外线擦除的 EPROM 及电信号擦除的 EEPROM 等。ROM 的基本组成部分就是与阵列和或阵列两种阵列，ROM 除作基本的信息存储使用外，还可实现组合逻辑功能。

可编程逻辑器件有低密度与高密度、在系统可编程和离系统编程等类型。低密度的可编程逻辑器件有可编程阵列逻辑 PAL、可编程逻辑阵列 PLA、通用阵列逻辑 GAL 等；高密度的可编程逻辑器件有在系统可编程大规模集成电路 ispLSI、现场可编程逻辑门阵列 FPAG 等。在系统编程器件是可编程逻辑器件的发展方向，它可以实现硬件软件化。

习　题

一、选择题

1. 一片容量为 1024×4 位的存储器，表示该存储器有(　　)个存储单元，有(　　)个地址，每个地址能写入或读出一个(　　)位二进制数。

A. 1024　　B. 4　　C. 4096　　D. 8

2. 半导体存储器按所用元件类型分为(　　)型和(　　)型两类。存取速度快、功耗较大的是(　　)；速度较低，集成度较高的是(　　)。

A. 双极　　B. MOS　　C. ROM　　D. RAM

3. 信息可随时写入或读出，断电后信息立即全部消失的存储器是(　　)

A. ROM　　B. RAM　　C. PROM　　D. EPROM

二、问答题

1. 试用 2114RAM 构成 1 k×8 位存储器。
2. 试用 2114RAM 构成 2 k×4 位存储器。
3. 可编程逻辑器件有几种？它们各有什么特点？

附录一

常用逻辑符号对照表

名　称	国标符号	曾用符号	国外流行符号	名　称	国标符号	曾用符号	国外流行符号
与门	&			传输门	TG	TG	
或门	≥1	+		双向模拟开关	SW	SW	
非门	1			半加器	Σ CO	HA	HA
与非门	&			全加器	Σ CI CO	FA	FA
或非门	≥1	+		基本 RS 触发器	S R	S_D Q R_D $\bar{Q}$	S_D Q R_D $\bar{Q}$
与或非门	& ≥1	+		同步 RS 触发器	S Q $C1$ R $\bar{Q}$	S Q CP R $\bar{Q}$	S Q CK R $\bar{Q}$
异或门	=1	⊕		边沿（上升沿）D 触发器	S $1D$ $C1$ R	D S_D Q CP R_D $\bar{Q}$	D S_D Q CK R_D $\bar{Q}$
同或门	=	⊙		边沿（下降沿）JK 触发器	S $1J$ $C1$ $1K$ R	J S_D Q CP K R_D $\bar{Q}$	J S_D Q CK K R_D $\bar{Q}$
集电极开路的与门	& ◇			脉冲触发（主从）JK 触发器	S $1J$ $C1$ $1K$ R	J S_D Q CP K R_D $\bar{Q}$	J S_D Q CK K R_D $\bar{Q}$
三态输出的非门	1 ▽ EN			带施密特触发特性的与门	& ⎍	⎍	⎍

附录二

七位 ASCII 码编码表

低 4 位代码 ($a_4a_3a_2a_1$)	高 3 位代码 ($a_7a_6a_5$)							
	000	001	010	011	100	101	110	111
0000	NUL	DLE	SP	0	@	P	、	p
0001	SOH	DC1	!	1	A	Q	a	q
0010	STX	DC2	″	2	B	R	b	r
0011	ETX	DC3	#	3	C	S	c	s
0100	EOT	DC4	$	4	D	T	d	t
0101	ENQ	NAK	%	5	E	U	e	u
0110	ACK	SYN	&	6	F	V	f	v
0111	BEL	ETB	′	7	G	W	g	w
1000	BS	CAN	(	8	H	X	h	x
1001	HT	EM	)	9	I	Y	i	y
1010	LF	SUB	*	:	J	Z	j	z
1011	VT	ESC	+	;	K	[	k	{
1100	FF	FS	,	<	L	\	l	|
1101	CR	GS	–	=	M	]	m	}
1110	SO	RS	.	>	N	^	n	~
1111	SI	US	/	?	O	_	o	DEL

注:

NUL	空白	SOH	序始	STX	文始	ETX	文终
EOT	送毕	ENQ	询问	ACK	承认	BEL	告警
BS	退格	HT	横表	LF	换行	VT	纵表
FF	换页	CR	回车	SO	移出	SI	移入
DLE	转义	DC1	机控 1	DC2	机控 2	DC3	机控 3
DC4	机控 4	NAK	否认	SYN	同步	ETB	组终
CAN	作废	EM	载终	SUB	取代	ESC	扩展
FS	卷隙	GS	群隙	RS	录隙	US	元隙
SP	间隔	DEL	抹掉				

附录三

常用标准集成电路器件索引

一、小规模组合逻辑电路

1. 反相器

7404：六反相器

7405：六反相器(OC 输出方式)

7406：六反相缓冲器／驱动器(OC 输出方式)

7414：六反相器(施密特输入方式)

2. 与门

7408：四 2 输入与门

7409：四 2 输入与门(OC 输出方式)

7411：三 3 输入与门

7415：三 3 输入与门(OC 输出方式)

7421：双 4 输入与门

3. 与非门

7400：四 2 输入与非门

7401：四 2 输入与非门(OC 输出方式)

74132：四 2 输入与非门(施密特输入方式)

7410：三 3 输入与非门

7412：三 3 输入与非门(OC 输出方式)

7420：双 4 输入与非门

7422：双 4 输入与非门(OC 输出方式)

7413：双 4 输入与非门(施密特输入方式)

4. 或门

7432：四 2 输入或门

5. 或非门

7402：四 2 输入或非门

7427：三 3 输入或非门

7425：双 4 输入或非门(有选通端)

6. 异或门

7486：四 2 输入异或门

74135：四异或／异或非门

74136：四 2 输入异或门(OC 输出方式)

二、中规模组合逻辑电路

1. 编码器

74147：10线—4线优先编码器(BCD码输出)

74148：可级联的8线—3线优先编码器

74348：可级联的8线—3线优先编码器

2. 译码器/数据分配器

7442：4线—10线译码器(BCD码输入)

7447(7448)：4线/七段译码/驱动器(BCD码输入，OC输出方式，带上拉电阻)

74139：双2线—4线译码器/数据分配器

74138：3线—8线译码器/数据分配器

74154：4线—16线译码器/数据分配器

3. 数据选择器

74150：16选1数据选择器(有选通输入端，反码输出)

74151：8选1数据选择器(有选通输入端，互补输出)

74153：双4选1数据选择器(有选通输入端)

4. 算术运算器

74283：四位全加器

7483：四位全加器

7485：四位数值比较器

三、小规模时序逻辑电路

1. D触发器

7474：有预置和清0端的双D触发器

74174：有清0端的六D触发器

74175：有清0端的四D触发器

74374：八D触发器

2. JK触发器

7478：有预置、公共清0端和公共时钟端的双JK主从触发器

74102：有预置端和清0端的与输入上升沿触发的单JK边沿触发器

74112：有预置和清0端，下降沿触发的双JK边沿触发器

74113：有预置端的双JK边沿触发器

四、中规模时序逻辑电路

1. 移位寄存器

7495：四位并入/并出移位寄存器

74194：四位并入/并出双向移位寄存器

74195：四位并入/并出移位寄存器

2. 计数器

7490：二—五—十进制异步计数器

74290：二—五—十进制异步计数器

74160：可预置的四位十进制同步计数器(异步清 0)
74161：可预置的四位二进制同步计数器(异步清 0)
74162：可预置的四位十进制同步计数器(同步清 0)
74163：可预置的四位二进制同步计数器(同步清 0)
74169：可预置的四位二进制同步加／减计数器(同步置数)
74191：可预置的四位二进制同步加／减计数器(异步置数)
74192：双时钟，同步十进制加／减计数器(异步清 0，异步置数)
74193：双时钟，同步二进制加／减计数器(异步清 0，异步置数)
74196：二—五—十进制异步计数器
74197：二—八—十六进制异步计数器
74293：二—八—十六进制异步计数器
74393：双四位二进制异步计数器

3. 单稳态触发器

74121：单稳态触发器(施密特输入方式)
74122(74123)：带清 0 端可重复触发的单稳态触发器

附录四

电子仿真工作平台(EWB)简介

一、概述

随着电子技术和计算机技术的发展，电子产品已与计算机紧密相连，电子产品的智能化日益完善，电路的集成度越来越高，而产品的更新周期却越来越短。电子设计自动化(EDA)技术，使得电子线路的设计人员能在计算机上完成电路的功能设计、逻辑设计、性能分析、时序测试直至印刷电路板的自动设计。EDA 是在计算机辅助设计(CAD)技术的基础上发展起来的计算机设计软件系统。与早期的 CAD 软件相比，EDA 软件的自动化程度更高、功能更完善、运行速度更快，而且操作界面友善，有良好的数据开放性和互换性。

电子工作平台 Electronics Workbench (EWB)(现称为 MultiSim) 软件是加拿大 Interactive Image Technologies 公司于 20 世纪 80 年代末、90 年代初推出的电子电路仿真的虚拟电子工作台软件，它具有如下一些特点。

(1)采用直观的图形界面创建电路。在计算机屏幕上模仿真实实验室的工作台，绘制电路图需要的元器件、电路仿真需要的测试仪器均可直接从屏幕上选取。

(2)软件仪器的控制面板外形和操作方式都与实物相似，可以实时显示测量结果。

(3)EWB 软件带有丰富的电路元件库，提供多种电路分析方法。

(4)作为设计工具，它可以同其他流行的电路分析、设计和制版软件交换数据。

(5)EWB 还是一个优秀的电子技术训练工具，利用它提供的虚拟仪器可以用比实验室中更灵活的方式进行电路实验，仿真电路的实际运行情况，熟悉常用电子仪器测量方法。

因此，电子工作平台软件非常适合电子类课程的教学和实验。这里，我们向大家介绍 EWB 软件的初步知识和基本操作方法，希望能够有抛砖引玉之效，与大家共同进步。

EWB 的主窗口如图 1 所示。

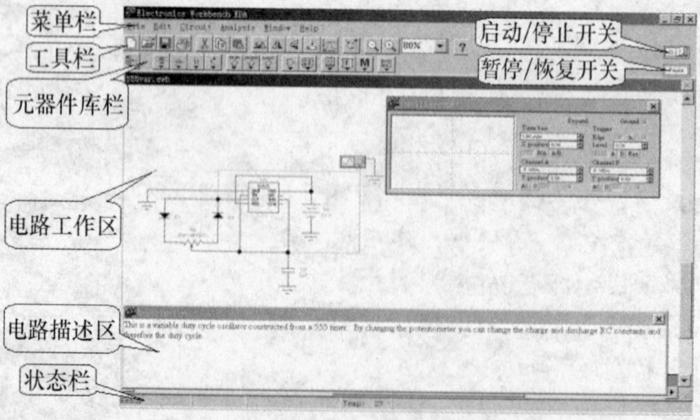

图 1　EWB 的主窗口

二、常用工具按钮

EWB 的常用工具按钮见图 2。

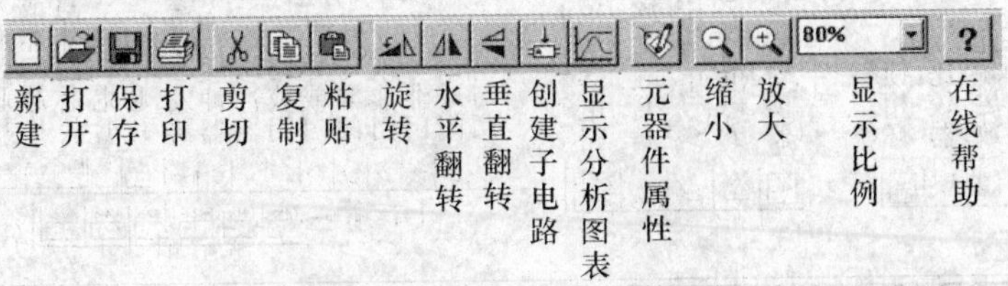

图 2　EWB 的常用工具按钮

三、元件选取按钮

EWB 的元件先取按钮见图 3。

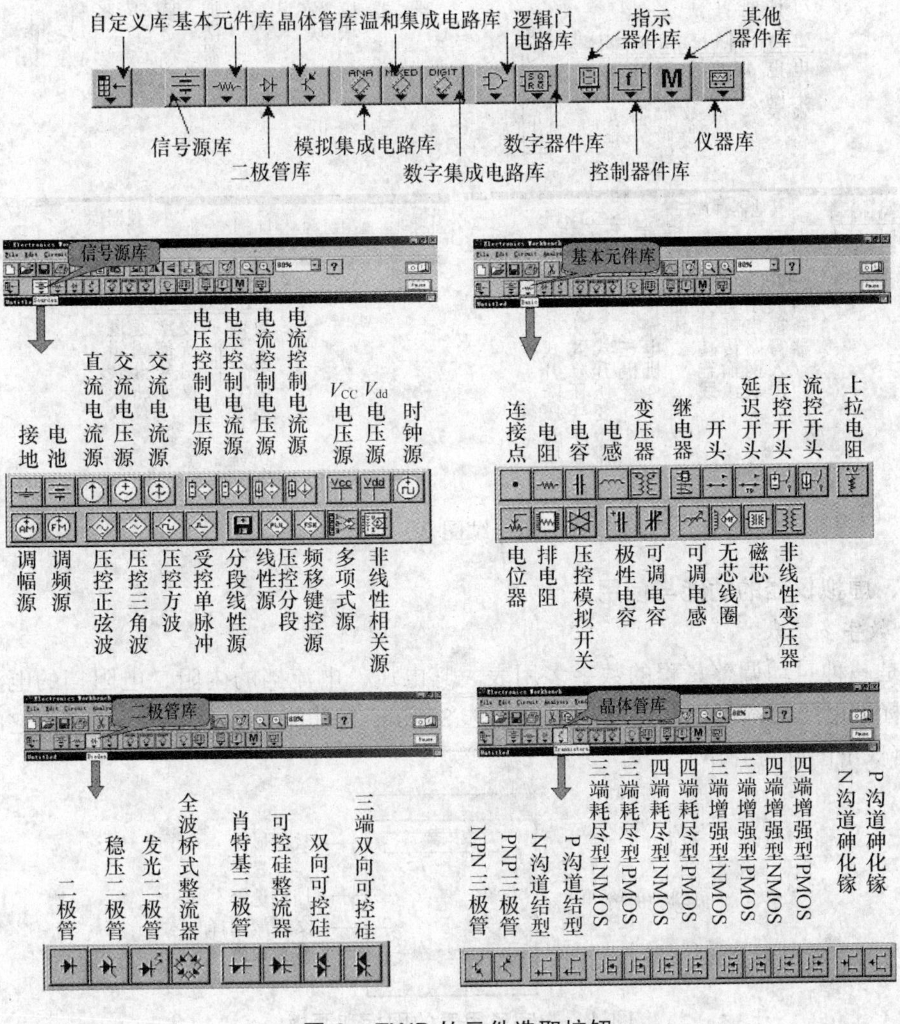

图 3　EWB 的元件选取按钮

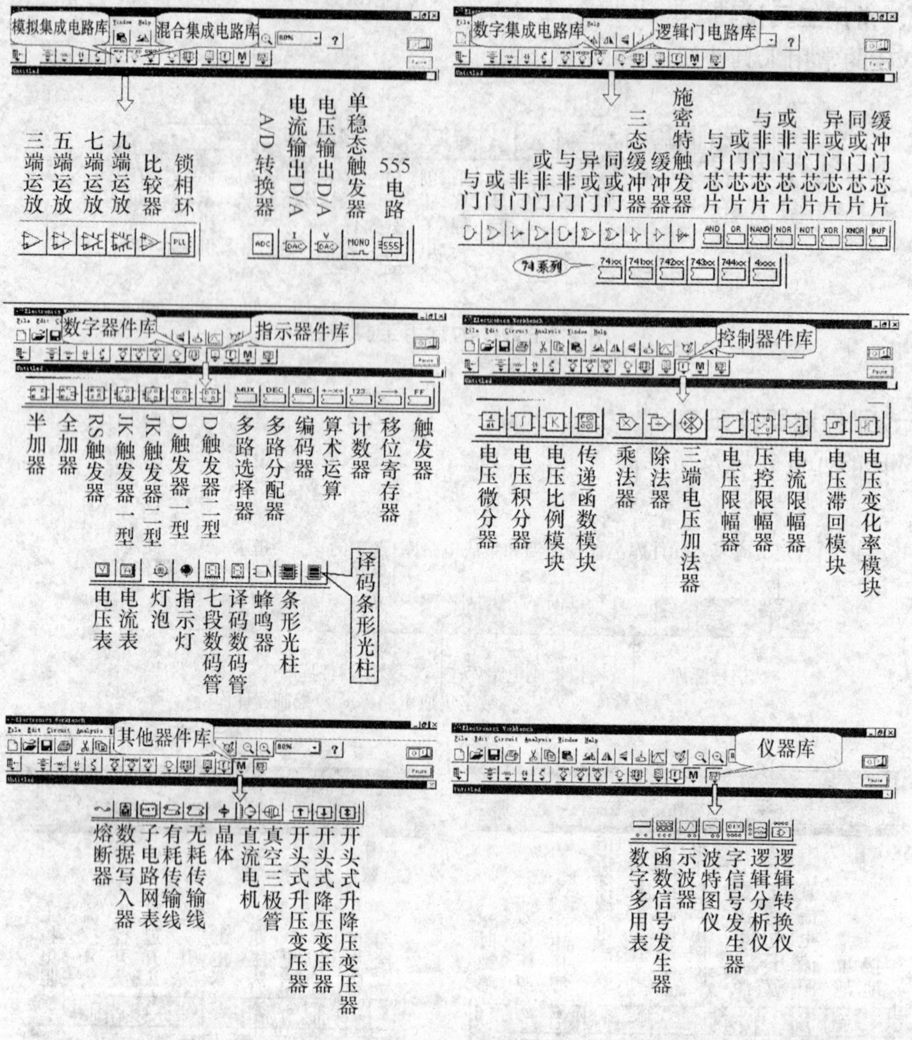

续图 3

四、虚拟仪器的功能与使用

1. 数字多用表

这是一种自动调整量程的数字多用表。其电压、电流挡的内阻，电阻挡的电流和分贝挡的标准电压值都可以从打开的面板上选 Setting 按钮来设置其参数。图 4 为它的图标和面板(双击图标可弹出)。

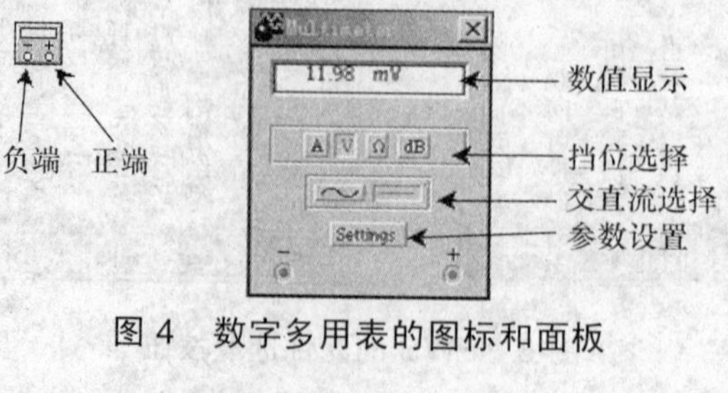

图 4　数字多用表的图标和面板

2. 函数信号发生器

函数信号发生器（见图 5）可用来产生正弦波、三角波和方波信号。

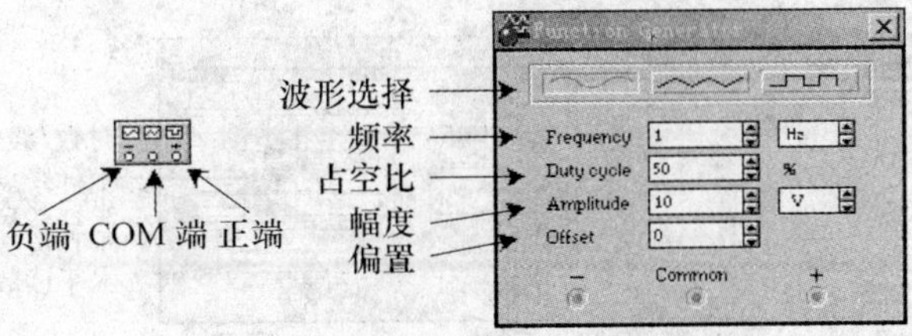

图 5　函数信号发生器的图标和面板

占空比参数主要用于三角波和方波波形的调整。幅度参数是指信号波形的峰值。

3. 示波器

示波器为双踪模拟式，其图标和面板如图 6 所示。

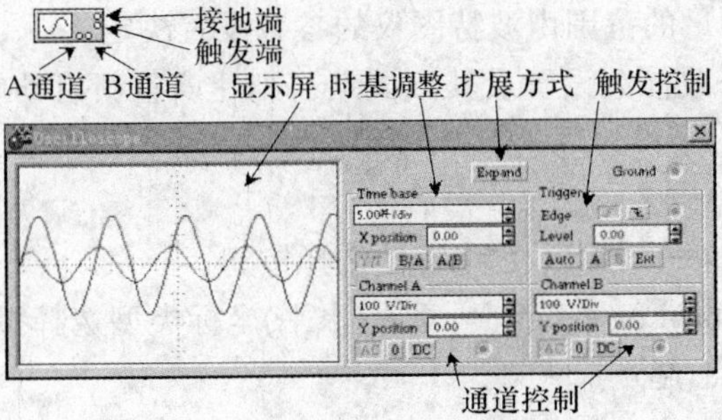

图 6　示波器的图标和面板

图中：

Expand——面板扩展按钮；

Time base——时基控制；

Trigger——触发控制，包括：①Edge——上(下)跳沿触发，②Level——触发电平，③触发信号选择按钮：Auto(自动触发按钮)，A、B(A、B 通道触发按钮)，Ext(外触发按钮)；

X(Y)position——X(Y)轴偏置；

Y / T、B / A、A / B——显示方式选择按钮(幅度 / 时间、B 通道 / A 通道、A 通道 / B 通道)；

AC、0、DC——Y 轴输入方式按钮(AC、GND、DC)。

4. 波特图仪

波特图仪类似于扫频仪，可用来测量和显示电路的幅频特性与相频特性（见图 7）。

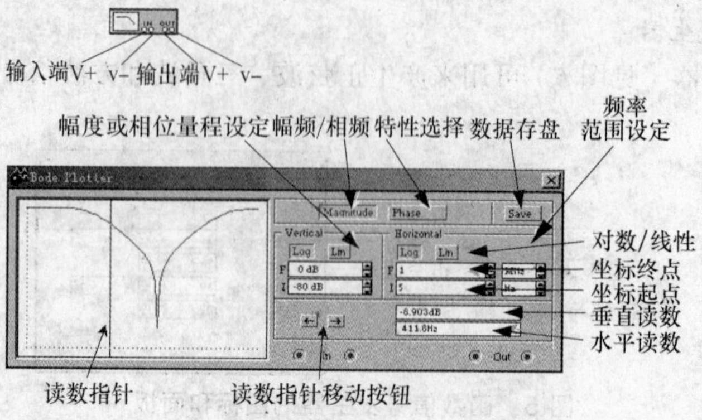

图 7　波特图仪的图标和面板

波特图仪有 IN 和 OUT 两个端口。其中 IN 端口的 V+ 端和 V–端分别接电路输入端的正端和负端；OUT 端口接输出端。

使用波特图仪时，必须在电路的输入端接入 AC 信号源，但对其信号频率的设定并无特殊要求，频率测量的范围由波特图仪的参数设置决定。

电路启动后若修改参数设置及其测试点，则建议重新启动电路，以确保曲线显示的完整与准确。

图 7 中：

Magnitude(Phase)——幅频(相频)特性选择按钮；

Vertical(Horizontal)Log / Lin——垂直(水平)坐标类型选择按钮(对数 / 线性)；

F(I)——坐标终点(起点)。

5. 字信号发生器

字信号发生器（见图 8）实际上是一个多路逻辑信号源，它能够产生 16 位(路)同步逻辑信号，用于对数字逻辑电路进行测试。

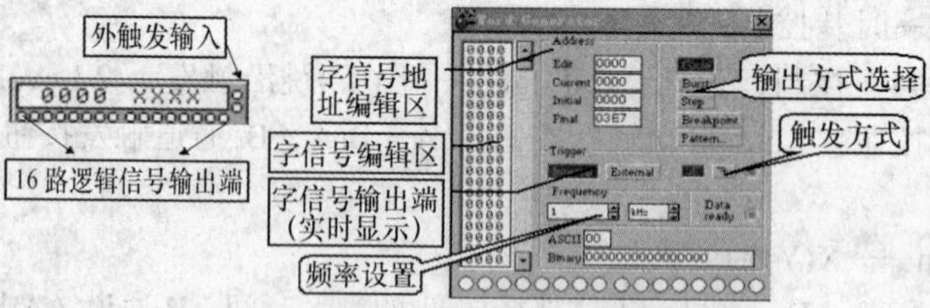

图 8　字信号发生器的图标和面板

在字信号编辑区，16 bit 的字信号以 4 位 16 进制数编辑和存放，可以放 1024 条字信号，地址编号为 0—3FF(hex)。

Edit 显示当前正在编辑的字信号的地址。

Current 区显示当前正在输出的字信号的地址。

Initial 区和 Final 区分别用于编辑和显示输出字信号的首地址和末地址。

字信号发生器被激活后，字信号将按照一定的规律逐行从底部的输出端送出，同时在面板的底部对应于各输出端的多个小圆圈内实时显示输出字信号各个位的值。

字信号的输出方式分为 STEP(单步)、BURST(单帧)、CYCLE(循环)三种方式。

Breakpoint 按钮按下为设置中断点；恢复按 F9 或 Pause。

选择 INTERNAL(内部)触发方式，字信号的输出直接用输出方式按钮(单步、单帧、循环)启动。

选择 Extenal(外部)触发方式时，需接入外触发脉冲信号，并定义“上升、下降沿触发”。然后单击输出方式按钮，待触发脉冲到来时才启动输出。

6. 逻辑分析仪

逻辑分析仪(见图 9)可以同步记录和显示 16 路逻辑信号。它可以用于对数字逻辑信号的高速采集和时序分析，是分析与设计复杂数字系统的有力工具。

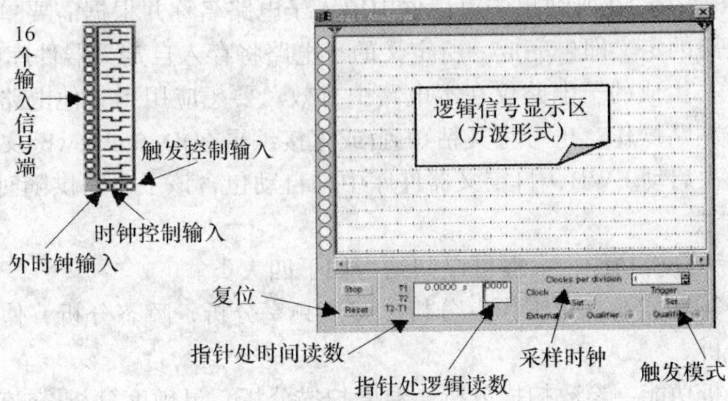

图 9 逻辑分析仪的图标和面板

7. 逻辑转换仪

逻辑转换仪（见图 10）是 EWB 特有的仪表，实际工作中不存在与之对应的设备。逻辑转换仪能够完成真值表、逻辑表达式和逻辑电路三者之间的相互转换。由电路导出真值表的方法如下：首先画出逻辑电路图，并将其输入端连接至逻辑转换仪的输入端，输出端连接至逻辑转换仪的输出端。此时按下“电路→真值表”按钮，在真值表区即出现该电路的真值表。

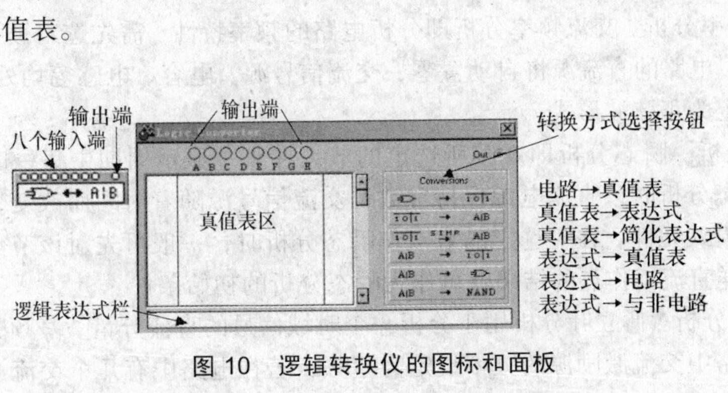

图 10 逻辑转换仪的图标和面板

由真值表也可以导出逻辑表达式。首先根据输入信号的个数用鼠标单击逻辑转换仪面板顶部代表输入端的小圆圈，选定输入信号(由 A 至 H)。此时真值表区自动出现输入信号的所有组合，而输出列的初始值则全部为零。可以根据所需要的逻辑关系修改真值表的输出值。按下“真值表→表达式”按钮，在面板的底部逻辑表达式栏即出现相应的逻辑表达式。如果要简化该表达式，只需按下“真值表→简化表达式”即可。表达式中的“，”表示逻辑变量的“非”。

五、菜单栏

EWB 的界面菜单由文件、编辑、电路、分析、窗口、帮助等项组成。

EWB 界面菜单的内容与其他 Windows 界面的菜单内容相近，在此我们重点了解一下“电路”菜单项的“创建子电路”功能。

为了使电路连接简洁，可以将一部分常用电路定义为子电路。方法如下：首先选中要定义为子电路的所有器件，然后单击工具栏上的生成子电路的按钮或选择 Circuit / Create Subcircuit 命令，在所弹出的对话框中填入子电路名称并根据需要单击其中的某个命令按钮，子电路的定义即告完成。所定义的子电路将存入自定义器件库中。

一般情况下，生成的子电路仅在本电路中有效。要想应用到其他电路中，可使用剪贴板进行拷贝与粘贴操作，也可将其粘贴到(或直接编辑在)Default.ewb 文件的自定义器件库中。以后每次启动 EWB，自定义器件库中均自动包含该子电路供随时调用。

六、分析方法

EWB 的 13 种分析功能，大概可以归纳为如下四大类。

六种基本分析功能：直流工作点分析，交流频率分析，瞬态分析，傅立叶分析，噪声分析，失真分析。

三种扫描分析功能：参数扫描分析，温度扫描分析，灵敏度分析(交流灵敏度分析、直流灵敏度分析)。

两种高级分析功能：零—极点分析，传递函数分析。

两种统计分析：最坏情况分析，蒙特卡罗分析。

在这 13 种分析方法之中，最常用的有如下几种：

(1) 直流工作点的分析。直流工作点的分析是对电路进行进一步分析的基础。在分析直流工作点之前，要选定 Circuit / Schematic Option 中 Show nodes(显示节点)项，以把电路的节点号显示在电路图上。

(2) 交流频率分析。交流频率分析即分析电路的频率特性。需先选定被分析的电路节点，在分析时，电路的直流源将自动置零，交流信号源、电容、电感等均处于交流模式，输入信号也设定为正弦波形式。

(3) 瞬态分析。瞬态分析即观察所选定的节点在整个显示周期中每一时刻的电压波形。在进行瞬态分析时，直流电源保持常数，交流信号源随着时间而改变，电容和电感都是能量储存模式元件。在对选定的节点作瞬态分析时，一般可先对该节点作直流工作点的分析，这样直流工作点的结果就可作为瞬态分析的初始条件。

(4) 傅立叶分析。傅立叶分析用于分析一个时域信号的直流分量、基频分量和谐波分量。一般将电路中交流激励源的频率设定为基频，若在电路中有几个交流源时，可以将基频设定在这些频率的最小公因数上。

七、EWB 仿真的基本过程

1．创建电路

(1)元器件操作。①元件选用：打开元件库栏，移动鼠标到需要的元件图形上，按下鼠标左键，将元件符号拖拽到工作区。②元件的移动：移动鼠标到元件上，按下鼠标左键，用鼠标拖拽。③元件的旋转、反转、复制和删除：用鼠标单击元件符号选定元件，再用相应的菜单、工具栏，或单击右键激活弹出菜单，选定需要的动作。④元器件参数设置：选定该元件，从右键弹出菜单中选 Component Properties。可以设定元器件的标签(Label)、编号(Reference ID)、数值(Value)和模型参数(Model)、故障(Fault)等特性。

说明：①元器件各种特性参数的设置可以通过双击元器件所弹出的对话框进行。②编号(Reference ID)通常由系统自动分配，必要时可以修改，但必须保证编号的唯一性。③故障(Fault)选项可供人为设置元器件的隐含故障，包括开路(Open)、短路(Short)、漏电(Leakage)、无故障(None)等设置。

(2)导线的操作。主要包括：导线的连接、弯曲导线的调整、导线颜色的改变及连接点的使用。①连接：鼠标指向一元件的端点，出现小圆点后，按下左键并拖曳导线到另一个元件的端点，出现小圆点后松开鼠标左键。②删除和改动：选定该导线，单击鼠标右键，在弹出菜单中选 delete；或者用鼠标将导线的端点拖曳离开它与元件的连接点。

说明：①连接点是一个实心小圆点，存放在无源元件库中，一个连接点最多可以连接来自四个不同方向的导线，而且连接点可以赋予标识。②向电路插入元器件，可直接将元器件拖曳放置在导线上，然后释放即可自动插入电路中。

(3)电路图选项的设置。Circuit / Schematic Option 对话框可设置标识、编号、数值、模型参数、节点号等的显示方式及进行有关栅格(Grid)、显示字体(Fonts)的设置，该设置对整个电路图的显示方式有效。其中节点号是在连接电路时，EWB 自动为每个连接点分配的。

2. 连入电路

选择合适的仪器仪表，并将其正确连入电路。

3. 电路仿真分析

按下界面右上角的“激活电路分析”按钮，或者选择“分析”菜单的 EWB 分析功能选项，进行电路仿真分析。

参 考 文 献

[1] 阎石．数字电子电路[M]．北京：中央广播电视大学出版社，1994.
[2] 顾德仁．脉冲与数字电路[M]．北京：高等教育出版社，1984.
[3] 郑尉萱．数字电子技术基础[M]．北京：高等教育出版社，1991.
[4] 毛法尧．数字逻辑[M]．武汉：华中理工大学出版社，1999.
[5] 杨颂华，等．数字电子技术基础[M]．西安：西安电子科技大学出版社，2000.
[6] 江晓安．数字电子技术[M]．西安：西安电子科技大学出版社，2002.
[7] 郝波．数字电路[M]．北京：电子工业出版社，2004.
[8] 龚淑秋．电子技术试题题型精选汇编[M]．北京：机械工业出版社，1998.